숲과 문화

[개정 2판 산림문화론]

숲과 문화

글 · 사진 / 전 영 우 지음

북스힐

숲과 문화

2005년 3월 5일 초 판 1쇄 발행
2006년 9월 20일 개정 1판 1쇄 발행
2009년 8월 10일 개정 1판 2쇄 발행
2013년 11월 21일 개정 2판 1쇄 발행
2017년 1월 20일 개정 2판 2쇄 발행

글 · 사진 | 전영우
펴낸이 | 조승식
펴낸곳 | 도서출판 북스힐
등록 | 제 22-457호
주소 | 142-877 서울시 강북구 한천로 153길 17
대표전화 | 02-994-0071
팩시밀리 | 02-994-0073
E-mail | bookswin@unitel.co.kr

ISBN 978-89-5526-687-0
값 20,000원

개정 2판을 펴내며

《숲과 문화》 개정판을 펴낸 지 8년이 지난 시점에 다시 내용을 보완할 수 있게 되어서 기쁘다. 그사이 잘못 표기된 오탈자에 대한 독자의 지적과 과학과 기술의 급속한 발전에 따른 몇몇 주제의 보완은 저자에게 안겨진 과제였다. 그 과제는 개정 2판을 준비하자는 출판사의 제의로 일정 부분 해결할 수 있었다.

《숲과 문화》는 대한민국 학술원 기초학문 분야 2006년 '우수 학술도서'로 선정되는 영광도 누렸다. 산림학 분야의 전공서적이 학술원의 우수 학술도서로 선정된 사례가 드문 형편에 이 일은 저자에게 꽤 의미심장한 일로 다가왔고, 산림 문화의 중요성을 인식하고 20년 이상 이 분야에 천착하고 있는 주변 동료들에게도 큰 격려라 생각된다.

개정 2판에서는 국제식량농업기구의 '2010년 지구 산림자원 평가 보고서'와 '2007년 기후변동에 관한 정부간 패널 보고서'를 참고하여 세계 산림자원의 변화 추세와 지구 온난화에 따른 숲의 역할과 영향을 새롭게 조망하였다. 그밖에 '산업혁명과 숲'의 내용 중 일부를 보완하고, '사찰림의 역사성과 문화적 가치'를 '불교에 나타난 나무와 숲'에 보강할 수 있게 되었다.

여전히 부족함이 많지만, 계속하여 보완하고 새로운 내용을 첨가할 기회가 또 주어지리라 믿는다. 북스힐 출판사 조승식 사장님의 후의에 거듭 감사의 마음을 전한다.

2013년
전 영 우

개정판을 펴내며

《산림문화론》을 펴낸 지 꼭 8년이 지났다. 그사이 숲과 관련된 다양한 일들이 우리 사회에서 일어났다. 가장 상징적인 일은 '산림문화 · 휴양에 관한 법률'의 제정이라고 할 수 있다. 행정적인 용어로 8년 전에는 존재하지도 않던 '산림문화'라는 용어가 이제는 산림법의 한 분법으로 그 영역을 확실하게 자리 잡는 과정을 지켜보면서 감회가 없을 수 없다.

오늘날 우리 사회에서 전개되고 있는 숲과 관련된 다양한 활동은 숲에 대한 폭넓은 콘텐츠의 개발로 더욱 확산되고 있다. 숲 관련 교양도서의 지속적 출판, 숲 해설활동의 상시적 전개, 숲 및 생태 해설가의 양성, 시민사회에서 전개되고 있는 다양한 유형의 숲 운동 등이 그러한 조짐이라고 할 수 있다. 물론 이 모든 활동은 숲이 지닌 다양한 순기능의 가치와 중요성을 올바르게 인식하게 된 건강한 시민의식과 그에 걸맞은 진취적인 산림행정 덕분이라고 할 수 있다.

숲에 대한 건강한 시민의식의 증대는 대학 교육에까지 영향을 미치기에 이르렀다. 오늘날 많은 대학에서 숲과 관련된 교양과목이 개설되고 있는 현상이 바로 그 증거라 할 수 있으며, 그 실례로 여러 대학에서 교양과목으로 개설 중인 '숲과 문화'를 들 수 있다.

산림문화의 개념 정립과 활동영역의 구축에 관여했던 한 전문가로서 숲에 대한 국민의 관심 증대와 시민사회의 적극적 참여는 우리 숲에서는 경험하지 못한 새로운 상황의 전개라 할 수 있다. 숲에 대한 국민의 관심이 나날이 증대되는 추세에 발맞추어 본 개정판은 지난 30여 년 동안의 노력으로 복구된 우리 숲의 가치를 새롭게 조명하는 한편, 시민사회에서 전개되고 있는 숲 운동의 종류와 의미, 오늘날 제기되고 있는 생태지향적 녹색문화의 일환으로 숲이 감당할 수 있는 영역에 대한 내용을 새롭게 첨가하였다. 덧붙여 기존에 수록했던 상징, 문학, 음악, 민속 이외에 숲과 문화 예술 간의 관계를 이해하는 데 조금이라도 보탬이 될 수 있도록, 미술과 종교에 나타난 나무와 숲을 미흡하게나마 보완하였다.

개정판을 계기로 나무와 숲을 문화의 창으로 읽고 해석하여 정리해 왔던 한 학인으로서, 그리고 산림문화 활동의 전개와 확산을 기획하고 참여했던 전문가로서 자긍심 못지않게 무한한 책임감을 다시금 느낄 수밖에 없다. 그것은 초판본의 서문처럼 여전히 '아쉬움과 부족함'이 적지 않기 때문이다. 역시 열과 성을 다하여 계속하여 보완할 것이란 각오로 미진함을 대신한다.

한편 개정판을 펴냄에 있어 무엇보다도 반가운 일은 내용에 부합하는 다양한 컬러사진을 담을 수 있는 새로운 편집체계라 할 수 있다. 이런 호사는 어려운 여건에서도 선뜻 출판 의사를 밝혀주신 북스힐의 조승식 사장님의 후의 덕분이다. 덧붙여 한정된 시간에 책을 펴내고자 애써주신 편집실 직원들께도 고마운 마음을 전한다.

2005년 2월

북한산록이 보이는 연구실에서

전 영 우

초판 서문

나무나 숲은 우리에게 무엇일까?

이 의문은 지난 5년 동안 숲과 문화 운동을 하면서 한순간도 벗어날 수 없었던 화두였다.

조합주택의 고층 아파트 건설로 700여 년 동안 살아왔던 터전을 빼앗길 위기에 놓여 있는 도곡동 느티나무는 우리에게 무슨 의미가 있기에 이 나무를 살리려고 많은 사람들이 애를 쓰는 것일까? 속리산 정이품 소나무의 아래가지 하나가 강한 바람에 부러진 일이 왜 중요한 뉴스거리로 등장할까? 재정형편도 넉넉하지 못한 안동군은 왜 20억이란 거금을 들여서 임하댐의 건설로 물속에 잠길 위험에 처한 700여 년생 용계 은행나무를 살렸을까?

나무와 관련된 위의 세 가지 사례는 최근 몇 년 사이에 한국인이라면 누구나 한번쯤 신문이나 방송으로 어렵잖게 접했을 사회적 이슈였다. 오늘의 한국인이 가진 나무나 숲에 대한 정서적 배경은 무엇이기에 나무 한 그루의 안위가 이렇게 중요하게 받아들여지는 것일까? 도대체 나무가 가진 무엇이 국가를 대표하는 최고 위정자로부터 일반 시민들까지, 그리고 자투리 지면조차 얻기 힘든 주요 일간지들은 물론이고 방송까지도 나무와 관련된 기사를 위해서 지면이나 시간을 후하게 할애하게 만드는 것일까? 그리고 굵직굵직한 환경 문제가 도처에 널려 있는 우리 형편에 여러 환경 단체들이 나무나 숲과 관련된 문제에 왜 빠지지 않고 관심을 나타내는 것일까? 그리고 나무에 대한 이러한 관심은 우리만의 일일까?

이러한 물음에 자신 있게 내놓을 수 있는 대답은 우리들이 인식하든 그렇지 않든 간에 나무나 숲이 한국인의 정서나 정신에 지대한 영향을 미치고 있기 때문이라는 것이다. 그러나 한국인의 정서나 정신에 지대한 영향을 미치고 있는 나무나 숲을 문화적으로 접근하여 한국인의 수목관을 구체적으로 파악한 예는 많지 않다.

문화를 우리 삶과 우리 사회가 공유하고 있는 마음의 표현이라고 정의한다면, 숲문화란 숲과 더불어 살아가는 우리 삶 속에 녹아 있는, 숲에 대한 정신적 물질적 가치를 담아내는 마음의 표현이라고 정의할 수 있다. 즉 숲문화란 우리 사회가 공유하는 숲에 대한 마음의 표현이라는 것과 다르지 않다.

숲문화의 영역은 물질적 관점과 정신적 관점으로 나누어 생각할 수 있다. 물질적 관점의 숲문화란, 숲자원의 영향으로 독특하게 형성된 한민족의 총체적 생활양식을 지칭하며, 정신적 관점의 숲문화란 숲자원의 영향으로 독특하게 형성된 한민족의 정체성을 지배하는 자연관, 문화 인식, 정서 등을 포용하는 정신체계라고 지칭할 수 있다. 즉 숲이라는 물질적 자원이 한민족의 삶에 어떠한 영향을 미쳐서 독특한 생활양식을 형성시키게 되었는지를 파악하는 것이 물질적 관점의 숲문화 영역이라 할 수 있으며, 나무나 숲에 대한 물질적 인식이라고 단순화시킬 수도 있다. 또한 나무나 숲이 한민족의 정신세계와 정서를 지배하는 제반 문화 요소들 속에서 어떻게 형상화되어 문화 인식으로 표출되고 있는지를 파악하는 것이 정신적 관점의 숲문화 영역이라 할 수 있으며, 나무나 숲에 대한 정신적 인식이라고 역시 단순화시킬 수도 있다.

이 책에 수록된 내용의 대부분은 나무나 숲이 한국인의 정서나 정신에 얼마나 지대한 영향을 미치고 있는지를 탐색하는 것으로 이루어져 있다. 한민족의 삶과 정서 속에, 전통 속에 용해되어 우리의 정신적 윤리적인 뼈대가 된 숲과 나무와 관련된 문화 인식들은 지금까지 누구도 관심을 가지는 사람이 없었고 체계적인 연구도 이루어지지 않았다.

반만년 이어온 한민족의 삶 속에 용해되어 오늘을 사는 우리의 영혼 속에 살아 있는 숲이나 나무가 그 긴 세월 동안 어떤 과정을 거치면서 현재를 사는 우리의 정서나 정신 속에 표출되고 있는가를 알 수 있는 방법은 무엇일까? 그리고 어디서부터 무엇을 어떻게 시작해야 할까?

이러한 물음에 답하기 위해서 이 책은 크게 두 가지 내용을 담고 있다. 그 하나는 문화론적 접근이고, 다른 하나는 문명론적 접근이다.

이 책의 주된 내용은 나무나 숲에 대한 한국인의 문화 인식을 규명하기 위한 문화론적 관점의 탐색으로 이루어져 있다. 구체적으로 한국인만이 간직하고 있는 의식과 무의식, 정신과 정서 형성에 직간접적으로 영향을 미친 상징, 신화, 문학, 예술, 민속에서 나무나 숲이 어떻게 형상화되었는가를 살펴보았다.

이 책의 부수적인 내용은 문명 발달에 나무나 숲이 어떤 역할을 하였는가를 살펴보는 문명론적 관점의 탐색으로 이루어져 있다. 숲에 의존하였던 인류문명 발상지와 고대문명 발달과 붕괴과정을 정리해 보았으며, 숲과 전 지구적 환경 문제의 상호관련성을 조망해 보았다. 또한 한반도의 문명 발달 과정에 끼친 숲의 역할을 살펴보았다.

산림 문화론이란 의젓한 이름을 가진 이 책은 여러 분의 도움이 없었다면 세상에 나올 수 없었다. 이 책의 탄생에 직접적인 공로자는 지난 5년 동안 숲과 문화운동을 함께 해왔던 〈숲과 문화연구회〉의 동료들이라고 할 수 있다.

마찬가지로 이 책이 세상에 나오는 데 결정적인 역할을 하신 분은 고영주 박사이시다. 국내의 어느 대학도 감히 생각조차 못한 '숲과 문화'라는 교과목을 개설한 분이 고 교수였기 때문이다. 그의 정년으로 필자가 이 강좌를 맡게 되었고, 지난 몇 해 동안 준비한 강의록과 이 과목을 수강한 학생들의 과제물을 참고하여 책으로 꾸밀 수 있었다.

이 책을 보다 책다운 책으로 꾸밀 수 있었던 것은 함께 수록하는 김기원 교수와 탁광일 박사의 글 덕분이다.

숲과 음악이 얼마나 밀접한 관계를 가지고 있는지를 상세하게 밝히는 김기원 교수의 '서양 음악 예술에 나타난 숲'은 음악에 문외한인 필자의 지적 한계를 보완할 수 있는 훌륭한 글이었으며, 이 책의 내용을 훨씬 다양하게 하는 데 일조를 하였다. 전재를 허락해준 김 교수께 감사드린다.

수치 중심의 합리적이며 공리적인 사실보다는 정서나 감성에 호소하는 한 편의 훌륭한 문학작품이 인간의 마음을 얼마나 강하게 움직이는가를 알 수 있게 하는 대표적인 작품이 장 지오노의 《나무를 심은 사람》이다. 국내에 서너 사람이 번역하여 단행본으로 이미 소개된 소설이지만, 탁광일 박사의 번역은 숲에 비전문가인 다른 이들의 번역과는 다르기 때문에 함께 싣는다. 아쉬움과 부족함이 많은 이 책이 완결판이라고는 결코 생각지 않는다. 열과 성을 다하여 계속하여 보완할 것임을 덧붙인다.

차 례

1부 숲과 문명 발달

제1장 숲의 유래와 기능

제2장 문명 발달과 숲

제3장 우리 숲의 변천

2부 숲과 문화 예술

제4장 상징 속에 나타난 나무와 숲

제5장 문학에 나타난 나무와 숲

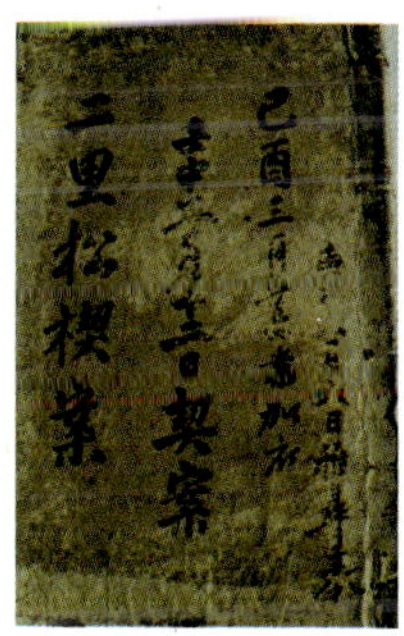

3부 숲과 녹색문화

제 1 장

숲의 유래와 기능

제 1 절

숲의 의미와 유래

1. 숲, 산림, 삼림의 어원

숲이란 수풀이 줄어서 된 순수한 우리말이다. 숲과 동일한 개념으로 우리나라에서는 산림(山林) 또는 삼림(森林)이라는 단어들이 함께 사용되고 있다. 국어사전에는 나무가 무성하게 꽉 들어찬 곳, 또는 풀, 나무, 덩굴이 한데 엉킨 곳을 숲으로 정의하고 있으며, 산에 있는 숲을 산림으로, 나무가 많이 있는 곳을 삼림으로 정의하고 있다(『국어대사전』, 금성출판사, 1991). 그러나 일반적인 보통 명사로는 숲이 널리 사용되고 있는 반면에 행정, 전문 기술적 용어로서는 산림과 삼림이라는 단어가 혼용되고 있다. 그래서 나라의 숲을 관리하는 행정관청이 산림청이고, 숲과 관련된 학문의 세부적인 명칭은 산림사, 삼림경영학, 삼림보호학 등이며, 이러한 학문을 전수하는 기관의 이름이 산림자원학과나 삼림과학대학으로 명명되고 있다.

가. 숲을 나타내는 용어

숲 또는 수풀을 나타내는 고어는 조선 초기 15세기 중반에 간행된 〈월인석보〉나 〈석부상절〉에서 찾아볼 수 있다. 이들 문헌에는 수ㅎ의 형태로 숲이 나타나고 있어서 숩ㅎ, 수플, 숩플로 쓰이다가 오늘의 숲으로 발전된 것으로 추정된다(한국정신문화연구원, 1994).

고려시대에서 조선시대에 이르기까지 숲을 나타내는 용어로 '산림천택(山林川

사진 1-1. 춘천시 지내리의 수구막이 마을 숲은 방풍림의 구실도 함께 수행했다.

澤)'이 빈번하게 사용되었다. 중국 주(周)나라의 제도에서 '수풀 임(林)'은 산록지대에 형성된 숲을 의미하며, '천택(川澤)'은 물이 고인 늪(澤)에 형성된 숲(藪)을 의미했다. 따라서 우리도 예로부터 경사가 있는 산악지대의 숲을 수풀 임(林)이라 일컫고, 물가나 늪지(川澤)의 무너미 땅에 형성된 숲을 '늪 수(藪)'라 불렀다.

고려시대의 〈동경잡기(東京雜記)〉에는 숲을 뜻하는 한자로 '수풀 임(林)'이 경주의 시림(始林; 뒤에 계림이 됨)을 예로서 설명하고 있다(이석호, 1991). 이밖에도 숲을 뜻하는 '林'이 사용된 예는 고구려의 소수림왕의 능이 있던 소수림(小獸林), 신라 최초의 사찰이 있던 천경림(天鏡林), 경주 낭산의 신유림(神遊林) 등에서 찾을 수 있다.

이뿐만 아니라 〈동경잡기〉에는 숲을 의미하는 '늪 수(藪)'도 나타나고 있으며, 마을의 방호림이나 풍치림의 역할을 하였던 이들 숲은 오늘날도 여전히 덕산쑤(德山藪), 밤쏘(栗藪), 방하쑤(防河藪)의 이름으로 전해 내려오고 있다.

풍수적(風水的) 용어인 맥이라는 단어도 숲을 나타내는 뜻으로 사용되고 있다. 풍수에서 사용되고 있는 수구(水口)막이는 풍수적 목적으로 형국을 보완하기 위해서 조성한 하나의 전형적인 비보림(裨補林)을 나타내는 것으로, 지기(地氣)의 유출을 막기 위해서 조성된 숲을 말한다(김학범, 1991).

나. 산림과 삼림의 구분

숲을 나타내는 학술적 용어로서 최근에는 산림(山林)과 삼림(森林)의 개념을 보다 엄격하게 적용하는 추세도 없잖아 있다. 우리나라는 평지에 숲이 많지 않고 대부분의 숲이 산지에 있기에 숲을 나타내는 용어로 산림이라는 단어가 삼림이라는 단어와 동일한 개념으로 사용되어 왔다. 그러나 학술적 또는 전문 기술 용어로서 관행적으로 사용해 왔던 산림이라는 단어 대신에 삼림이라는 단어가 일상적으로 사용하는 보통 명사인 숲에 보다 더 가까운 의미를 지닌 것이라는 문제 제기도 있다.

그러나 산림이라는 단어는 〈장자(莊子)〉의 제물론(박일봉, 1994)에, 또 명나라의 홍자성이 쓴 〈채근담(菜根譚)〉 270편(송정희, 1978)에도 나타나기에 예로부터 동양에서 숲을 나타내는 용어로 사용되었음을 알 수 있다.

1) 〈삼국유사〉에 나타난 산림

산림이라는 용어는 신라 시대에도 이미 사용되었음을 알 수 있다. 삼국유사 감통 제7, 김현감호(金現感虎)란 글의 끝 단락 부분에 부부가 시를 주고받는 대목 중 부인의 시에서 산림이라는 용어가 사용된 예를 찾을 수 있다(김용옥, 1991).

> 부부의 정도 중하기야 하지만 산림에 뜻이 스스로 깊어졌소.
> 시절이 변할 것을 늘 근심했소 행여 백년행로 저 버릴까 싶어서 (중략)
> 琴瑟情雖重 山林志自深
> 常憂時節變 幸負百年心
>
> 징(신도징; 사람 이름)은 놀라 피했다가 두 아들을 데리고 (그녀가 떠난) 그 길을 찾아서 산림을 바라보고 며칠을 크게 울었으나 마침내 간 곳을 알지 못했다.
> 澄驚避之 携二子 尋其路
> 望山林 大哭數日 竟不知所之

김현은 신라 원성왕 때의 사람인데, 인용한 글은 김현의 경우가 아니고 신도징의 경우를 이야기한 것으로 김현의 이야기와는 직접적인 관계가 없다. 신도징은

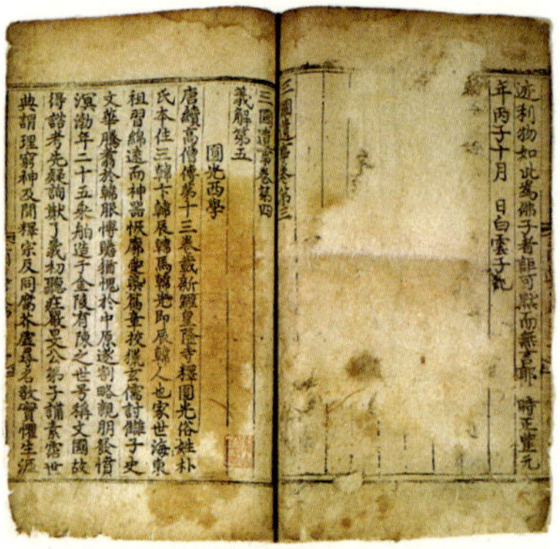

사진 1-2. 삼국유사

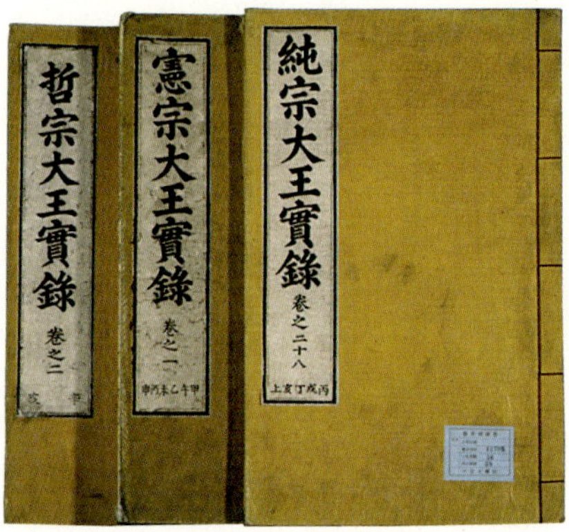

사진 1-3. 조선왕조실록은 세계기록문화유산이다.

당나라 사람으로 이 일은 정원 9월 (793년)의 일이라고 〈삼국유사〉에 기록되어 있다(이병도, 1987).

이처럼 산림이라는 단어가 사용된 용례는 〈삼국유사〉에 2회에 걸쳐 나타나지만, 삼림이라는 단어가 사용된 용례는 찾을 수 없다.

2) 〈조선왕조실록〉에 나타난 산림

삼림이라는 용어가 공식적인 행정 용어로서 조선왕조에서도 사용되지 않았음은 〈조선왕조실록〉을 통해서 알 수 있다(정유선, 1996). 왕조실록에는 오늘날 우리들이 숲을 연상하는 산림이라는 용어가 신격화된 장소, 생활 자원을 제공하는 장소, 또는 도피와 은둔의 장소로 사용된 용례를 찾을 수 있다. 특히 왕조실록에 나타난 산림이라는 용어는 왕이 민심을 모아 왕도정치를 할 수 있게끔 해 준 중요한 자원으로서의 의미와 유학자들이 찾은 은둔 장소의 의미로 많이 사용되었다. 그러나 숲을 뜻하는 삼림이라는 용어는 조선왕조실록에 한 번도 나타나지 않고 대신 은유적인 비유로 단 한 번, 중종 때 대사헌 채무택이 재난과 관련된 상소를 올릴 때 사용된 예가 나타나고 있다(서울 시스템, 1995).

〈조선왕조실록〉에 산림이라는 용어가 도피와 은둔의 장소로 나타나고 있는 예처럼, 산림은 조선 후기에 산곡임하에 은거해 있으며, 학덕을 겸비하였으나 국가로부터 징소를 받은 인물이라는 뜻으로도 사용되었다(이정탁, 1984). 숲을 의미하는 산림이라는 용어와는 별도로 사용된 산림은 조선 시대 연산군 시절에 사화가 일어난 뒤부터 당파싸움을 피해 '산림'에 은둔하면서 벼슬을 하지 않고 글 읽기를 즐기던 선비들을 지칭한 용어의 일종이라고 생각할 수 있다.

위와는 조금 다른 경우이지만, 조선 숙종 때 실학자 홍만선이 엮은 농업서적 겸 가정 생활서인 〈산림경제〉에서 산림이라는 단어를 접할 수 있다. 그러나 여기서도 산림이라는 의미가 순수한 숲을 뜻하기 보다는 오히려 백과사전과 같은 성질을 나타낸다고 할 수 있다(이춘녕, 1969).

3) 일제의 영향으로 사용된 삼림

한편 우리말 '숲'이라는 용어에 대응되는 단어로서 삼림(森林)이라는 단어는 1908년(대한제국 隆熙 2년)부터 1948년까지 약 40여 년 동안 산림이라는 용어 대신에 행정용어로 사용되었던 기록이 있다(유병일, 1995). 이때 사용된 삼림이라는 행정 용어는 일제의 대한제국 강점과 동시에 식민지의 산림 정책 수행을 위해 만들어진 삼림령이란 법에서 유래된 것이었다.

삼림이라는 용어는 오늘날까지도 일본이나 중국, 대만에서는 여전히 널리 사용되고 있는 반면 남북한에서는 삼림이라는 단어보다 산림이라는 단어를 보다 많이 사용하고 있다.

한 가지 흥미로운 사실은 러시아와 1896년 9월에 체결한 전문 17개조의 '한러산림조약'에는 산림이라는 용어를 사용하고 있는 반면에 러일 전쟁의 승리 후, 일본이 '한러산림협동조약'을 폐기시키고 체결한 '한일 압록강, 두만강 삼림협동조약'에는 삼림이라는 용어를 사용하고 있는 점이다(강영심, 1996). 즉 삼림이라는 용어가 일본의 식민지 산림정책과 더불어 이 땅에서 본격적으로 사용되었음을 나타내는 증거라 할 수 있다.

결론적으로 기술적이며 학술적으로 숲을 나타내는 용어는 산림이라는 용어가 삼림이라는 용어보다 더 적합하다. 그 이유는 산림이라는 용어가 숲을 뜻하는 보다 주체적인 용어이기 때문이다.

2. 숲(forest)의 유래

서양의 경우, 숲에 대한 개념은 시대, 지역에 따라서, 그리고 정치 체계, 지배자의 통치력의 정도에 따라서, 또한 피치자의 갈등에 따라서 꾸준히 변해왔다(Fernow, 1913). 이와 같은 개념의 변천은 또한 숲에 대한 접근의 정도와 숲의 이용정도에 따라 제각기 달랐음은 물론이다(Young, 1982).

삼림이란 뜻을 가진 영어 단어 포리스트(forest)의 어원은 법률적 용어인 제한구역이라는 뜻에서 유래되었다. 유럽에서 사용되고 있는 다양한 언어들(foresta,

사진 1-4. 중세 황실과 귀족들이 소유했던 오스트리아의 빈 숲

foret, forst 등)에 등장하는 포리스트(forest)라는 단어는 라틴어 포레스타(foresta)에서 유래되었다. AD 500~751년 경에 존재하였던 메로빙(Merovingian) 왕조까지만 해도 포리스트(forest)라는 단어가 존재하지 않았다(Harrison, 1992).

로마 시대의 기록이나 중세 초기에 숲을 나타내는 단어는 네무스(nemus)였다. 포레스타(foresta)라는 단어가 유럽에서 최초로 나타난 것은 롱고바드(Longobards)의 법률과 서로마제국의 황제, 샤를마뉴대제(Charlemagne; AD 742~814)의 성당 참사회의의 법령집이다.

그러나 여기에 사용된 포레스타(foresta)라는 단어는 일반적으로 숲을 나타내는 것이 아니라 오히려 왕실 사냥터의 보호구역 개념으로 사용되었다. 포레스타(foresta)의 어원은 확실하지 않지만, 라틴말 포리스(foris)가 그 어원인 것으로 대부분 믿고 있다. 포리스(foris)란 단어는 외부(outside)란 뜻을 가지고 있으며, 라틴말 동사 포레스타레(forestare)는 '안에 들이지 않다', '제한된 장소', '몰아내다' 라는 의미를 가지고 있다(Harrison, 1992).

그 이후 포리스트(forest)라는 단어는 영국 왕의 사냥터로서, '일반인의 사냥금지구역'이라는 의미로 사용되었다(미셸, 1978). 어떤 특정한 지역을 숲으로 다시 조성하였거나 숲(forest)으로 선포할 경우, 그 지역을 경작하거나 개발 및 잠식할 수 없었다. 그 지역은 공공의 영역 밖으로 여겨졌으며, 왕의 사냥을 위해서 보호되었다. 영국의 경우, 숲과 관련된 사항은 일반적인 사법제도와 거리가 멀었다. 이를 어긴 자는 일반 법률에 의해서 처벌을 받기보다는 오히려 특별히 제정된 산림법에 의해서 처벌받았다. 사냥터 포리스트(forest)는 중세의 왕족들에게 중요한 육류 공급처였다. 육류에 대한 그들의 사냥 기회를 확보하기 위해서 일반인의 육류 획득 기회를 박탈했던 것이 forest였다. 영국의 경우 이에 대한 반발로서 로빈훗이 탄생하게 되었으니 그 역사적 배경에는 forest가 있다고 할 수 있다.

유럽의 왕족들이 비록 그들의 호사거리인 사냥을 즐기기 위한 목적으로 일반인의 접근을 막았지만, 어떤 의미에서는 이들 왕족이 공공으로부터 최초로 숲을 보전했다고 할 수 있으며, 오늘날 유럽 대륙에 숲의 많은 부분들이 남아 있는 것이 왕족 덕분이라고 주장하는 이도 있다.

제 2 절

숲의 이용과 기능

1. 숲의 이용

숲에 대한 접근 정도와 숲의 이용 정도에 따라 숲을 바라보는 인간의 시각은 변해왔다. 다시 말하면, 숲의 정의는 고정적인 것이 아니라 계속하여 변해왔으며, 앞으로도 계속 변해갈 것이다.

인류가 숲을 자원으로 이용한 과정도 인류의 문명 발달 과정에 따라서 변천하였다. 몇 가지 예를 들어 보면 다음과 같다.

가. 키민스(Kimmins, 1987)의 분류

사진 1-5. 스위스 취리히 인근의 공유림

1) **남벌단계** : 숲에 대한 소유권 제도 발달 이전의 단계, 무주공산의 인식으로 남벌보다 과벌이 자연스럽게 이루어졌다.
2) **관리단계** : 목재를 중심으로 한 숲 생산물의 공급을 확보하기 위한 관리 제도가 수립된 단계로서 학문으로 임학이 시작된 시기이다. 이 단계에서는 특수 목적용 숲 보호 내지 행정적 관리에 치중하게 되었다. 숲의 발달 과정, 인위적 간섭에 대

한 반응, 숲 생태계가 어떻게 작용하는가에 대한 고려가 없었으며 지속적인 수확 달성 또한 실패하였다.

3) **생태적 접근단계** : 숲 경영에 생태적 접근 방법을 이용하였으며 부분적으로 지속적 수확이 달성되었다. 그러나 숲에 대한 다양한 사회적 욕구를 충족시키는 데는 실패하였다.

4) **사회적 접근단계** : 생태학적, 조림학적 경영 방법을 개발하는 것 이외에 숲의 미적, 영적 가치, 원생상태의 가치 등을 고려하기 시작하였다. 즉 사회 구성원들의 삶의 질과 생활수준 향상을 위해 필요하다고 믿는 다양한 가치들을 지속적으로 공급할 수 있는 경영 방법이 요구되었다.

나. 웨스토비(Westoby, 1988)의 분류

1) **미개단계** : 숲에 대한 인위적인 간섭이 미약한 시대.
2) **개척단계** : 농경지 확장에 따라 숲이 일방적으로 감소하는 시대.
3) **약탈이용단계** : 숲 자원이 약탈적으로 이용되는 시대.
4) **목재생산단계** : 기술 진보 등으로 숲에 대한 압력이 약하고, 목재 생산이 주가 되는 시대.
5) **환경관리단계** : 도시로부터의 영향이 강하고, 비물질적인 숲 편익이 중시되는 시대.

한편 우리의 경우에는 농경 사회에서 산업 사회로 전환함에 따라 경영 주체에 의해서 분류하거나 한국인의 정체성을 지배하는 자연관의 변화에 따라 분류하기도 한다.

다. 마상규(1996)의 분류

1) **경영부재시대** : 경영 주체 없이 방임된 무주공산 시대를 말한다. 부락 주위의 숲이 심하게 약탈되던 시대로

사진 1-6. 인가 주변의 숲은 연료와 주변경작지에 필요한 퇴비의 공급처였다.

독라지(禿裸地)가 발생하게 되었던 시대.

2) **약탈식경영시대 :** 식민지 지배하의 영림서에서 오지의 천연 숲 자원을 약탈하였던 일제 시대.

3) **통제불능의 경영시대 :** 우리 숲이 도벌과 남벌로 결단이 났던 해방 후 한국전쟁과 그 후의 사회적 혼란기. 최종적으로 남아 있던 숲마저 대부분 파괴된 시기.

4) **치산녹화를 위한 경영시대 :** 산림청이 설립되고, 국토의 녹화가 완료된 시기.

라. 전영우의 분류

한국인의 정체성을 지배하는 자연관의 변화 과정에 따라서 숲의 본질과 기능은 변해왔다. 그런 이유로 숲의 본질이나 기능을 우리의 자연관에 의해 문화사적으로 분류할 수도 있다.

1) 숲을 질적 대상으로 인식하던 시대

숲은 고대 원시 씨족 사회의 숭배 대상이었으며, 자연 숭배 문화의 요소였다.

2) 숲을 양적 대상 우선, 질적 대상 차선으로 인식하던 시대

고려 및 조선 시대에는 숲이 중요한 자원의 대상으로 인식되어 국가의 집중적인 보호 관리가 있었으며, 더불어 여전히 나무나 숲을 질적 대상으로 인식했던 흔적인 정이품 소나무, 성황림 등도 남아 있다.

3) 숲을 주로 양적 대상으로만 인식하는 시대

질적 대상으로 숲을 인식하던 자연관은 파괴되고 이용할 양적 자원으로만 인식되고 있는 오늘날을 의미한다.

4) 숲을 질적 및 양적 대상으로 조화롭게 인식해야 할 미래

자연과 인간의 공존 문화만이 인류가 지속가능한 발전을 도모할 수 있다는 인식의 확산에 따라 숲을 질적 및 양적 대상으로 조화롭게 인식하여 자연 조화 문화의 실습장으로 활용하고자 하는 시각을 들 수 있다.

2. 숲의 기능 분류

숲에 대한 기능 분류도 숲 이용의 발전 단계처럼 시대에 따라 변해왔다. 오늘날처럼 환경 문제가 심각하지 않았던 시대에는 숲의 간접 효용 기능인 공익적 기능을 주목하지 않았을 것이며, 반면에 목재 생산과 같은 직접적 효용은 중요시 되었을 것이다. 또한 종교나 신앙의 대상이었던 먼 옛날에는 오히려 숲이 가진 영적, 정신적, 심리적 가치를 함께 중요시 여겨 숭배했을 것이다(Young, 1982). 수원을 함양하고 침식을 위시한 자연재해를 방지하거나 경감하는 역할과 같이 국토를 보전하는 기능이 숲에서 창출된다는 것을 인식한 근대에 이르러 숲의 간접적 효용인 공익적 기능에 주목하였을 것이며, 공익적 기능인 간접 효용 가치가 숲의 새로운 기능으로 추가되었을 것이다(Kimmins, 1994).

서구의 여러 나라가 산업 사회로 진입함에 따라 환경 문제가 파생되었고, 숲이 갖는 기상 완화 기능은 물론, 대기 정화 기능과 쾌적한 환경 형성 기능이 새롭게 부각되면서 환경재로서의 효용 가치를 인정받게 되었다.

산업 사회가 안고 있는 삶의 질을 향상하는 데 숲으로부터 얻을 수 있는 문화적 가치를 인식하게 된 오늘날에는 경제적 기능과 환경적(공익적) 기능과 더불어 문화적 기능이 새롭게 숲의 기능으로 인식되고 있다. 숲으로부터 새롭게 부각되고 있는 문화적 기능은 숲이 제공하는 예술의 소재나 예술 활동의 장소, 건강을 유지하고 증진하기 위한 보건 휴양 활동을 제공하는 장소, 레크리에이션 및 스포츠 활동을 위한 장소, 자연 탐구나 생태 환경 교육을 위한 장소로서의 효용을 새롭게 인식하여 숲의 새로운 기능으로 분류하기 때문이다(전영우, 1996a).

숲의 직접 효용은 경제적 기능이며, 목재, 특용임산물 생산, 생화학물질 생산 등과 같은 경제재를 생산하는 물질 생산이 주된 기능이다. 또한 숲의 속성상 부수적으로 생물다양성을 유지하고 야생동식물을 보호하며 유전 자원을 보존하는 역할도 경제적 기능에 포함된다.

숲의 간접 효용은 국토를 보전하고 쾌적한 환경을 형성하는 데 필요한 환경재를 생산하는 환경 자원으로서의 기능을 말한다. 물을 저장하고 수질을 정화하는 수원 함양 기능, 침식의 방지 및 경감 기능, 산사태를 방지하고 수해를 방지하는 자연재해의 방지 및 경감 기능과 같은 국토 보전의 기능이 숲의 간접 효용가치이다.

환경 자원으로서 숲이 갖는 간접 효용에는 국토 보전 기능 이외에도 쾌적한 환

사진 1-7. 숲 속의 시 낭송회는 숲이 경제와 환경과 문화를 아우르는 복합자원임을 말해준다.

경을 형성하는 기능도 있다. 쾌적한 생활환경을 형성하는 기능에는 기온을 완화하고, 습도를 조절하며, 지온을 완화하고, 지구 온난화를 방지시키는 기상 완화 기능과 이산화탄소를 흡수하고 산소를 공급하며, 분진을 흡착하는 대기 정화 기능, 그리고 그늘을 제공하고 소음을 방지하거나 경감시키며, 아름다운 풍치를 제공하고 쾌적성을 향상시키는 기능, 즉 쾌적 환경 형성 기능도 있다.

숲에서 새롭게 도출된 문화적 기능은 숲을 통해 얻을 수 있는 심리적 안정과 정신적 만족, 숲이 있어 탄생되는 수많은 신화와 설화, 그리고 숲에서 탄생된 문학, 음악, 미술 등의 예술과 같은 숲의 문화 가치 창출 기능을 말한다(전영우, 1996b).

문화적 기능은 경제적 기능이나 환경적 기능이 계량화되어 금액으로 환산할 수 있는 양적 인식 체계와는 달리, 금액으로 환산하여 계량화할 수 없는 정신적인 질적 인식 체계를 기반으로 형성된 것이다. 이러한 것을 숲이 가진 직·간접 효용 가치와 더불어 문화적 효용 가치(정신적, 정서적, 예술적 가치) 또는 문화적 기능이라고 정의하며, 이러한 기능을 포괄하는 영역을 숲 문화라 부른다(그림 1-8).

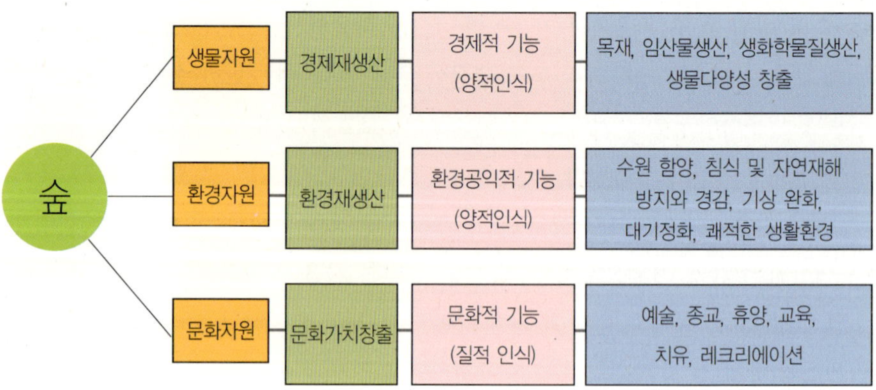

그림 1-8. 숲의 기능 분류 및 인식의 차이

제 2 장

문명 발달과 숲

문화란 인류가 이룩해 낸 문명이라는 모태 위에서 꽃피워 맺는 결실인 동시에 당 시대 사람들의 삶의 모든 형태로서 문학, 예술, 철학, 사상 등이 포함된다고 정의할 수 있다. 그런 까닭에 문명 발달 과정에 직접적으로 관련이 있는 숲의 역할을 밝히는 일은 숲과 문화의 관계를 자연스럽게 밝힐 수 있는 길이기도 하다.

인류의 문명 발달 과정을 살펴보면 숲과 관련된 흥미 있는 사실을 발견할 수 있다. 위대한 문명이나 문화의 발달 이면에는 언제나 숲이 있었다. 그래서 숲은 흔히 인류가 성취한 문명의 숨은 영웅이라고도 한다. 숲은 영웅이라고 하는 이유는 대부분의 사람들이 문명 발달에 끼친 숲의 지대한 역할을 옳게 인식하지 못하기 때문이다.

제1절

농업 혁명과 숲

인류의 원 조상은 약 400만 년 전에 중앙 아프리카 동부 사바나 지역의 유인원에서 파생되었다. 지금으로부터 약 200만 년 전에 유인원들은 도구를 체계적으로 생산할 수 있는 원인(Hominid)으로 발달되었으며, 각 대륙의 구석구석으로 퍼져나갔다. 이들 원인들이 진화를 계속하여 약 100만 년 전에는 현 인류의 조상인 호모 사피엔스(*Homo sapiens*)로 진화하였다(리 멕칼레스터, 1987). 이들 인류의 고대 조상들은 약 1만 년 전까지 수렵 채취 생활로 삶을 영위하였다.

농업 혁명은 인류가 이미 넘어 온 산업 혁명과 현재 넘고 있는 과학기술 혁명과 더불어 3개의 혁명적 문명 발달의 첫 단계라고 흔히 일컫는다. 초기 인류가 의존했던 수렵 채취 생활방식을 혁명적으로 바꾼 계기가 바로 농업이었기 때문이다(김명자, 1992).

인류가 약 1만 년 전부터 경험한 농업 혁명은 수렵과 채취를 목적으로 한 곳에 정주하기 보다는 떠돌아다니던 고대 인류가 한 곳에 정착하여 삶을 영위할 수 있도록 한 문명이었다. 한 곳에 정착하게 되었다는 것은 삶을 영위하기 위해서 필요한 토지의 면적이 수렵 채취 위주로 떠돌아다니면서 살던 때보다 줄어들게 되었음을 의미하며, 그만큼 주변 환경에 영향을 끼치기 시작하였다는 것을 뜻한다. 또한 정착에 따른 생활양식의 변화에 의해 보다 많은 목재가 건축이나 난방, 취사를 위해서 필요하게 되었다는 것을 의미하며, 더불어 인구 증기를 수반하게 되었다는 뜻이다. 이렇게 불어난 인구를 부양하기 위해서는 보다 넓은 경작 면적이 필요하게 되어 숲의 파괴는 더욱더 가속되었다(Ponting, 1991).

표 2-1. 원목 소비 추세

범주	단위	선진국			개발도상국			합계		
		1,961	1,991	2,010	1,961	1,991	2,010	1,961	1,991	2,010
연료 · 차콜	백만 m^3	256	236	278	623	1,594	2,117	879	1,830	2,395
	(전체비 %)	23	16	13	78	80	73	46	53	47
산업용 원목	백만 m^3	844	1,210	1,875	177	389	799	1,021	1,599	2,674
	(전체비 %)	77	84	87	22	20	27	54	47	53
전체 원목량	백만 m^3	1,100	1,446	2,153	800	1,983	2,916	1,900	3,429	5,069

(Singh & Janz, 1995)

농업 문명의 초기 인류는 목재를 얻거나 경작지를 확보하기 위해서 금속도끼를 이용하거나 나무줄기의 주변을 돌아가면서 껍질을 벗기는 환상박피(環狀剝皮) 방법으로 나무를 벌채하였다. 또한 산불로 화전을 일구어 숲을 개간하는 것도 경작지의 확장을 위해서 발달된 방법이었다.

중국에서 발굴된 네안데르탈인의 유물에 의하면 약 50만 년 전에 이미 불을 사용하였음을 알려주는 흔적이 있다. 효과적인 불의 사용은 흔히 인류 문명 발전에 크게 기여한 언어, 종이와 더불어 중요한 발명의 하나라고 할 수 있다. 불을 사용하면서 인류의 문명은 석기 시대에서 청동기 시대로의 전이는 물론이고 철기 시대로 옮겨 갈 수 있었다(브로노프스키, 1989).

나무로부터 유래된 목탄을 사용하여 질이 좋은 철을 생산할 수 있게 되면서, 증기 기관이 산업에 이용할 수 있는 실용적인 도구가 되었고, 종국에는 산업 혁명이라는 인류가 넘어야만 했던 제2의 혁명을 이루어낸 견인차 역할도 할 수 있었다.

이처럼 나무는 불이라는 중요한 문명적 도구를 이용하는 데 없어서는 안 될 연료였다. 특히 석탄이 난방을 위해서 본격적으로 사용되기 전인 19세기 중반까지 나무는 인류의 중요한 연료원이었다(Somerset Fry, 1994).

현재도 40억에 달하는 아프리카를 위시한 세계 전역의 개발도상국민들이 취사나 난방 또는 조명의 목적으로 주로 나무를 사용하고 있다. 특히 사하라 이남에 거주하는 아프리카 사람들의 경우, 조리, 난방, 조명을 위해 사용하는 연료의 65~90%를 목재로부터 공급받고 있다(Brown, 1991).

전 세계적으로 매년 생산되는 약 34억 3천만 입방미터의 원목(1991년 기준) 중, 53%는 연료로 사용되며, 나머지 47%는 건축, 합판, 종이 등의 생산에 필요한 산업용으로 사용되고 있다는 보고(Singh and Janz, 1994)처럼 오늘날도 목재 생산량의 절반 이상은 여전히 연료로 사용되고 있다.

1. 4대 문명 발상지와 숲

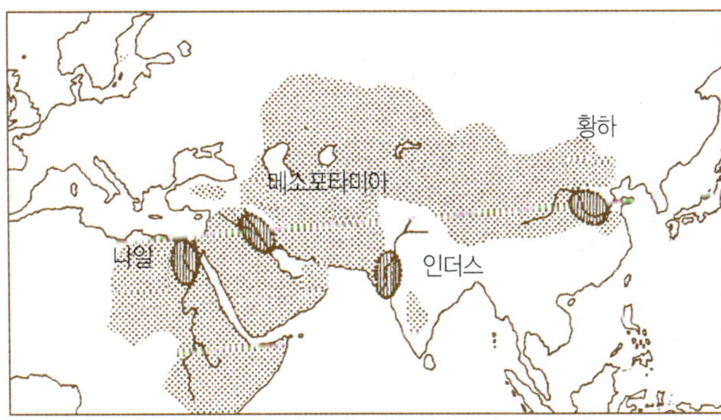

❙ **그림 2-1.** 4대 문명 발상지와 사막

초기 문명이 본격적으로 개화된 이면에는 숲이 있었다. 인류 문명의 4대 발상지는 농업 혁명이 시작된 메소포타미아 유역, 나일 강 유역, 인더스 강 유역, 그리고 황하 유역이다. 이들 지역이 문명을 발생시킬 수 있었던 이유는 풍부한 수자원과 더불어 숲이 있었기 때문이다. 이러한 이유로 숲을 인류가 성취해 낸 문명 발달의 단계 중, 가장 첫 단계인 농업 혁명을 완성시킨 숲은 원동력이라고 말할 수 있는 것이다(Perlin, 1989; Ponting, 1991).

고대 메소포타미아 문명의 개화 이면에는 티그리스, 유프라테스 강 유역의 울창한 숲이 원동력으로 자리하고 있었다는 것을 인류 최초로 기록된 수메리아 사람들의 설형 문자를 통해서 알 수 있다(Ponting, 1991). 중앙 아메리카 대륙의 열대림에서 한때 문명의 꽃을 활짝 피웠던 마야 문명의 개화 이면에도 숲이 있었음을 마야 문명의 발굴 보고서를 통해서 알 수 있다. 이뿐만 아니라, 인도의 인더스, 갠지스 강 유역이나 중국의 황하 유역에서 이룩된 인류의 초기 문명 발상지에서도 문명 발달의 견인차 역할을 한 숲을 어렵지 않게 찾을 수 있다. 즉 인류의 문명 발상지의 이면에는 숲이 있었다. 만일 숲이 없었다면, 또는 연료나 건축재로서의 나무가 없었다면, 그리고 숲을 개간하여 얻은 기름진 경작지가 없었다면, 농업 혁명은 일어나지 않았을 것이며, 이들 초기 문명도 꽃피울 수 없었을 것이다.

가. 메소포타미아 문명과 숲

고대 문명 발달에 기여한 숲의 역할을 되돌아볼 수 있는 기록은 메소포타미아 문명을 이룩해낸 수메리아 사람의 서사시, 길가메쉬(Gilgamesh)에서 찾을 수 있다. 이 서사시는 바빌로니아의 도시국가 우룩의 영웅 길가메쉬의 위대한 업적을 노래한다(Mason, 1972).

지금부터 약 4,700여 년 전에 지어진 이 서사시에는 문자로 역사를 기록한 유사 이래 최초의 영웅이랄 수 있는 길가메쉬가 자신의 도시 국가 우룩을 건설하기 위해서 너무나도 울창하고 광대하여 그 넓이조차 가늠할 수 없는 남부 메소포타미아 지역의 숲을 여행한 내용이 담겨 있다.

그러나 고대 메소포타미아 문명을 개화시키는데 숲은 견인차 역할을 담당했던 티그리스 강과 유프라테스 강 유역의 울창한 숲 지역은 오늘날 더 이상 존재하지 않는다. 고대 문명을 개화시킨 이 지역의 숲은 오늘날 대부분 사막이나 준 사막과 같은 불모지역으로 변했으며, 그러한 현장은 이라크나 그 주변 지역에서 찾을 수 있다(그림 2-1).

초기 메소포타미아 문명을 이룩한 수메리아 사람들이 남긴 설형 문자의 기록에 의하면, 지금부터 5000년 전인 BC 3000년경에 수메리아 사람들은 유프라테스 강과 티그리스 강의 남부지역에 밀과 보리를 경작하기 시작하였다. 즉 BC 3500년경에는 밀과 보리의 경작비가 비슷하였으나, BC 2500년경에는 보리가 85%의 경작 면적을 차지하고 밀이 차지하는 경작 면적은 15%이었다. 밀 경작 면적이 급격히 감소된 것은 토양 속에 함유된 염분 성분의 상승으로 경작지의 대부분이 밀이 자랄 수 없는 토양 조건으로 변했기 때문이었다. 키시, 우룩, 우르, 라아쉬와 같은 수메리아의 고대 도시들이 발달되면서 보다 넓은 경작지가 필요하였으며, 경작지의 확장은 주변 숲의 벌채로 충당되었다.

사진 2-2. 수메리아 사람들이 남긴 길가메쉬가 수록된 점토판과 그림

이와 같은 추세가 지속되어 BC 2100년경에는 밀 농사가 겨우 2%의 수준에 머물게 되었고, 마침내 BC 2000년경에는 밀 농사가 사라지고 말았다. 즉 식량은 BC 2400년까지 지속적으로 증산되다가 BC 2100년경에는 최대 생산기의 42%, 그리고 BC 1700년경에는 35%만이 생산되었다는 기록이 말해주듯이 숲 파괴로 초래된 경작지의 염분 상승은 더 이상 작물을 생산할 수 없는 토양으로 변화시켰다(Ponting, 1991).

지속적인 숲의 훼손으로 초래된 토양 유실은 경작지 토양의 염분을 증가시켰고, 그 결과 경작지들이 불모지로 변하여 더 이상 문명을 부양할 수 없게 되었다. 비슷한 기후 지역에 위치한 마야 문명과 인더스 강 유역에서 꽃피었던 인더스 문명에서도 같은 결과가 나타났다.

나. 인더스 문명과 숲

인도의 경우, 인더스 강 유역에서 고대 문화가 시작되었다. 인더스 강 유역에 정착했던 고대 인류는 이 지역 주변에서 농사를 짓기 시작하였다. 농경을 위해서 시행했던 지속적 관계는 지하 수면(water table)의 상승을 초래하였고, 그 결과 염류 축적 작용의 증가로 토양 내 염분 성분이 많아져 종국에는 농사를 지을 수 없는 토양으로 변하게 되었다.

BC 1900년경에 인더스 강 유역에서 발달된 문명도 갑작스럽게 종말을 맞게 되는데, 근본적인 원인은 사원 건설에 필요한 벽돌을 굽는 연료재로 사용하기 위해 숲을 무분별하게 벌채한 것에 있었다. 이는 토양 유실을 초래하였으며, 토양 유실로 인한 토질 저하는 물론, 토양 내 염분의 증대로 이어졌다. 토질 저하와 염분 증대는 농업 생산성을 급격하게 저하시켰고, 그 결과 승려나 지배 계급을 더 이상 부양하지 못해 사회가 불안해졌으며 마침내 급격한 종말을 가져왔다. 지금부터 2,000년 전까지만 해도 통과하기 어려운 밀림 시대였던 푼자브와 라자스탄 지방의 숲은 이제는 10만 평방마일의 사막으로 변하였다(Ponting, 1991).

다. 나일 문명과 숲

지금으로부터 약 5,000여 년 전에 최초로 통일된 왕조를 가졌던 이집트의 경우, 나일강 유역에서 약 BC 7000년경부터 사람들이 정착 생활을 시작하였고 BC 5500년경에는 농업이 시작되었다(Somerset Fry, 1994). 나일의 농업 문명이 개화할 수 있었던 것은 숲이 있었기 때문이다. 나일 강 상류의 울창한 숲에서 유래된 부식토는 나일 유역의 농경에 필요한 자연적 유기질 비료의 공급원 역할을 하였다. 그 덕분에 농토는 기름지고, 수산물과 농산물의 생산은 지속되었다. 이를 바탕으로 다른 나라와 무역을 발달시켰으며, 당 시대 최고의 문명을 개화시켰다. 이와 같은 추세는 나일강 상류의 숲이 울창하게 남아 있던 로마 시대까지 계속되었다(Westoby, 1988).

그러나 농경 문화의 발전은 인구의 증가를 초래했고, 늘어난 인구는 나일강의 갈대 대신 상류 숲을 벌채해서 만든 숯에 연료를 의존하게 되었다. 또한 왕조의 권위와 신성을 지키기 위한 피라미드와 스핑크스의 건설에 필요한 돌을 운반하는 데 나무를 사용하면서 숲이 파괴되었다.

가장 큰 피라미드를 건설하는 데는 하나에 2.5톤인 석회암 230만 개가 소요되었다. 나일강변에서 채굴한 이들 석회암을 굵은 통나무를 깔고 밧줄로 묶어 운반했다.

카프라왕의 피라미드를 건설하기 위해서 사용된 붉은 화강암은 나일강 상류 850킬로미터 지점에서 뗏목으로 운반된 것이다. 무게 1.2톤인 수백만 개의 화강암을 운반하는 뗏목을 만들기 위해서 벌채된 목재의 양은 엄청난 것이었다. 수백 년에 걸쳐 계속된 피라미드의 건조에는 엄청난 목재가 소요되었고, 숲 파괴는 필연적이었다.

나일강 하류 숲은 로마와의 전쟁에 필요한 전함을 건조하기 위해 벌채되었다. 특히 로마 시저 시대 이후 300년간 이집트의 숲은 커다란 수난기를 맞았는데 이는 로마와 그리스에 숯을 수출했기 때문이다.

상류와 하류 지역에 숲이 파괴되면서 나일강 유역은 풍수해가 매년 계속되었고, 기름진 농경지들은 강수량의 감소로 염분 농도가 증가되어 불모지로 변하고 말았다. 그 결과 찬란했던 이집트의 문화 유적은 모래 속에 파묻히게 되었다. 로마 시대 이후 700여 년 동안 지중해 연안을 제외한 이집트의 국토는 사막으로 변하고 말았다.

라. 황하 문명과 숲

중국 문명의 시원지는 황하 유역으로 중국의 북부지역에서 시작된 귀리의 재배와 함께 황하 문명은 시작되었다. 황하 지역은 원래 울창한 숲이 있는 것은 아

사진 2-3. BC 2세기 말에 완성된 중국의 만리장성

니었지만 오늘날처럼 숲이 송두리 채 없었던 지역은 아니었고 오히려 소개된 상태의 숲이 있었다. 지금부터 200여 년 전에 이미 고대로부터 존재했던 원생림은 중국에서 완전히 사라졌다(Richardson, 1990). 그 이후 지속적으로 계속된 북서 고원지대의 숲 벌채와 경작지 확대는 매년 황하의 범람을 초래하였다. 황하라는 이름이 붙게 된 연유도 숲 벌채에서 시작되었다.

중국도 다른 초기 문화권과 유사하게 농업 혁명이 정착되면서 인구 증가가 수반되었고, 인구 증가에 따라서 다른 문명 발상지처럼 지속적으로 경작 면적을 확장시켜야만 했다. 경작 면적의 확장이 필요함에 따라 다른 지역의 울창한 숲도 점차적으로 경작지로 변했다. 즉 황하 유역과는 달리, 중국의 중부나 남부 지역은 울창한 숲 지역에서 경작지로 변하고 말았다.

한편 고비 사막은 옛날에는 푸른 초지와 울창한 숲 지역이었다. 전한(前漢) 이후에 이 지역을 근거지로 침략을 계속한 흉노족을 몰아내기 위해서 한나라 이후 200년간 이 지역의 숲을 지속적으로 불태웠기 때문에 사막으로 변하고 말았다(Westoby, 1989).

황하 유역에서 시작된 중국 문명의 발달에 따라서 숲이 울창한 이들 지역은 점차 농경지로 변하게 되었다. 한나라(기원년경)의 기록에는 양자강 유역은 농업이 여전히 후진적인 상태로 서술되어 있으며, 당나라(615~906년) 시대에도 대부분의 중국인들은 여전히 북부 지역에 거주하고 있었다.

양자강 유역에는 그 당시 불과 이백만 명 정도가 살고 있었다. 그러나 청나라 개국 당시(1636)에는 약 1억 명의 인구로 불어났다. 그 이후 200여년 사이에 약 4억 5천 명의 인구로 늘어났으며, 공산정권이 들어선 후, 13억의 인구로 늘어나게 되었다(Ponting, 1991). 이와 같은 인구의 급격한 증가에 따른 경작지의 확대와 연료 소비의 증대는 숲을 서서히 갉아먹기 시작하였고, 마침내 20세기 초에는 겨우 대륙의 5%에도 미치지 못하는 숲만 남게 되었다. 즉 오늘날 거대한 13억 인구의 부양 이면에는 중국 대륙을 뒤덮고 있던 숲의 희생이 있었던 것이다.

2. 이스터 섬 문명의 붕괴와 숲

지구상에서 가장 앞선 문명을 건설했던 이스터 섬 사회가 숲의 파괴로 지구상에서 영원히 사라진 예는 문명 발달과 숲의 관계를 보다 극명하게 설명해 준다. 120평방킬로미터의 면적을 가진 이 섬은 남아메리카 서부 해안에서 3,700킬로미터 떨어져 있고 사람이 살고 있는 가장 가까운 섬과는 2,000킬로미터나 떨어져 있어서 지구상에서 사람이 사는 곳 가운데 가장 외진 장소다. 이 섬에는 5세기경에 폴리네시아로부터 이주해온 사람들이 정착하면서 문명이 시작되었다(Maser, 1994).

이 섬의 토양 내 퇴적된 꽃가루를 분석해 본 결과에 의하면 사람이 살기 훨씬 이전인 3만 년 전에 이스터 섬은 숲으로 덮여 있었다고 한다. 다른 농업 문명 발상지와 마찬가지로 이 섬에 정착한 주민들은 경작지를 확장하기 위해서 숲을 파괴하고 생활에 필요한 도구를 생산하기 위해서 나무를 베었다. 인구가 많지 않고 숲의 면적이 상대적으로 넓었던 정착 초기에는 땅이 기름지고 해산물은 풍부하여 생활은 풍요로웠다. 그래서 인구는 1만 5천 명으로 늘어났고, 문명은 다른 여타의 문명권에 비해서 결코 뒤떨어지지 않았다.

그러나 이러한 풍요는 오랫동안 지속될 수 없었다. 풍요로운 생활에 따라 발달된 제례 활동은 씨족간의 정교한 의식과 기념비 제작을 경쟁적으로 부추겼고, 그에 따라 숲을 위시한 자원의 낭비는 엄청났다. 높이 약 10미터와 무게 85톤에 달하는 6백기의 석상 '모아이'의 제작이 그 단적인 예다. 씨족 간의 조각상 세우기 경쟁이 벌어짐에 따라 수백 기의 석상이 제작되었고, 제작된 석상을 옮기기 위해서는 엄청난 양의 통나무 받침이 필요했기에 많지 않던 숲마저 사라져 버렸다.

▎사진 2-4. 이스터 섬의 모아이 석상

설상가상으로 이렇게 한 번 파괴된 숲은 다시 복구되지 않았다. 꽃가루 분석 결과에 의하면 사람들이 최초로 정착한 수백 년 후부터 본격적인 숲 파괴가 시작되어 약 800년 전에는 이 섬에 있던 숲이 완전히 사라졌다고 한다. 계속된 숲 파괴는 토양 유실을 촉진시켰고, 그 결과 작물 생산은 점차 감소되었다. 농업 생산성의 감소는 기아와 사회적 불안으로 이어졌으며 씨족 간의 전쟁으로 귀착되었고, 종국에는 상대편의 포로를 잡아먹는 식인 풍습까지 생겨났다. 이와 같은 현상은 1722년 네덜란드인 선장 로헤번 제독이 이 섬을 처음 방문했을 때 목격되었다. 그는 누추한 갈대 오두막이나 동굴에 살면서 전쟁을 벌이고, 부족한 식량 때문에 식인 풍습을 가진 약 4천 명의 원시 부족을 목격하였다(Ponting, 1991).

한때 씨족 중심으로 지구상에서 가장 앞선 문명을 건설했던 이스터 섬 사회가 원시사회로 퇴보한 것은 지상에서 유일하게 재생가능한 자원인 숲의 중요성을 옳게 인식하지 못하고 함부로 사용했기 때문이었다. 인간의 무분별한 숲 벌채는 환경파괴를 가져왔고, 종국에는 문명 자체를 지탱시킬 수 없는 불모지 같은 환경 조건으로 이스터 섬을 변모시키고 만 셈이다. 오늘날 이스터 섬에는 소수의 원주민들만이 살고 있다.

3. 고대 그리스 로마 문명과 숲

인류의 4대 문명 발상지에서 살펴본 것처럼, 숲은 초기 인류의 문명 발달에 지대한 역할을 수행하였다. 그러나 숲은 이렇게 인류 문명 발달의 이면에만 있었던 것은 아니라 문명의 붕괴, 문명의 쇠퇴 배경에도 있었다. 즉 티그리스, 유프라테스 강 유역에서 시작된 메소포타미아 문명, 인더스 강 유역의 인도의 초기 문명, 그리고 중앙 아메리카의 열대림에서 시작된 마야 문명이 도시와 사원 건설을 위해서, 그리고 늘어난 인구를 부양하기 위해서 숲을 파괴하여 경작지를 확대하였다. 그 결과 파괴된 숲은 토양 유실을 초래하게 되었으며, 삼림으로부터 유실된 토양은 관개 수로를 막아 배수가 점차 나빠져 경작지 토양의 염분 성분을 상승시켰다. 이와 같은 상황이 지속됨에 따라, 종국에는 농업의 기반이 무너지게 되었고, 문명 자체를 지속시킬 수 없을 만큼 허약한 농경사회로 전락되어 일시에 붕괴되고 말았다. 온대 지방의 국가들은 열대 지방에 위치한 나라들과는 달리 기후의 특성 때문에 숲 벌채로 인한 환경적 재앙에 어느 정도 견뎌낼 수 있는 내성이 있다고 알려져 있는데 반면 열대나 아열대에서 시작한 문명의 경우, 숲의 파괴 때문에 파생된 환경 문제는 온대 지방과 달리 그 파문이 크기 때문에 종국에는 이처럼 문명 자체가 사라져 버리고 만 것이다.

사진 2-5. 로마 시대의 목욕탕 유적

숲의 파괴가 인류의 초기 문명만 붕괴시킨 것은 아니었다. 그리스와 로마의 고대 문명 역시, 그 붕괴의 배경에는 숲이 있었다. 그리스의 문화가 몰락할 수밖에 없었던 배경에는 숲 황폐로 인해 발생된 유실 토양이 강 하구에 쌓여, 대외무역의 창구인 항구를 마비시켰고, 종국에는 농업 생산성이 붕괴되어 문명 자체를 지탱시킬 수 없었기 때문이다(Perlin, 1989).

로마가 향락 문화, 또는 그 구체적인 예인 목욕탕 문화 때문에 망한 것으로 흔히 알려져 있다. 향락 문화의 근간을 이루던 목욕탕 문화를 뒷받침한 것은 물을 데우는 데 필요한 나무를 공급하는 숲이었다. 산림 문화 연구가들은 로마가 멸망한 주요 원인의 하나로 향략 문화를 즐기기 위해서 숲을 파괴하였기 때문이라고 주장한다. 즉 정치적으로 불만을 가진 로마 시민을 달래기 위해서 식량까지 무료로 배급하는 한편, 향락적인 목욕탕 문화를 지속시키기 위해서 무리하게 나무를 공급할 수밖에 없었다. 식량의 무상 배급과 따뜻한 목욕물을 공급하기 위해 인근의 숲은 물론이고, 지중해 연안의 숲까지 연료목의 공급을 위해서 벌채될 수밖에 없었다. 종국에는 이들 지역에서도 초기 문명 발상지에서 겪은 것과 동일한 과정 – 토양 유실과 농업 생산성의 저하, 사회적 불안 – 을 거쳐서 마침내 문명 자체가 몰락하는 과정을 걷고 말았다(Thirgood, 1981; Thirgood & Hughes, 1982).

그래서 학자들은 그리스나 로마를 위시한 지중해 연안에서 발생한 서양의 초기 문명들은 지중해 연인 숲의 파괴의 대가로 얻어진 것이라고 설명하기도 한다. 즉 오늘날 서양이 향유하고 있는 철학, 문학, 예술, 언어, 종교, 과학 모두가 지중해 연안의 숲을 파괴하여 얻은 보상인 셈이다. 오늘날도 이 지역의 숲은 완전히 복구되지 못하고, 불안전한 상태의 숲으로 이루어져 있다(탁광일, 1992). 이와 같은 숲의 파괴가 지중해 연안 지역에만 발생한 것은 아니다.

인간이 이룩한 문명 발달의 대가로 전 세계에 걸쳐서 숲이 사라져 버리고 말았다. 이 분야 연구에 의하면, 농업 혁명 이후 지난 8,000여 년간 지구상에 천연림의 형태로 존재하던 숲의 1/3이 경작이나 정착, 연료와 목재 생산을 위해서 사라지게 되었다고 한다(Marther, 1990). 특히 숲의 종류에 따라, 온대의 폐쇄림(32~35%), 아열대의 사바나림과 낙엽림(24~25%), 열대 극상림(15~20%) 등 평균 20~30%씩 감소되었다.

4. 에티오피아의 기아와 숲

오늘날에도 숲을 잘못 다루어서 참혹한 재앙을 겪고 있는 예를 쉽게 접할 수 있다. 신문이나 방송 등 언론 매체를 통해서 하루에도 수백 명씩 굶어 죽는 에티

사진 2-6. 다락밭 개간으로 헐벗은 북한의 숲

오피아 난민의 참상을 익히 보아왔다. 그러나 그러한 기아의 배경에 숲이 있다는 사실을 인식하고 있는 사람은 많지 않다.

지금부터 1,000여 년 전에 에티오피아의 남부 지방에 정착하여 농경의 뿌리를 내렸던 에티오피아인들은 땔감과 재목을 얻기 위해서 인근의 숲을 심하게 파괴하였다. 자연히 숲지에서 토양 유실이 대면적으로 발생하였고, 그 결과 경작지가 극도로 황폐해졌다. 경작지의 황폐는 농업 생산성을 저하시켰고, 종국에는 국토의 중앙부로 수도를 옮길 수밖에 없었다. 즉 지속적인 숲 황폐는 이 지역 토양 유실을 초래했고, 종국에는 경작지, 초지 또는 연료나 가축의 먹이를 제공해 주던 관목류조차도 자랄 수 없는 쓸모없는 땅과 사막으로 변하고 말았다(Ponting, 1991).

이와 같은 재앙은 국토의 중앙부로 수도를 옮기고 난 뒤에도 재현되었다. 1833년 아디스 아바바로 수도를 옮기고 난 후 20년 만에, 수도 반경 160킬로미터 주변은 민둥산이 될 수밖에 없었다. 수도권 주민의 연료를 공급하기 위해서 인근의 숲은 벌채되어서 목탄으로 가공될 수밖에 없었고, 종국에는 대면적에 걸친 토양 유실을 초래하게 되어 토지 생산성을 급격하게 감소시켰으며, 주변의 식생 변화는 종국에 기후 변화까지 불러들여서 사막으로 변하고 말았다. 한때 국토의 50% 이상이 숲으로 덮여 있었던 에티오피아이지만, 현재는 오직 2.5% 미만의 지역이 숲으로 남아있을 뿐이다. 숲의 가치를 옳게 인식하지 못한 무지가 이와 같은 불행한 재앙을 반복해서 초래하게 되었다고 할 수 있다.

오늘날 북한이 겪고 있는 식량난과 빈번한 수해의 원인도 외화 획득과 식량 증산을 위해 무분별하게 산림을 훼손하였기 때문이라고 할 수 있다.

제 2 절

산업 혁명과 숲

인류가 두 번째로 넘었던 혁명을 산업 혁명(産業 革命)이라고 한다. 산업 혁명은 '18세기 중반부터 19세기 초반까지 영국에서 시작된 기술의 혁신과 이로 인해 일어난 사회, 경제 등의 큰 변혁'을 뜻하며, 세계 근대화의 촉매가 되었다. 산업 혁명이란 용어는 아놀드 토인비가 처음으로 사용했다. 산업 혁명이 전 세계에 확산되어 본격적으로 근대화가 촉진된 시기는 19세기 후반이다. 영국에서의 산업 혁명은 직물, 증기력, 제철 분야에서 이루어진 혁신과 밀접한 관련이 있다(Perlin, 1989).

가내 수공업적 직물업은 증기기관의 채용으로 면직과 방직 공장의 설립으로 발전하였고, 증기기관에 사용된 연료는 임산물인 숯이나 나무 땔감이었다. 산업 혁명의 직접적인 원동력은 물론 나무나 숲은 아니었다. 오히려 그 직접적인 원동력은 동력을 다른 형태로 옮겨서 산업에 이용할 수 있었던 증기기관이었다. 증기기관이 발명된 초기에는 나무가 중요한 연료였다. 나무에서 유래된 숯은 산업 혁명 초기 철의 제련에 필수불가결한 연료였다. 석탄이 숯을 대신하기 전인 1820년대 이전까지 1돈의 철광석 제련에 3톤의 임산 연료가 필요했던 것처럼, 핵심자원이었다. 산업 혁명 초기만 해도 기본 에너지 자원을 임산물로 판단했기 때문에 19세기 유럽의 산림전문가들은 산림의 지속 가능한 경영방법을 고안하여 에너지의 지속적 조달에 부응하고자 하였다(The state of FAO, 1994).

산업 혁명은 '기술적 측면에서는 철과 같은 새로운 소재 사용, 석탄, 증기, 전기 및 내연 기관과 같은 새로운 에너지원 이용, 새로운 기계의 발명, 공장제 노동

사진 2-7. 구텐베르크의 활판인쇄기

의 발달, 교통과 통신의 발전, 과학의 산업적 응용'을 불러왔고, 그에 따른 운하와 철도 건설과 같은 사회적 자본의 확충도 가져왔다. 산업 혁명의 확산에 따라 운송수단의 일환으로 건설된 운하와 철도 역시 운하 벽면 고정용 말뚝, 갑문, 철도용 침목 및 증기기관용 땔감 등으로 다양한 종류의 목재가 대대적으로 사용되었다(차재경, 2006).

그러나 근대 산업의 전파와 발달에 따라 증기기관의 연료는 화석 연료인 석탄이 나무의 자리를 대신하였고, 이때부터 근대화는 보다 촉진되었다. 다른 한편, 산업 혁명의 여파가 다른 나라로 전파될 수 있었던 이면에는 정보의 전파가 있었음을 간과해서는 안 된다. 정보의 전파나 이동은 1455년에 구텐베르크에 의해서 발명된 인쇄술의 공로 때문이었다. 인쇄란 종이를 이용하여 정보를 기록하는 행위이다. 즉 16~17세기에 꽃피기 시작한 근대 과학에 의하여 발달된 기술을 적용함으로써 18세기부터 근대화가 시작된 유럽의 경우, 산업 혁명이 근대화의 원동력이 되었다(김명자, 1991).

영국, 독일, 이탈리아 등에서 개화하기 시작한 근대 과학은 자원 이용의 증대를 가져왔고, 그 결과 인구 증가, 도시화, 소득 증대, 대중교육을 유발시켰다. 인쇄술의 발달로 선진화된 기술 정보를 체계적으로 전달할 수 있었고, 이렇게 체계적으로 축적된 정보는 대중교육에 이용되었을 뿐만 아니라 다른 나라에도 전달되어 인류가 제2의 혁명을 성공적으로 성취할 수 있게 해 준 숨은 원동력이었다. 즉 인쇄술에 힘입어, 지식의 축적과 축적된 지식의 전파가 촉진되었고, 근대 과학이 저변으로 확산되어 종국에는 산업 혁명이 확산된 것이다.

종이 없는 인쇄술이란 없으며, 종이란 나무(숲)로부터 유래된다는 것은 주지의 사실이다. 종이가 없었다면 과연 지식이나 정보의 효과적인 축적이나 전달이 가능했을까? 서기 105년에 중국에서 발명된 제지 기술은 화약과 나침판의 발명과 더불어 중국을 세계의 문화 중심지로 만들었고, 이러한 기술들은 문화의 전파 경로를 따라서 종국에는 유럽 대륙으로 건너갔다. 결론적으로 나무로부터 유래된 종이는 산업 혁명의 확산과 촉진에 필요한 정보의 공유라는 숨은 공로자가 된 것이다.

제 3 절

과학기술 혁명과 숲

과학기술 혁명은 지난 30여 년 동안 창출된 정보 산업, 신소재 개발, 에너지 기술, 우주산업 기술, 생물공학 등에 의해 진행 중인 새로운 기술 혁명(정보 혁명)을 의미한다(네이스비트, 1994). 현재 진행 중인 과학기술 혁명은 고도 산업 사회로의 진입을 위해서 환경의 질을 고려한 경제적인 발전을 지향하는 혁명이라고도 한다.

그러나 후기 산업 사회를 지향하는 과학기술 혁명은 인류가 해결하거나 넘어야 할 또 다른 파도를 파생시켰다. 바로 국제적 환경 문제가 그것이다(월드워치연구소, 1992).

환경 문제란 인간의 제반 활동이 자연계에 변화를 주어 자연 파괴를 유발시키고, 이렇게 초래된 자연계의 변화가 다시 인간 사회로 되돌아와 인간에게 부정적 영향을 미치는 현상이다.

농업 혁명이나 산업 혁명의 과정을 거치면서 파생된 지역적, 국지적 또는 국가적 환경 문제와는 달리, 과학기술 혁명으로 파생된 환경 문제는 국제적인 문제, 또는 전 지구적 문제로 대두되었다.

금세기의 급격한 변혁의 단계로 흔히 레닌의 사회주의, 히틀러와 무솔리니의 전체주의, 2차 세계 대전 이후의 탈식민지화에 의한 신생국의 독립 그리고 가장 최근의 변혁인 고르바초프의 개혁주의로 인한 공산주의의 몰락 등을 든다. 이러한 과정에 인류가 직면하고 있는 새로운 파고로서 전 지구적 환경 문제가 최대의 현안으로 떠오르게 된 것이다(Laszlo, 1994).

흔히 지난 40년간의 경제적 생산량 가운데 평균 10년간의 증가량이 인류 문명이 개시된 약 일만 년 전부터 1950년까지의 증대량과 맞먹는다고 학자들은 주장한다(Brown, 1990). 다시 말하면 지난 40년 동안의 인간의 제반 활동은 지금까지 경험하지 못했던 엄청난 변화를 자연계에 주었고, 이렇게 파생된 자연계의 변화에 의해서 수많은 환경 문제가 전 지구적으로 발생될 수밖에 없었다.

전 지구적 환경 문제에는 토양 유실, 숲 지역의 감소, 목초지의 황폐화, 사막의 확장, 산성비, 성층권의 오존층 파괴, 온실 효과의 기체의 축적, 대기 오염, 생물종의 손실, 인구의 급증, 산업화의 부산물인 독성 물질, 폐기물의 처리 그리고 수질 오염 등이 포함된다(지구환경총람, 1992). 이와 같은 환경문제를 우리가 슬기롭게 해결하여 우리 앞에 닥쳐 있는 파고를 잘 헤쳐 나가야만 인류가 지속적으로 번영할 수 있으며, 만일 이러한 환경 문제를 옳게 해결하지 못한다면 인류의 미래는 어둡다는 것이 대부분의 환경론자들의 주장이다.

1. 전 지구적 환경 문제와 숲의 역할

넘어야 할 새로운 파고인 전 지구적인 환경문제들 중에 숲과 관련된 것들이 적지 않다. 토양 유실, 삼림 파괴, 사막의 확장, 산성비, 온실 효과 기체의 축적, 대기 오염, 생물다양성의 손실, 수질 오염 등이 직간접적으로 모두 숲과 관련된 환경 문제들이다.

가. 토양 유실과 삼림의 역할

고대 문명 발생지 또는 그리스 로마 문명이 몰락의 길을 갈 수 밖에 없었던 이유는 숲의 파괴로 인한 토양 침식이 농업적 기반을 무너뜨렸기 때문이었다. 오늘날 에티오피아에서 일어나고 있는 기아 참상의 근본 원인도 숲 파괴에 기인하였음을 앞에서 살펴보았다.

전 세계적으로 지난 40여 년 동안(1950~1990) 20%에 달하는 경작지의 표토층이 유실되었다는 보고가 있다(월드워치연구소, 1992). 이와 같은 표토층의 과도한 유실은 농업 선진국에서 채택하고 있는 대면적 집약 농업의 폐해 때문에 발생하거나 서아프리카에 위치한 개발도상국에서 볼 수 있는 예처럼, 급격히 증가하는 인구 문제를 해결하고자 무분별한 화전이나 고도의 벌채 또는 지나친 방목이나 연료

▍**사진 2-8.** 오늘날에도 확장되고 있는 중국의 사막화 현장

재를 사용하기 위해 숲을 파괴하기 때문에 발생한다.

한때 숲 면적이 국토의 70% 이상이었고 목재 수출국이었던 필리핀이나 태국의 경우에는 과도한 벌채로 인하여 오히려 목재 수입국으로 전락하게 되었으며, 태국의 경우 30%, 필리핀의 경우 4% 미만의 국토만이 숲으로 남아 토양 유실 문제가 가속화되고 있는 실정이다.

아프리카의 경우, 코트디부아르는 한때 국토의 60% 이상이 열대우림으로 덮여있던 국토 중 이제는 오직 12%만이 숲이며, 나이지리아도 한때 국토의 64%가 숲이었지만 현재는 오직 6.4%의 면적만이 숲으로 남아있다(Brown, 1991; 월드워치연구소, 1992).

중국의 경우, 늘어난 인구를 부양하기 위해서 지속적으로 숲을 파괴하여 경작지를 확대하다 보니, 숲은 전 국토 면적의 약 10%뿐이고, 최근 30년 동안 약 600만ha에 달하는 국토가 사막으로 변했다(Ponting, 1991). 이와 같이 확장된 국토의 사막화 현상은 중국만의 문제가 아니라, 우리나라에서도 심각한 환경 문제가 되고 있다. 중국 동해안의 산업화로 인해 발생된 대기 오염 물질들은 황사와 함께 서해를 건너 우리나라로 불어오기 때문에 중금속 등의 공해 물질이 포함된 산성비의 직접적인 피해를 우리 숲이 받을 수 있다.

나. 사막의 확장과 숲의 역할

사막의 확장 원인은 강수량의 감소로 인한 가뭄이나 장기간에 걸친 건조화 과정과 같은 기후적 요인과 인구 증가에 따른 무분별한 방목이나 경작지의 확대로 인한 식생의 파괴에 따른 요인이 있다. 특히 인구 증가에 의한 무분별한 방목과 연료로 이용하기 위한 숲의 과도한 벌채는 사막의 확장에 지대한 영향을 끼친다고 알려져 있다(주린원, 1995).

흔히 숲을 하늘로 뻗어있는 자연적인 물기둥이라고도 부르는 이유는 나무가 가진 증산 작용 때문이다. 나무 한 그루가 더운 여름철 하루 동안에 대기 중으로 뿜어낼 수 있는 수증기의 양은 약 400리터라고 알려져 있다. 이와 같이 나무가 땅속에 저장된 수분을 생리 작용(증발산 작용)에 의해서 대기 중으로 올려 보내어 수증기가 되게 하고, 이 수증기는 다시 구름으로 변해서 강수의 형태로 지상으로 되돌아오는 순환 작용을 하기 때문에 하나하나의 나무는 하늘로 뻗어있는 자연적인 물기둥이라고 할 수 있다. 나무가 보다 큰 물기둥임이라고 한다면 목초지를 이루고 있는 풀들은 보다 작은 물기둥이라고 할 수 있다. 물기둥격인 숲이나 초원에 수용 상태 이상의 가축들을 방목시킨다면, 이들 가축들에 의한 과도한 흙다짐으로 식물의 뿌리들은 제대로 생육할 수 없을 뿐만 아니라 마침내 고사하게 되므로 종국에는 기후까지 점차 더 건조해져서, 사막으로 변하고 마는 것이다.

지구상 육지의 약 1/3이 건조 지역이나 준 건조 지역이며, 1977~1984년 사이에 매년 경상도와 전라도 넓이만한 600만ha의 땅이 사막으로 변하고 있고, 그에 따른 피해를 본 농촌 인구가 5,700만 명(1977년)에서 1억 3,500만 명(1983)으로 증대되었다는 보고는 사막화가 우리 인류가 당면한 주요한 현안의 하나임을 말해주고 있다(Brown, 1990).

사진 2-9. 사막의 확장을 막고자 조성된 중국의 방사림(防沙林)

한때 로마 제국의 식량 창고 역할을 하였을 뿐만 아

니라 지금부터 1,200여 년 전에는 유명한 밀의 산지였던 사하라 사막 역시 사라센 제국의 확장에 따라 이주해 온 회교도들의 과도한 벌채와 목축으로 사막화되었으며, 현재에도 매년 수 km씩 남하를 계속하고 있다. 사하라 사막의 남단에 위치한 수단 정부의 보고에 의하면 1962년부터 1979년까지 사막전선이 100킬로미터나 남하하였으며, 사하라 주변은 매년 남한 면적만 한 땅이 사막으로 변하고 있다고 한다. 이러한 사막의 남하 속도를 저지하기 위해서 사막과 경작지가 만나는 지역에 해나나 많은 나무를 심지만, 사막의 전진 속도가 너무나 빨라서 심은 나무들이 폭풍으로 밀려 내려오는 모래 사태를 막아내지 못하고 있는 실정이다.

매년 사하라 사막에서 폭풍으로 날려가는 모래의 양은 약 1억 5천만 톤 쯤이라고 한다. 이와 같은 추세로 사막화가 계속되면, 서기 2000년경에는 60억 인구의 식량 공급처인 경작지의 1/3이 직접적이거나 간접적으로 사막이 될 위험에 직면할 것이라는 보고도 있다.

중국의 경우, 지구 전체 경작 면적의 8%에 불과한 농경지로 세계 인구의 18% 이상 되는 13억 인구를 먹여 살리는 일에 직면해 있다. 그러나 숲의 파괴로 사막으로 변하고 있는 경작지가 적지 않기 때문에 중국 정부에서 추진 중인 국토 녹화 사업이 문제 해결의 중요한 관건임에 틀림없다.

다. 지구 온난화와 숲의 역할

숲은 직간접적으로 지구 환경과 밀접한 관련을 맺고 있다. 숲은 탄소를 저장하고 물을 순환시키는 역할을 수행하면서 기후 변화에 영향을 끼쳐 지구 온난화에 관여한다. 지구 온난화는 숲의 발달과 쇠퇴는 물론이고, 숲에 서식하는 다양한 생명체의 존립에 영향을 끼쳐 생물다양성의 유지와 파괴에도 관여한다.

지구 온난화는 인간의 산업 활동으로 배출된 온실가스에 의해 지구가 점차 더워지는 현상을 말한다. 이런 현상은 이산화탄소나 메탄가스와 같은 온실가스가 태양으로부터 유입된 가시광선을 흡수하여 마치 온실의 유리처럼 보온 효과를 일으켜서 발생하기에 흔히 온실 효과라 불린다.

1) 이산화탄소 농도의 증가

인간의 활동에 의한 온실 효과 기체는 산업화 이전부터 증대되어 왔으며, 1970~2004년 사이에는 70%나 증대하게 되었다. 이산화탄소는 인간의 활동에 의

사진 2-10. 지구온난화로 점차 줄어들고 있는 캐나다 록키산맥의 빙하

해 생성된 가장 중요한 온실 효과 기체이다. 이산화탄소의 방출은 1970~2004년에 걸쳐 매년 약 80%씩 증대하였다. 오늘날 대기 중의 이산화탄소의 농도는 매년 2ppb씩 증가하고 있다.

2012년도의 대기 중 이산화탄소농도(400ppm)는 지난 65만 년 동안 지켜오던 자연적 범위를 훨씬 초과하게 되었다. 따라서 20세기 중반 이래로 관측된 전 지구적 평균 기온의 상승은 인간의 활동에 의한 온실 효과 기체 농도의 증가에 기인하는 것이라고 할 수 있다(연합뉴스, 2013).

대기 중의 온실 효과 가스, 특히 이산화탄소의 농도가 증가함에 따라 지구상의 평균 기온은 1950년부터 계속하여 상승하고 있으며, 지난 50여 년 사이에 약 0.5℃가 상승했다. 한편 해수면 또한 지속적으로 상승하고 있다. 1850년 이래 지구상의 표면 온도가 가장 높았던 12년 중에 11년이, 지난 12년(1995~2006년) 사이에 있었다. 1850~1899년에서 2001~2005년 사이에 지구 전체적으로 평균 기온은 0.76℃ 상승했다.

북반구에 눈이 쌓인 면적은 지구상의 평균 기온에 반비례하여 차츰 감소하고 있다. 남반구의 산악빙하와 적설층 역시 평균적으로 모두 감소하고 있다. 빙하와 빙모(ice cap)에 있어서 광범위한 감소는 해수면 상승에 기여하는 것으로 나타났다.

지구의 해수면은 1961년도부터 2003년에 이르기까지 평균적으로 매년 1.8mm의 속도로 상승했다. 상승 속도는 1993~2003년에 걸쳐 더 빨라졌으며, 일 년에 약 3.1mm씩 상승했다. 20세기에 전체적으로 상승한 해수면은 약 0.17m로 산정하고 있다(그림 2-11).

3) 지구 온난화의 추세

2007년 IPCC(Intergovernmental Panel on Climate Change: 정부간 기후변화위

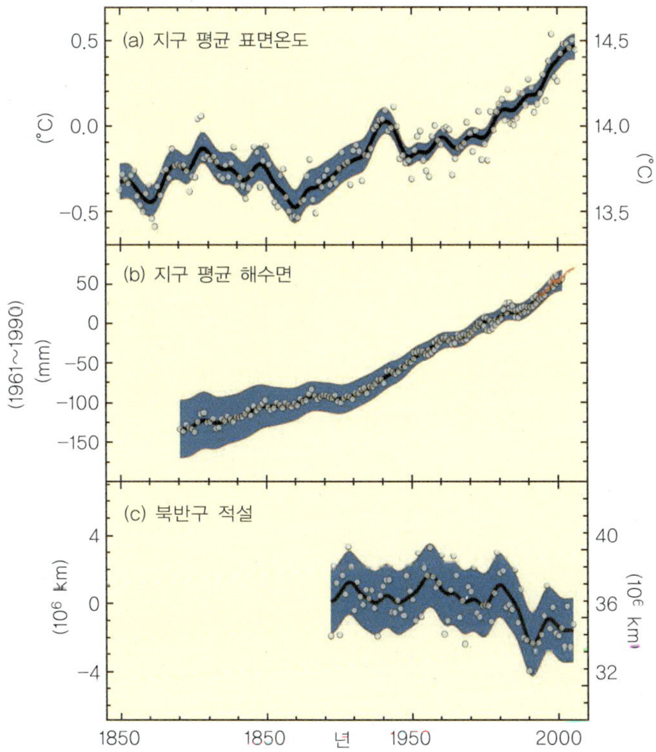

그림 2-11. 기온 해수면 북반구 적설의 변화(출처: IPCC 2007 보고서)

원회)의 보고서는 현재와 같은 속도 혹은 더 빠른 속도로 대기 중에 온실 효과 기체의 농도가 증가할 경우, 지구 온난화는 보다 심화될 것이고, 20세기에 우리들이 관찰했던 것보다 훨씬 큰 온난화 현상을 겪게 될 것으로 예측하고 있다. IPCC는 지구 온난화로 인한 기온 상승의 시나리오를 시뮬레이션한 결과 가장 낮은 시나리오는 1.8℃이며, 가장 높은 시나리오는 4℃가 될 것으로 예측하고 있다. 그림 2-12는 지표면의 온도 상승에 대한 과거 결과와 미래 예측을 함께 제시한 복합 모델이다. 김은색 선은 1980~1999년까지의 지표면 온도 상승을 나타낸 그래프이고, 온난화가 계속되면 A2, A1, B, B1로 이어질 것이며, 빗금 친 부분은 표준편차 ±1도를 나타낸 그래프이다. 오렌지색 선은 2000년도의 이산화탄소 수치를 유지할 경우에 나타날 수 있는 온도 변화 곡선이다. 회색 곡선이 아마도 우리들이 예측할 수 있는 추정 온도 변화에 비슷하게 접근하는 온도라 할 수 있다(IPCC, 2007).

이 그림은 현 수준 또는 그 이상으로 온실 효과 가스를 지속적으로 방출할 경

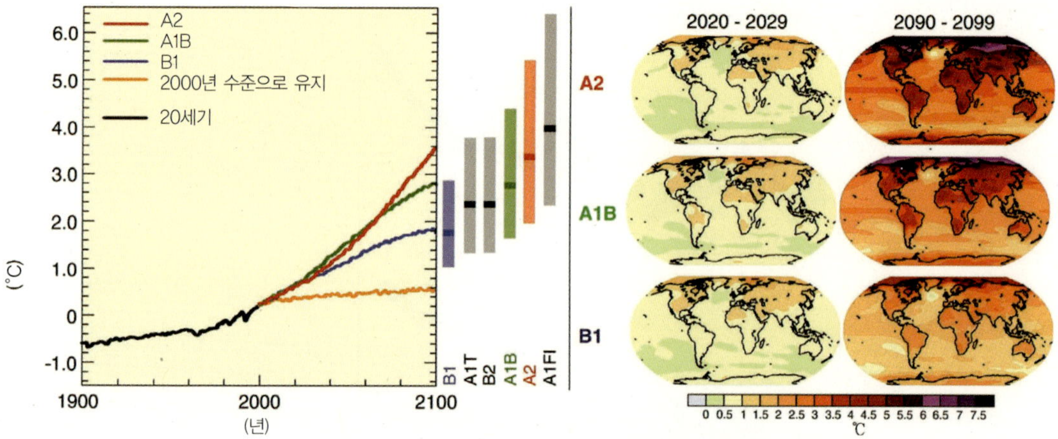

그림 2-12. 대기-해양 대순환 모델을 통한 지표 온난화 전망(출처: IPCC 2007 보고서)

우, 20세기에 경험했던 것 이상의 전 지구적 기후 변화를 초래하게 될 것임을 예측하고 있다. 이들 예측 모델은 2000년 수준으로 온실 효과 기체를 조절한다고 하더라도 다음 20년 동안은 매 10년마다 0.1℃의 속도로 상승하게 될 것이라는 것을 나타낸다. 결국 과거와 가까운 미래에 인류가 대기 중으로 방출한 이산화탄소는 지난 백만 년 동안 이루어진 기온 상승과 해수면 상승보다 더 많이 기여하는 셈이다.

지구 온난화 현상은 우리나라에도 나타나고 있다. 기상청에 따르면 1990년대의 겨울은 1920년대보다 한 달가량 짧아졌고, 봄과 여름은 길어졌다. 또 연평균 기온은 20세기 전반보다 후반에 가파르게 올랐으며, 지난 100년 동안 1.5℃ 높아졌다.

기상청은 우리나라의 기후가 지난 94년간 기온은 상승하고 강수량은 장기적으로 증가하는 변화 추세를 나타내고 있다고 발표했다. 20세기 전반에 비하여 20세기 후반은 상대적으로 기온과 강수량이 높았다. 특히 최근 10년(1996~2005년) 동안 우리나라 15개 지점의 평균 기온은 14.1℃로 평년(1971~2000년)에 대비하여 0.6 ℃ 상승하였고, 봄과 겨울의 상승폭(0.7℃)이 가장 컸다. 또한 최근 10년 동안 15개 지점의 평균 연강수량은 1,458.7mm로 평년 대비 약 10% 증가하였고, 증가폭이 가장 큰 계절은 여름으로 증가폭이 18%에 달했다. 2006년 국립해양조사원의 분석에 의하면, 한반도 전체적인 해수면 상승은 연간 0.1~0.6cm이나 제주도 · 남해안 지역의 경우 연간 평균 0.5cm씩 상승하여 금세기 말에는 50cm 이상 상승하고 상당 부분의 연안 지역이 침수될 것이라고 예상 시나리오를 밝히고 있다.

4) 숲의 탄소 저장 기능

숲은 급격한 지구 온난화를 완화시킬 수 있는 좋은 수단이 될 수 있다. 나무로 이루어진 숲은 여타 녹색식물처럼 빛 에너지를 이용하여 이산화탄소와 물로부터 유기물을 합성하고, 그 결과 산소를 발생시키는 광합성을 한다. 숲은 지구 전체 면적의 1/9 또는 지구 육지 면적의 31%인 약 40억ha를 차지하고 있지만, 지구 전체 광합성의 2/3가량을 담당하고 있다. 지구 전체적인 눈으로 볼 때, 숲이 담당하고 있는 광합성의 양이 절대적으로 많기 때문에 '나무와 숲은 탄소통조림 공장, 산림 생태계는 탄소 저장고' 라고도 일컫고 있다(산림청, 2009).

산림 생태계를 탄소 저장고라 일컫는 이유는 산림이 육상 생태계 탄소의 80%와 토양 내에 있는 탄소의 40%를 보유하고 있기 때문이다. 숲이 고정하는 탄소의 양은 가시와 줄기 등으로 이루어진 지상부의 식물체 부위만으로 한정 시어 생각하기 쉬우나 지상부 못지않게 낙엽이나 썩은 뿌리 등으로 토양에 저장된 탄소의 양도 엄청나게 많다.

나무로 이루어진 숲이 중요한 이유는 길이 생장(일차 생장)을 하는 대부분의 초본식물들이 몇 개월의 짧은 수명으로 만든 잎, 줄기, 뿌리의 탄소가 썩어서 다시 대기 중으로 대부분 방출하는 데 반하여, 부피 생장(이차 생장)을 하는 목본식물은 목재의 형태로 더 오랫동안 더 많은 양의 탄소를 저장하여 지구 탄소 순환에 중요한 역할을 담당하고 있기 때문이다.

숲에 저장된 탄소량은 해양과 대륙에 비하면 많은 양은 아닐지라도 대기와의 교환양이 매우 크고, 기후 변화와 인간 활동에 민감하게 반응하기 때문에 숲은 지구 온난화에 매우 중요한 역할을 수행한다고 알려져 있다(산림청, 2009).

세계농업기구(FAO)의 2010년 '세계산림자원평가' 보고서에 의하면, 세계의 산림이 저장하는 바이오매스 탄소는 289기가톤(GT)으로, 산림의 지속 가능한 경영이나 조림과 육림으로 탄소 저장량을 더 늘릴 수 있는 것으로 평가되었다. 반면 삼림 벌채나 산림 경영의 부실은 탄소 저장량을 감소시킨다. 2005년에서 2010년까지 산림 바이오매스는 약 0.5 Gt 감소했는데, 그 원인은 주로 세계 산림 면적의 감소 때문이었다. 원시림은 전체 산림 면적의 36%에 달하지만, 2000년 이래 4천만ha 이상이 감소하였다. 인공 조림 면적은 전체 산림 면적의 7%인 2억 6천4백만

ha에 달하며, 인공 조림지의 면적이 2005년부터 2010년 사이에 매년 약 5백만ha씩 증가하고 있는 것으로 산정되었다. 인공 조림지의 대부분은 최근에 숲이 없던 산림에 조성된 조림지로, 중국의 인공 조림지가 모든 인공 조림지의 4분의 3을 구성하고 있는 것도 특기할 만한 사항이다(FAO, 2010).

라. 생물다양성과 숲의 역할

생물다양성(Biodiversity)이란 단어는 1986년도에 처음 사용되기 시작한 용어로 오늘날 누구나 사용하는 말이 되었다(Wilson, 1988). 특히 리우데자네이루에서 1992년 6월에 개최된 생물다양성 협약(Convention on Biological Diversity)으로 전 세계인이 관심을 갖게 되었다. 생물다양성은 육상, 해양과 기타 수생 생태계에 살고 있는 모든 생명체들 간의 변이성과 그들이 구성하고 있는 생태적 복합체들 간의 변이성을 의미하며, 종 내 유전적 다양성, 종 간 다양성, 생태계 다양성이 포함된다(지구환경총람, 1992).

1) 유전적 다양성은 종 내의 유전자 변이를 말하는 것으로 한 집단 내의 개체들 사이의 유전적 다양성을 뜻한다.
2) 종 다양성은 한 지역 내에 있는 종의 다양한 정도를 뜻한다. 한 지역에 사는 종의 수가 다양성의 척도, 분류학적 다양성으로 종들의 상호 진화적 유연 관계를 포함하는 의미이다.
3) 생태계는 한 생태계에 속하는 모든 생물과 무생물들의 상호 작용에 관한 다양성을 의미한다. 유전적 다양성이나 종 다양성보다 생태계 다양성의 측정은 더 어렵다.

현재 지구상의 생물들은 6,500만 년 전의 신생대에 그 조상종이 출현하고 제4기인 약 180만 년 전부터 현재의 종들로 진화되어 오늘에 이르고 있다(리 멕칼레스터, 1987). 수십억 년 동안 진행된 진화의 산물이 현재 우리와 함께 살고 있는 생물종이다. 지구상의 생물대(life zone) 또는 생물권(biosphere)의 범위는 해수면 아래 약 11km의 바닷속에 살고 있는 해양생물로부터 11km의 상공에 떠다니는 식물의 포자와 박테리아까지 다양하다.

이 지구촌에는 약 1천만~5천만 종의 생물들이 서식하고 있다고 추정된다. 과학적 엄정성을 추구하는 학자들은 1천만 종으로 생물종의 수를 과소평가하지만,

사진 2-13. 동남아시아 열대림

홍보 효과를 극대화하기 위해 유엔 환경기구 등은 5천만 종으로 과대평가하는 경향도 있다. 그래서 보통 3천만 종이라고 추산하는 것이 일반적으로 통용되고 있다(Wilson, 1988).

정상적인 환경 조건에서 새로운 생명체는 1년에 약 20종이 새롭게 태어나고, 20종이 사라지면서 3천만 종이 균형을 이루지만 오늘날은 멸종의 속도가 새롭게 탄생하는 속도보다 더욱 빠르기 때문에 문제가 된다. 지난 100년 동안의 인간의 산업 활동, 문화 활동 등으로 생물종의 멸종은 꾸준히 증가하였는데, 1600~1900년 사이에는 4년에 1종의 생물들이 멸종하여 모두 75종이 멸종되었고, 1900년대 초에는 1년에 1종씩, 1970~1980년대 중반 1년에 1,000종씩, 그리고 1980년대 중반 이후부터는 하루에 10종씩 연간 4만 종씩 멸종하고 있다는 주장이 대두되고 있다(Wilson, 1988).

이와 같은 추세로 계속된다면, 앞으로는 멸종 속도가 빨라져 2020년경에는 전 생물종의 1/5이 사라질 것으로 예측하고 있다. 지역적으로 온대림이나 한대림 지역보다는 열대림이 더욱 심해, 전체종에 대해 라틴아메리카는 30%, 동남아시아는 40%, 북아메리카는 10%가 멸종되었다고 추산된다. 그러나 생물다양성의 보고인

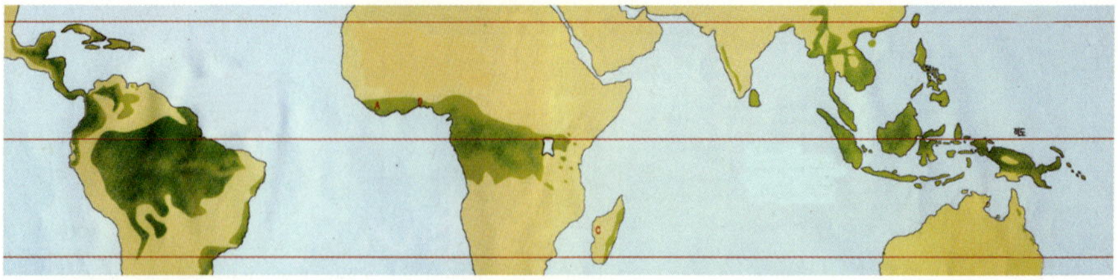

그림 2-14. 세계 3대 열대림

열대우림은 1950년부터 1990년까지 40년 동안 그 면적이 20%나 감소되었다. 또한 열대림은 세계에서 가장 빈약한 토양으로 이루어져 있으며 한 번 파괴되면 복구될 수 없거나 복구가 굉장히 어려운 토양 조건을 가지고 있다(Brown, 1992).

열대우림은 상록수로 구성되어 있으며, 두터운 임관(林冠)을 형성하고 있다. 이 임관의 밀도가 워낙 높아 태양광선의 임내 투입을 거의 차단한다. 평균적으로 열대우림에 자라는 나무들의 수고는 30~50m에 달하고, 키가 큰 폭목들은 45~70m의 높이로 솟아 있다. 열대우림은 보통 북위 23도 30분과 남위 23도 30분 사이에 위치한 고도 1,000m 이하의 지역이며, 연평균 강수량이 적어도 1,800mm 이상인 곳에 자리잡고 있다.

세계 3대 열대우림 지역은 아메리카 열대우림 지역, 말레이시아 열대우림 지역 그리고 아프리카 열대우림 지역으로 나눈다(지구환경총람, 1992). 아메리카 열대우림 지역은 남미 대륙에 존재하는 3개의 열대우림 지역으로, 가장 큰 아마존 지역, 안데스 산맥의 서부, 적도 북부에서 멕시코까지 뻗어 있는 지역이다.

말레이시아 열대우림 지역은 동남아시아 지역이라고도 불리며, 뉴기니아를 포함해서 예전의 말레이 군도와 일치한다. 아시아의 진정한 열대우림 지역은, 태국의 최남단부, 남서 캄보디아이다.

아프리카 열대우림 지역은 네 부분으로 구분되며, 북위 10도와 남위 5도의 대서양 해안을 걸쳐 분포하지만 모두 부분적으로 파괴되었다.

열대림과 생물종의 멸종 사이에는 밀접한 상관이 있다. 그 이유는 지구상에 존재하는 생물종의 50% 이상이 열대림에 서식하고 있으며, 열대림이 해마다 급격하게 감소하기 때문이다. 열대림의 면적은 한때 지표면적의 16%나 차지하였지만 현재는 7% 정도 밖에 안 된다. 매년 1천만ha씩 사라지는 열대림이 오늘날과 같은 속도로 계속하여 파괴된다면, 2075년경에는 이 지구상에서 영원히 사라질 것으로 예측하고 있다. 즉 다양한 생물종들이 서식하던 생태적 공간인 열대림이 사라짐으로 해서 그곳에 살던 생물종까지 멸종되는 것이다(Wilson, 1992).

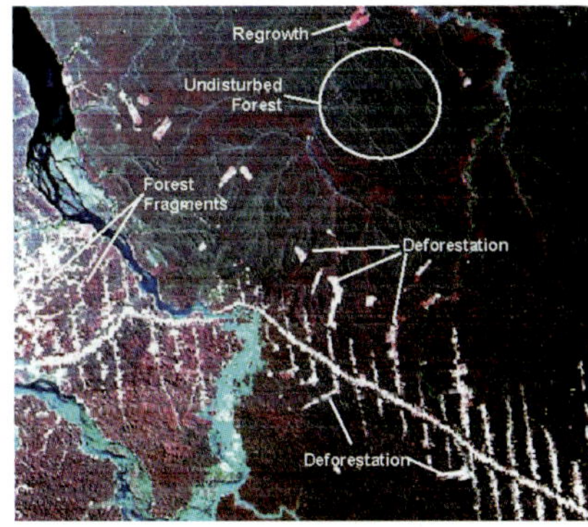

사진 2-15. 열대림을 관통하는 도로가 개통되면 그 주변 숲은 빠른 속도로 파괴된다. 아마존 열대우림의 위성사진

생물다양성이 특히 열대림과 밀접한 관련이 있는 예를 살펴보자. 에콰도르 열대우림의 경우 0.1ha에 365종의 유관속 식물이 존재하며, 20cm 이상의 흉고직경을 가진 임목 98종이 1.5ha의 말레이시아의 사라왁 우림에 존재한다. 역시 20cm 이상의 흉고직경을 가진 임목 90종이 0.8ha의 파푸아뉴기니의 우림에 생존한다는 것이 보고되었다. 페루 아마존의 1ha 우림에는 283종의 임목이 존재하는데 이들 중 63%는 오직 한 개체만이 존재하며, 15%는 오직 두 개체만이 존재한다고 보고되었다.

아마존 열대우림의 경우 4평방마일 면적에 평균 750종의 나무, 125종의 포유동물, 400종의 새, 100종의 파충류, 60종의 양서류가 서식하며, 각 종류의 나무마다 400여 종의 곤충이 서식하는 것으로 밝혀졌다. 또한 아마존 열대우림 1ha의 면적에서 100~200종의 임목이 발견되는데 이것은 온대림의 경우 평균 10~20종 또는 많은 경우 30여 종이 발견되는 것에 비해 많은 종류가 서식하고 있음을 나타낸다. 지구상에 서식하는 25만 종의 꽃이 피는 식물 중 약 22%인 5만 종이 아마존에서 발견되는 것이다.

반면 전형적인 온대림의 경우 1ha당 12~15종의 나무가 존재하며, 미국의 그레이트 스모키 공원 지대에는 30~35종의 수목이 분포한다고 보고되었다. 우리나라 가리왕산의 경우에도 30~40여 종의 수목이 분포한다는 연구 결과가 있다. 이처럼 열대림은 온대림이나 한대림에 비해 다양한 생물들이 서식하는 생물다양성의 보고이다.

지구 전체적인 눈으로 조망할 때, 일반적으로 저위도로 갈수록 생물다양성은 증가하고 고위도로 갈수록 생물다양성은 감소하는 경향이 있다(유병일, 1995). 특히 식물의 경우, 한대나 고산 지대로 갈수록 수종 구성은 단순해지고 열대(적도 부근)로 갈수록 수종 구성은 보다 다양해진다. 동물의 경우도 유사한 예를 나타낸다. 저위도 열대우림에 생물종이 이렇게 다양하게 나타나는 이유는 다음과 같이 정의할 수 있다.

1) 빙하의 영향을 비교적 적게 받았기에 안정된 기후 조건 아래서 장기간에 걸쳐 진화와 종의 분화가 가능하였기 때문이다.
2) 높은 온도와 습도가 생물 활동을 활발하게 하여 진화를 촉진시켰기 때문이다.
3) 동물의 다양성과 식물의 다양성이 병행 관계에 있기 때문이다.

산림은 지구상에 단지 6% 정도만 분포하지만 육상 생물체의 90%가 깃들어 사는 공간이다. 오늘날 지구상에는 매일 20,000ha의 산림이 사라지고 있으며, 이러

사진 2-16. 열대림 벌채 장면

한 감소 추세는 매시간 835ha(축구장 1,140개의 면적)의 숲이 없어진다는 것을 의미한다(FAO 2010). 세계 습지의 반은 지난 세기에 사라졌고, 초원의 80%는 토양이 나빠지고 있으며, 건조 지역의 20%는 사막으로 변할 위험에 처해 있다. 산림, 습지, 초원 생태계의 급속한 감소는 생물(다양성의 감소로 이어지고 있다. 생물종의 멸종과 서식지 훼손은 쉽게 되돌릴 수 없는 비가역성 특성이 있기 때문에 자연과 경제 모두에 심한 타격을 줄 뿐만 아니라 현재와 미래 세대 모두에게도 영향을 끼치게 될 것이다.

기후변화로 인한 영향을 심각하게 받는 오늘날의 환경조건에서 대규모의 산림파괴가 발생하고, 그에 따라 수많은 생물종의 멸종도 수반될 것으로 예측하고 있다. 예를 들어, 아마존 지역을 대상으로 분석한 연구의 경우, 기후변화로 인한 서식지 수종의 기본적인 변화로 인해 193종의 대표 식물종의 43%는 2095년경에는 생존할 수 없을 것이라는 보고도 있다(UNEP 2009).

과학기술 혁명의 시대인 현재에도 숲은 문명의 공로자로서 그 중요성이 더욱 강조되고 있다. 그 이유는 생태계 환경의 중심 지지체, 온실 기체 효과를 경감시킬 수 있는 대안, 사막화의 저지, 부족한 수자원의 확충 대안, 대기 오염의 완화에 숲 이상으로 효력을 발휘하는 자연이 없기 때문이다.

그러나 인간이 이룩한 문명 발달의 대가로 전 세계에 걸쳐서 많은 숲이 사라져 버리고 말았다. 지난 8,000여 년간 지구상에 천연림의 형태로 존재하던 숲의 1/3이 경작이나 정착, 연료와 목재 생산을 위해서 사라졌다. 이러한 이유로 '문명 앞에는 숲이 있고, 문명 뒤에는 사막이 남는다.' 라는 샤토브리앙의 유명한 경구가 회자되고 있는 것이다.

숲은 인류가 발전시킨 자연 지배 문화의 주된 동력으로 이처럼 문명 발달에 지대한 영향을 끼쳤다. 그러나 오늘날의 숲은 문명 발달기에 고대 인류에게 끼쳤던 물질적 유용성이나 정신적 상징성과는 오히려 다른 가치 체계로 우리에게 다가오고 있다

그것은 내일의 문명이 자연과 공존해야 존립 가능한 새로운 문화적 기반을 요구하기 때문이다. 자연을 착취하고 파괴하여 인간만이 살아남는 문화가 아니라 자연과 인간이 공존하는 문화라야 영속 가능한 사회로 진입할 수 있다. 영속 가능한 사회(영속 가능한 발전)는 인간과 자연의 화합할 수 있는 문화의 토대 위에서 존립할 수 있다. 즉 자연 조화 문화가 필요한 시점이다. 이러한 것은 특히 인류가 당면

하고 있는 환경 문제를 해결하기 위해서 더욱 새롭게 제기되고 있다.

이러한 분위기에 따라 숲에 대한 인식도 새롭게 바뀌고 있다. 단순하게 자연자원으로서의 숲이 지닌 가치보다 오히려 환경 지지체로서의 가치에 중요성을 부여하는 것이 세계적인 추세이다. 그래서 목재 생산의 경제적 기능 이외에 숲은 맑은 공기와 깨끗한 물의 지속적인 공급을 위한 중요한 환경재로서, 정서 및 심리적 안정을 제공하는 장소로서, 지구 가족의 생물다양성을 지켜주는 최후의 보루로서, 자연과 인간의 화합을 위한 공간으로서 그 가치를 새롭게 인정받고 있다.

2. 2010년의 세계 산림 현황

과학기술혁명이 맹위를 떨치는 오늘날에도 숲은 세계 곳곳에서 환경, 경제. 사회 서비스 등 인간 개발을 지원하는 귀중한 생명 자원으로서의 역할을 수행하고 있다. 산림은 예나 지금이나 변함없이 전 세계적으로 수억 명의 생계를 유지시키고, 수많은 국가의 경제에 직접적으로 기여하고 있다. 전 세계적으로 세계 16억 명 이상의 사람들이 생계를 위해 산림으로부터 식품, 연료, 가축 방목, 약품 등과 같은 다양한 혜택을 얻고 있다. 최소 3억 5천만 명 이상의 사람들이 숲에 의존하면서 살고 있으며, 30억 명의 가난한 사람들은 가정용 난방과 취사에 필요한 에너지원을 전적으로 산림에서 구하고 있다(UNEP 2009).

산림은 최근 지구적 차원에서 관심을 모으고 있는 기후 변화의 완화나 경감에 핵심적 역할을 수행할 수 있는 자원으로 밝혀졌고, 따라서 산림의 보전과 훼손이 전 지구적 환경 문제와 밀접한 관련을 맺고 있음을 인식하는 계기가 되었다. 매년 1,300만ha의 산림을 벌채로 훼손하는 것은 대기 중의 탄소 배출을 증가시키고 생물다양성의 손실을 불러오기 때문에 산림 면적의 증감은 전 지구적인 관심을 끌고 있다.

최근의 세계 산림 현황은 세계식량농업기구(FAO)의 2010년 '세계산림자원평가' 보고서로 확인할 수 있다. 이 보고서는 지난 10년(1990~2010) 동안의 세계 산림의 변화 추세를 다음과 같이 정리하고 있다. '세계의 산림은 지구 전체 면적의 31%에 달하며, 총 산림 면적은 약 40억ha이며 1인당 산림 면적은 평균 0.6ha이다. 러시아, 브라질, 캐나다, 미국, 중국 등이 산림이 가장 풍부한 나라로 지구 전체 산림 면적의 절반 이상을 차지한다. 10개국은 산림이 전혀 없고, 54개국은 산림이 총 국토 면적의 10% 미만이다.

지난 20년 동안 전 지구적으로 산림 벌채의 속도는 점차 감소하는 경향을 보이고 있다. 열대 우림의 농경지 전환에 의한 산림 벌채는 일부 나라에서는 감소하고 있지만 몇몇 국가에서는 여전히 높은 비율로 계속되고 있는 것으로 나타났다. 1990년대 매년 1,600만ha씩 전환되던 산림 면적보다는 줄어들었지만, 지난 10년(2000~2010) 동안 매년 약 1,300백만ha의 산림이 다른 용도로 전환되었다. 브라질과 인도네시아는 1990년대에 산림 면적이 가장 많이 줄어든 반면, 호주는 2000년부터 심한 가뭄과 산불로 산림 손실이 더욱 악화되었다.

지구적 관점에서 대규모 조림이 산림 면적의 감소 속도를 늦출 수 있었다. 인공조림과 일부 국가의 산림의 자연적인 확장은 산림의 감소를 저지하는 데 기여하였다. 이러한 추세로 1990~2000년까지 매년 830만ha의 산림이 감소된 반면, 2000~2010년까지는 매년 520만ha(코스타리카 국토 면적)씩 감소된 것으로 확인된다.

남미 및 아프리카에서 산림 감소가 최대로 발생했고, 오세아니아 또한 산림의 순 손실을 기록했다. 반면 북미와 중미의 2010년 산림 면적은 2000년과 거의 동일하게 나타났다. 유럽의 산림 면적 확대 속도는 1990년대보다는 느려졌지만 2000년과 2010년 사이에도 그대로 유지되었다. 1990년대에 산림 감소가 보고되었던 아시아는 2000년 이후 10년 동안 산림 면적이 증대된 것으로 나타났다. 비록 동남아시아와 남아시아에서는 벌채가 지속되어 산림 면적이 줄어들었지만 중국의 대규모 조림이 산림 면적 증대에 기여하였다(FAO, 2010).

제 4 절

생태 지향적 문명과 숲

흔히 인류의 미래는 환경 문제의 해결 여부에 달려 있다고 한다. 전 지구적 당면 과제로 대두된 환경 문제를 옳게 해결할 수 있을 때만이 인류의 발전이 영속하기 때문에 이런 말이 회자되고 있는 것이다. 그래서 21세기는 환경 보전을 중심 가치관으로 인식하는 환경의 세기가 될 것이라고 한다.

환경의 세기, 21세기는 지구 가족에게 새로운 소양을 요구한다. 그것은 자연과의 공존을 위한 생태적 소양이다. 생태적 소양을 갖춘 민족은 다음 세기에 세계 시민의 일원으로서 살아남을 수 있으며 새로운 생태 문화를 창조하는 문화 민족이 될 것이라는 전망도 있다.

인류는 3개의 거대한 혁명적 변혁기를 넘어왔다. 농업 혁명과 산업 혁명 그리고 과학기술 혁명이 그것이다. 오늘날 우리가 넘고 있는 과학기술(정보) 혁명은 컴퓨터를 비롯한 정보통신 기기를 익히게끔 강제하고 있다. 대기업의 사원은 물론이고 중역들조차 컴퓨터의 사용법을 모르면 산업 사회의 치열한 경쟁에서 살아남을 수 없다. 사용 여부를 떠나서 대통령의 집무실에조차 컴퓨터가 놓여 있으니 그 상징적 의미를 충분히 헤아릴 수 있다. 이처럼 정보 혁명이 지배하는 사회답게 새로운 용어도 출현하고 있다. 컴퓨터를 자유자재로 사용할 수 없는 사람을 일컫는 컴맹이라는 단어가 그것이다.

과학기술 혁명이 컴맹이라는 단어를 탄생시킨 것처럼 산업 혁명도 문맹(文盲)이라는 단어를 탄생시켰다. 산업 혁명이 본격적으로 개화되기 이전에 문자는 오직 귀족이나 성직자들을 위한 문화적 도구였다. 그러나 인쇄술의 발달과 산업 혁명으로 문자는 더 이상 소수 특권층만의 점유물이 될 수 없었다. 근대 과학으로 발달된 새로운 지식은 인쇄술에 힘입어 유럽 제국으로 확산되었고 그에 발맞추어 산업 혁명의 물결도 여러 나라로 전파되었다. 특히 산업 혁명은 활자로 인쇄된 정보를 읽을 수 있는 노동력을 필요로 했다. 그 결과 문자를 해독하지 못하는 까막눈을 퇴치하기 위한 대량 교육이 시작되었음은 물론이다.

산업 혁명으로 도래된 새로운 산업 사회는 문맹을 몰아냈다. 과학기술 혁명으로 형성된 정보화 사회는 컴맹을 몰아내고 있다. 같은 이치로 환경의 세기에는 생태적 소양이 결여된 생태맹(生態盲)을 몰아낼 것이다.

1. 숲은 생태맹 극복을 위한 교실이자 교과서

생태맹(ecological illiteracy)은 문맹, 컴맹 등에서 풍기는 뉘앙스처럼 생태학적 지식의 결여나 자연 해독 능력의 결여를 암시하지만 실제로 그 이상의 많은 의미를 함축하고 있다. 생태맹은 자연계나 생명 현상에 대한 지식의 결여만을 의미하지 않고, 오히려 천부적으로 물려 받은 자연과 교감할 수 있는 우리의 정신적 능력이나 자연과 우리 자신이 조화롭게 어울릴 수 있는 감성의 결핍을 뜻한다.

현대 문명은 자연을 수학화하고 양화시킨 토대 위에 발전해 왔다. 그 결과 자연의 형태나 구성 및 기능을 분석하여 자연을 해석하는 데 필요한 과학과 기술을 발전시켜 왔다. 이렇게 발전된 과학기술 문명은 자연생태계에 대한 인간의 대대적인 간섭과 파괴를 낳았고 종국에는 인간이 통제하기 힘든 전 지구적 환경 문제를 파생시켰다. 또한 도시화 산업화의 진전에 따라 인간과 자연 사이의 거리는 점점 멀어질 수밖에 없었고, 그 결과 자연은 인간에게 무관한 존재처럼 여겨지게 되었다. 그래서 우리 내부에 천부적으로 지니고 있던 생명 현상에 대한 호기심, 경외감, 생명체나 생명 현상으로부터 인간과 자연간의 유연성을 직관적으로 느낄 수 있는 감성적 능력을 잃게 되었다. 생태맹은 이처럼 자연과 인간 사이의 물리적 거리가 멀어지면서 우리의 사고와 의식으로부터 자연이 사라지는 현상이라고 할 수 있다.

최근 생태맹이란 용어를 적극적으로 사용하기 시작한 데이비드 오은 우리가 살고 있는 세계에 대한 신비함, 오묘함, 풍성함을 느끼지 못하는 상태를 생태맹으로 정의하고 있다. 또한 생태맹이란 동료들로부터 배척당할 위험 때문에 다른 분야까지 자신의 관심과 사고 영역을 확대시키지 못한 채 미세한 분야에만 전문화 세분화된 상태를 의미한다. 생태맹은 교육의 장(場)이 교실과 도서관, 실험실, 체육관, 컴퓨터실 등 인공적으로 구축된 실내로 국한되는 현상을 의미하며, 자연이 지닌 아름다움을 감상할 능력이 결여된 상태를 뜻하기도 한다.

다시 말하면 생태맹은 우리 것을 애용하자고 신토불이를 외치면서도 인간이 자연과는 떨어질 수 없는 밀접한 관련을 맺고 있음을 인식하지 못하는 상태와 같다. 또한 도시화와 산업화로 파생된 인공적 환경을 당연시 여기는 것을 의미하기도 한다. 하루 한 걸음도 흙을 밟지 않는 삶을 정상적인 것으로 인식하고, 아스팔트나 시멘트로 만들어진 도시의 인공 환경을 당연시 여기면서도, 자연과 화합하면서 함께 살아가는 데 필요한 지혜, 정서, 교감의 가치는 옳게 인식하지 못한다. 예를 들면 주부가 쓰레기 분리 수거는 철저하게 하면서도 새 아파트를 장만했다고 멀쩡한 가구를 새로 개비하는 양태가 바로 '생태맹'을 보여주는 전형적인 환경 인식이다. 새롭게 바꾼 가구에 사용된 목재는 열대림의 벌채로 얻어진 것이다. 쓰레기와 환경의 연관성은 생각하지만 가구와 환경은 관련짓지 못하는 것이다. 멀쩡한 가구를 버리고 새 가구를 구입하는 일은 열대림의 벌채를 알게 모르게 촉진시키고, 이것은 다시 생물다양성을 감소시키며 기후 변화를 초래한다. 생태맹은 우리네 일상적인 삶이 모두 지구 생태계와 밀접하게 관련돼 있음을 인식하지 못하기 때문에 눈에 보이는 작은 환경 보호는 잘 실천하면서도 눈에 보이지 않는 큰 환경 보호 활동에는 관심을 갖지 못하는 것이다. 생태맹의 눈을 뜨게 하기 위해서 자연과의 친화가 필요한 것도 이 때문이다.

사진 2-17. 현대인에게 숲은 하나의 문화공간이 되었다. 자연휴양림의 산림문화체험

가. 생태맹 극복 방안

새로운 문명 체계를 준비하기 위해서 자연에 대한 접근 방향이나 자연을 보는 시각(자연관)도 근대 과학 이후 채택된 이원론적 방법인 양적(물질론적, 기계론적 세계관, 환원주의적 세계관) 사고 체계에서 질적(자연과의 조화, 물활론, 생명력이 있는 유기체

사진 2-18. 숲은 생태맹 극복을 위한 교실이자 교과서이다.

로 자연을 보는 입장) 사고 체계로 바뀌어야 하는 이유는 환경 문제로부터 인류가 살아남기 위한 대안 체계이기 때문이다. 즉 인류가 문화적으로 지속 가능한 환경을 유지하여 새로운 문명 체계를 형성하기 위해서는 인간 중심적인 자연관을 바꾸어야 하며, 인간과 인간 사이의 도덕적 규범을 한정하는 윤리 대신에 새로운 생태 윤리(환경 윤리)의 정립이 필요하고, 자연과 인간의 공존을 위한 생태 문화의 개화가 필요하다.

생태맹을 극복하기 위한 방법은 무엇일까? 학자들은 생태맹을 극복하는 길은 생물이든 무생물이든 이 세계를 구성하는 구성원들이 서로 연결되어 있으며 이들이 서로 조화롭게 작동하는 원리를 이해하고 이를 바탕으로 그 원리에 맞게 우리 스스로의 행동을 조절할 수 있는 능력을 갖추는 일이라고 강조한다. 즉 동물과 식물은 물론이고 토양과 강과 바위, 산과 같은 자연환경 요소와의 접촉을 통해서 잃어버린 자연과의 영적 교감을 회복하고 공생을 모색하는 일이 생태맹을 극복할 수 있는 길이라는 것이다. 다시 말하면 생태맹은 자연과의 거리를 다시 가깝게 하고 우리들 의식의 주변부로 밀려난 나무나 숲을 위시한 자연을 의식의 중심부로 불러들이는 작업을 통해서 극복될 수 있을 것이다.

1) 생태학적 상상력의 복원

지구상에 존재하는 삼라만상이 제각각 절대적 자율성과 독립성을 가지며 동시에 서로 뗄 수 없이 연결되어 있다는 인식을 생태학적 감수성이나 생태학적 상상력이라고 김영무 교수는 주장한다. 생태학적 상상력을 갖는 일은 바로 생태맹을 극복할 수 있는 길이며, 참인간이 될 수 있는 길과 다르지 않기 때문에 교육 환경을 개선할 필요가 있다.

자연과 유리된 삶을 정상적인 것으로 여기는 교육 환경에서 자연의 가치를 인식하기란 쉽지 않다. 넓디넓은 운동장은 비워둔 채, 일본향나무 몇 그루만이 자라는 학교에서 자연의 가치를 인식하기란 어려운 일이다. 생태맹은 자연과 빈번하게 접촉하고 교감할 때 더욱 효과적으로 극복할 수 있다. 학교 운동장은 풀벌레와 나비, 새를 불러들일 수 있는 훌륭한 공간이지만 우리의 운동장에서 이런 생명체를 찾기란 쉽지 않다. 마른 모래 바람만 휘날릴 뿐이다. 풀벌레와 나비, 새는 나무와 함께 자연에 대한 인식의 지평을 넓힐 수 있는 매개물이다. 자연을 대표하는 나무를 심어 학교에 자연을 끌어들여야 할 이유도 여기에 있다. 알면 사랑한다. 어릴 때부터 체득한 나무 한 그루, 풀 한 포기에서 얻는 자연에 대한 감성은 자연에 대한 사랑으로 확장될 수 있다.

2) 자연과 인간의 공생을 위한 관계 복원

자연은 아름다운 언어, 비유, 상징의 원천이다. 또한 다양한 자연 현상은 인간의 창조성과 지성의 원천이다. 자연이 가진 소리, 냄새, 색, 촉감, 맛은 무한하다. 자연이 가진 무궁한 가치와 진정한 의미를 인식하고 가르치기 위해서는 전문가, 특히 자연과 인간의 관계를 복원시키는 데 도움을 줄 수 있는 전문가가 필요하다. 이 경우, 전문가는 자연에 대한 충분한 전문적인 지식을 갖출 필요가 있다. 자연과 단절된 관계를 복원하고자 원하는 사람도 우선 자신이 자연의 일부임을 자각할 필요가 있다. 그리고 열린 마음으로 전문가의 안내와 조언을 구하는 것이 생태맹을 극복하기 위한 순서라고 할 수 있다.

인공적인 환경을 당연시 여기는 생활방식으로는 자연의 가치를 옳게 인식할 수 없다. 자연과의 빈번한 접촉은 자연과 인간을 이어주는 연결고리를 복원하는 길이고, 따라서 자연과의 영적 교감을 회복할 수 있는 길이다. 학교에서 자연 체험 교육이 필요한 이유도 자연과 유리된 삶을 영위하는 학생들에게 자연과 단절된

사진 2-19. 자연과 인간의 관계 복원 현장. 강원도 강릉시 연곡면 삼산리의 당산소나무 앞 제물

교감의 끈을 복원시키기 위한 것이라 할 수 있다.

환경의 세기는 생태적 소양을 갖춘 문화 민족을 요구한다. 숲을 통한 생태맹의 극복 교육은 삶의 질을 중시 여기는 환경의 세기에 더욱 필요한 부분이라고 주장할 수 있는 이유도 여기에 있다. 왜냐하면 자연 생태계의 중심에 위치한 숲은 생태맹을 치유하고 극복하기 위한 살아 있는 교과서이자 교실이기 때문이다.

2. 숲은 현대 문명병을 치유할 수 있는 묘약

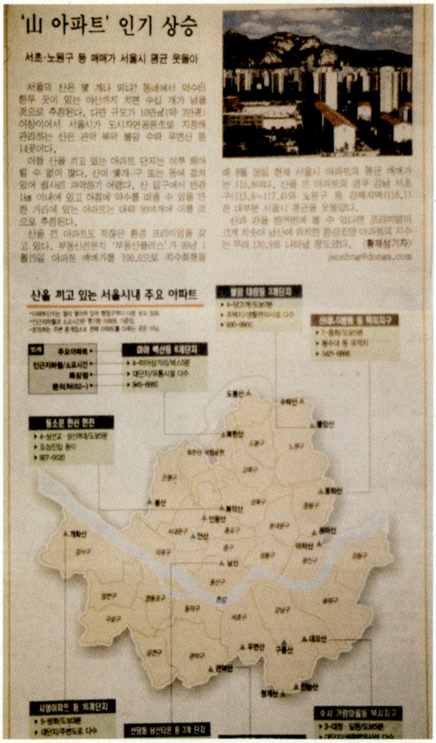
'山 아파트' 인기 상승

서초·노원구 등 매매가 서울시 평균 웃돌아

산을 끼고 있는 서울시내 주요 아파트

▎사진 2-20. 녹색을 향유하려는 시민의 욕망은 신문기사로 표출된다. 숲이 보이는 아파트는 그렇지 못한 곳보다 수천만 원 이상의 그린 프리미엄이 붙는다.

▎사진 2-21. 녹색 심리학으로 건물보다 오히려 숲을 더 강조한 아파트 분양 광고

녹지와 삶의 질에 대한 인과 관계를 명확하게 밝히는 일은 쉽지 않다. 그러나 동일한 평수의 아파트 값이 숲을 비롯한 녹지의 조망권 여부에 따라 수천만 원에서 억대의 차이를 나타내고 있는 것이 우리들이 사는 서울의 현실이다. 그리고 경제적으로 여유 있는 사람들만이 녹지가 풍부한 평창동이나 성북동 또는 장충동에서 그린 프리미엄의 혜택을 향유하고 있다.

그린 프리미엄의 가장 확실한 예는 대모산 숲 자락에 안겨 있는 일원동 일대의 수서 지구를 들 수 있다. 어머니 품 같은 대모산 숲을 바라볼 수 있는 아파트의 가격은 그렇지 않은 아파트보다 1억 원이나 더 비싸다고 하니 숲의 또 다른 가치를 바로 실감할 수 있다.

숲이 우리 삶에 실질적으로 기여하고 있는 현장은 다음과 같은 신문기사로도 엿볼 수 있다. '숲이 주택 값을 주도하는 시대가 오고 있다' 또는 '주택에 그린 프리미엄이 형성되고 있다'는 최근의 신문 기사가 바로 그것이다. 창 밖으로 숲을 바라볼 수 있는 아파트의 가격이 숲을 볼 수 없는 아파트보다 훨씬 더 높은 오늘의 현실이 바로 이와 같은 기사를 만들고 있

사진 2-22. 삶의 질을 좌우하는 것은 녹지의 유무라 할 수 있다. 녹지라곤 한 뼘도 찾기 힘든 서울의 주거환경

나. 그린 프리미엄 또는 환경 프리미엄은 숲이 공기의 질을 좌우하기 때문일 것이고, 오존주의보의 발령이 해마다 증대되고 있는 거대 도시 서울의 대기 오염이 심각한 수준이라는 것을 시민들이 체감하기 때문일 것이다. 숲으로 둘러싸인 주거환경은 맑은 공기라는 그린 프리미엄을 우리에게 안겨주고, 환경 프리미엄을 누리길 원하면 그만한 값을 지불하도록 우리 사회는 요구하고 있다. 그러나 최근의 연구 결과는 숲의 존재가 환경 개선 효과만 있는 것이 아니고 인간의 심리나 정서에까지도 영향을 미치는 것으로 나타나고 있다.

녹색 심리학은 숲의 존재가 사람들의 일상 행동에 변화를 초래시킨다는 사실을 과학적으로 증명하고 있다. 몇 가지 사례를 살펴보자.

가. 숲이 인간의 행동에 끼치는 영향

슬리반과 쿠오는 시카고의 공공주택에 세 들어 사는 주민들에 대한 행동 연구를 보고했다. 주변이 나무로 둘러싸인 곳에 사는 사람은 나무가 없는 곳에 사는 사람보다 덜 호전적이며, 덜 폭동적이있다. 슬리반과 쿠오는 인터뷰로도 조사를 했는데 나무가 많은 곳에 사는 사람들이 나무가 없는 곳에 사는 사람들보다 서로보다 잘 어울려 함께 살고 있음을 보고했다. 주변에 나무가 없는 곳에 사는 사람

사진 2-23. 경제적으로 여유 있는 계층은 대가를 지불하고서라도 녹지를 향유하고자 한다. 서울시 종로구 평창동 일대의 주거환경

들은 찾아오는 방문객이 많지 않았고, 같은 거주지에 사는 사람들도 많이 알지 못했다. 주변에 나무들이 많은 곳에 사는 사람들은 그들의 이웃과 보다 잘 어울렸고, 서로 잘 뭉쳤으며, 강한 소속감을 가지고 있었다. 그들은 그들이 사는 곳을 더 좋아했고 나무가 없는 곳에 사는 사람들보다 안전함을 느끼고 있었다. 수백 명의 인터뷰와 야외 관찰에 기초를 둘 때 나무가 있는 공간이 초대 장소로 보다 많이 사용되었다. 즉 나무는 이웃 간에 친구가 되도록 격려하며 보다 긍정적인 상호 작용을 하는 것으로 나타났다. 이 연구 결과, 이웃 간에 강한 유대감이 물리적이나 정신적으로 보다 건강하게 하며 마약 오용이나 어린이 학대가 적었고, 범죄율과 사회적 서비스 요구 또한 낮게 나타났다고 한다.

이와 유사한 연구는 울리히에 의해서 수행된 수술환자들에 대한 숲의 효과이다. 울리히는 병원의 입원 환자들 중에서 병실 창을 통해서 숲을 볼 수 있는 환자와 그렇지 못한 환자를 구분해 수술 뒤 회복률을 조사하였더니 숲을 볼 수 있는 환자가 그렇지 못한 환자보다 입원 기간이 상대적으로 짧았고 항생제에 대한 부작용도 적었으며, 의료진에 대한 불평 불만이 적었다고 밝히고 있다. 결국 숲은 사회를 보다 안정시키며, 공공 비용의 지출을 보다 적게 요구하는 셈이다. 이처럼 숲은 우리들이 지불해야 될 엄청난 규모의 사회적 비용을 경제적으로나 심리적인 방법을 통해서 간접적으로 대체하고 있다.

나. 학교의 숲과 교내 폭력

학교 폭력 문제를 해결하기 위한 일본 환경청의 보고도 흥미롭다. 이 보고의 요점은 학교 폭력과 학교 주변의 녹지 밀도가 정확히 반비례한다는 데 있다. 즉 학교 주변의 녹지가 감소할수록 교내 폭력 발생률이 늘어난다는 것이다. 녹색이 자라나는 아이들의 정서 안정이나 도덕 심성에 밀접하게 영향을 미친다는 것에 착안하여 일본의 교육당국은 학교 주변의 녹화 사업을 대대적으로 펴고 있다. 뒤늦었지만 우리도 학교의 담장을 허물고, 그 자리에 나무를 심는 학교 숲 만들기 운동을 펼치고 있다.

이와 비슷한 보고는 미국에서도 찾을 수 있다. 시험이 막 끝난 두 그룹의 학생들을 대상으로 한 그룹의 학생들에게는 녹색이 풍부한 자연 풍경을 보여주었고, 다른 한 그룹의 학생들에게는 회색빛 도시의 경관을 보여주었다고 한다. 이들 상반된 경관 경험에 대한 생리학적이며 심리학적 반응을 조사한 결과, 자연경관을 본 학생들은 스트레스 정도가 낮았던 반면에 도심의 풍경을 본 학생들은 시험을 칠 때보다 더 긴장하여 더 큰 스트레스를 갖게 된다는 것을 파악했다.

다. 숲은 현대 문명을 치유할 해독제

지극히 제한적인 공간 속에서 갇혀 지내야만 하는 사람에게도 숲을 비롯한 녹지가 놀랄 만한 파급 효과를 만들어낸다는 보고를 접하면, '숲(녹색)은 과연 우리들에게 무엇일까?' 라고 다시 한 번 생각하지 않을 수 없다. 어니스트 오 무어(Ernest O. Moor)의 감방 수감자들에 대한 연구도 흥미롭다. 감금과 교화의 목적 때문에 감방 환경은 지극히 제한적일 수밖에 없다. 소음, 혼잡, 개인적 불안, 사회적 처벌, 추위와 더위, 사생활의 침입 등에 대한 외적 요인을 죄수들은 스스로 통제할 수 없다. 죗값을 치루기 위해서 죄수들은 다른 죄수로부터의 위험, 가족으로부터의 격리, 긴 수감 생활, 최소한의 일과 활동과 싸워야만 한다. 엄격하게 말하자면, 죄수들의 선택은 이들 환경에 적응하거나 적응하지 못해 앓는 길뿐이라고 해도 과언이 아니다. 죄수들이 감당해야 하는 이러한 긴장은 가려움증, 두통, 요통, 근육통, 신경통, 가슴 통증 등과 같은 고통을 유발하기 쉽다. 교도소의 교정 기능은 죄수들을 감금함으로 파생시키는 다양한 스트레스 때문에 효과를 얻기란

▎**사진 2-24.** 녹지가 없는 교육환경은 정서와 심리와 정신 건강에 좋지 않다고 한다. 서울의 한 초등학교

쉽지 않다.

그래서 감방의 창 밖으로 녹지를 볼 수 있는 수감자와 그렇지 못한 수감자들의 질병 빈도를 연구한 무어의 결과는 흥미롭다. 이 연구는 교도소 내부의 건물만 보이는 감방에 수감된 죄수들보다 녹지가 보이는 감방에 수용된 죄수들이 병에 훨씬 덜 걸렸다고 밝히고 있다. 이 결과는 비록 육체는 감방에 수감되어 있지만 단순하게 시각적으로 녹지를 보는 것만으로도 스트레스를 줄일 수 있는 하나의 증거라 할 수 있다. 자연경관은 매일의 경험이 극도로 제한된 사람들에게는 하나의 중요한 생명줄이다. 녹지 공간에 대한 시각적 접촉은 정신적 원기 회복을 위한 기회를 창조한다. 감금과 교화의 목적으로 폐쇄적인 열악한 환경에서 갇혀 지낼 수밖에 없는 사람들에게도 숲이나 녹지는 이처럼 생명줄이다.

그러면 창문조차 없는 환경에서 지내야만 하는 사람들은 어떨까? 창문이 없는 사무실에서 근무하는 사람들에게는 특히 간접적인 녹색 체험이 중요한 것으로 나타났다. 창문이 있는 사무실의 근무자보다도 창문이 없는 사무실에 근무하는 사람들이 4배 이상 더 많이 자연과 관련된 그림이나 포스터를 사무실 벽에 붙인다는 연구 결과가 있다. 그리고 벽면에 부착된 그림이나 포스터의 75% 이상이 건물이나 인공적인 구조물이 아닌 자연경관과 자연물에 대한 것이었다는 보고는 인간에게 녹색을 띤 자연경관(녹지와 숲)은 과연 무엇인가를 다시 한 번 상기시켜준다. 원기를 회복시키는 녹지경관(녹시)의 질은 병원, 양로원, 격리된 병영, 우주선, 우주정거장 같은 스트레스가 많은 한정된 환경에서 보다 광범위하게 연구되고 있다.

녹색 심리학 또는 환경 심리학의 전문가인 로저 울리히(Roger Ulrich) 교수의 연구는 숲이 원기를 회복시키고, 활력을 증진시키며, 스트레스를 없애주는 살아있는 묘약임을 증명하고 있다. 그는 실험에 참여한 사람들에게 우선 작업 중에 과실로 발생한 무시무시한 사고 장면을 영상으로 보여주어 인위적으로 스트레스를 갖게 만들었다. 그 후, 참가자를 여섯 그룹으로 나누어서, 각기 10분씩 다른 내용의 영상을 보여주었다. 물론 이때, 원기 회복이나 스트레스의 정도를 혈압, 심장 박동, 중앙신경조직에 의해서 통제되는 이마 근육의 긴장도 측정 등으로 분석하였다. 6종류의 영상 중, 2종류의 영상은 숲이나 식생을 담은 것이고, 다른 4개는 도심의 도로나 상가를 담은 것이었다. 생리학적인 테스트와 병행하여 심리학적인 테스트도 병행하였는네 도심 경치를 본 사람보다 지연풍광을 본 사람들이 원기를 더 빨리 회복하고, 긴장과 피로를 더 쉽고 빠르게 풀었다고 한다.

울리히 교수는 출퇴근 길의 경관과 심리적 스트레스 여부에 대한 조사를 위해서 혈압, 호흡, 심장 박동, 안면 운동 같은 생리적 상태를 측정하였다. 전원풍경에 노출된 사람은 스트레스 수준이 비교적 빨리 줄어 드는 반면에 일직선으로 곧은 고속도로에 노출된 사람은 스트레스 수준이 줄어들지 않고 계속 높은 상태로 지속되었다. 퇴근 후에 이들에게 수학 문제를 풀게 했을 때도, 고속도로를 날린 사람은 전원 속을 달린 사람보다 생산성이 뒤떨어졌다.

19세기 미국의 도시계획가 프레드릭 로 옴스테드(Fredrick Law Olmsted)는 도시생활의 스트레스를 해소하는 데 식생의 역할에 대한 연구를 했다. 특히 상록성 녹지의 중요성을 강조하면서, 무의식적인 과정을 통해서 긴장, 소음과 인공적인 환경에 의해서 만들어지는 긴장을 완화하는 기작이 있다고 보고하였다. 공원이 늘어나면 늘어날수록 사람들의 삶의 질이 향상된다는 연구에 따라 뉴욕, 보스턴, 시카고 등에서는 대면적의 공원을 계획하였다.

3. 숲은 자아실현욕구를 충족시킨 수 있는 공간

숲이나 녹지 공간을 빈번하게 그리고 충분히 접촉하는 사람일수록 자아실현의 욕구가 강한 것으로 보고되었다. 자아실현은 심리적 효용 중에서 가장 빈번히 거론되는 효용이며 최상의 효용으로 인정받는 욕구이다. 자아실현 이론의 선구자로 알려진 매슬로

사진 2-25. 오스트리아 빈 숲을 거니는 산책객들

사진 2-26. 숲 체험교육에 참가한 학생들이 숲 해설가의 설명에 몰입하고 있다.

(Maslow)는 인간의 기본 욕구를 크게 다섯 단계로 구분하였다. 피라미드 형태의 계급 구조로 이루어진 다섯 단계의 욕구는 생리적 욕구, 안전에 대한 욕구, 친화 욕구, 평가 욕구, 자아실현 욕구를 말한다. 이 다섯 단계의 욕구 중, 생존에 가장 긴요한 생리적 욕구와 안전에 대한 욕구는 하단에 위치해 있으며, 심미적 특성이나 창의적 개성을 추구하는 자아실현 욕구는 가장 높은 곳에 위치해 있다. 자아실현 욕구는 자기 자신의 충만, 다시 말하자면 한 개인이 가지고 있는 가능성을 현실화하려는 경향의 욕구이다.

자아실현은 개인적으로 보나 사회적으로 보나 중요한 의미를 지닌다. 자아실현이란 궁극적으로 한 개인의 인간화를 뜻하고, 자아실현자는 비자아실현자(非自我實現者)보다 창조적이며 효과적인 삶을 산다고 보기 때문에 그러하다. 이러한 개념은 범세계적인 인간의 목표라고도 할 수도 있다. 교육과 마찬가지로 자아실현은 한 인간을 인간이 될 수 있을 정도의 최상 상태까지 발전시켜준다고 보아야 할 것이다. 사회로 본다면, 자아실현자들은 자기 자신의 이익보다는 남을 동정하고 사랑하며 사회의 정의를 생각하는 사람들이기 때문에, 이런 사람들이 많은 사회는 건강하고 건전한 사회라 말할 수 있을 것이다.

매슬로는 자아실현의 과정에서 '정상 경험'이란 용어를 사용하여 인간이 어떻게 자아실현 욕구를 실현시키는지 설명하였다. 그에 의하면 정상 경험이라는 것은 인생에 있어 가장 행복한 시간 또는 가장 완벽한 순간을 의미하며 이런 경험의 축적으로 자아실현 욕구가 생성된다고 하였다. 그리고 산림은 이런 정상 경험을 가져나주는 촉매 역할을 한다고 보고하였다. 산림 체험과 정상 경험과의 관계는 과거 산림을 이용하였던 사람들(레오폴드, 뮈어, 쏘로우)의 글에서 찾아볼 수 있는데 그들은 산림과 더불어 살아가면서 정상 경험을 가질 수 있었음을 자주 언급하였다. 그리고 지난 20여 년간 자아실현과 숲의 관계를 연구한 많은 학자들도 개인이 산림 속에서 지내므로 즐거움을 얻고 또 그리하여 자아실현 욕구가 생성된다는 긍정적 관계를 실증적으로 보고하였다.

우리나라에서도 유사한 연구가 실시되었다. 전국 제일의 녹지 비율을 가진 과천시와 상대적으로 낮은 녹지비율을 가진 청주시에 거주하는 시민들을 상대로 자연에 대한 인식도와 자아실현 정도를 비교하였던 연구가 그것이다.

자연에 대한 인식도를 심사한 결과 산림을 위시한 녹지 공간이 월등하게 많은 과천 시민들이 청주 시민에 비해 자연에 대한 높은 수준의 인식을 가지고 있었다. 자연에 대한 과천 시민들의 높은 인식도는 숲을 위시한 녹지 공간의 이용 빈도와 관련 있음이 밝혀졌다. 특히 과천 시민들은 청주 시민에 비해 녹지 공간의 기능을 더 높이 평가하였으며, 녹지 인식도에 대해서도 청주 시민에 비하여 높게 인식하고 있었다. 이와 같은 결과를 토대로 두 도시의 시민들 간에 자아실현 정도를 분석했을 때, 자아실현 정도를 나타내는 수치가 과천 시민들이 청주 시민들보다 월등히 높게 나타났다.

우리가 녹지를 지키려고, 아파트 건설로 사라질 노거수 한 그루를 지키기 위해서 그리고 깨닫는 데서 유래된 것임을 상상할 수 있다. 다시 말하면 우리 삶의 질에 절대적으로 영향을 미치는 그 무엇이 녹색에 있다는 것을 우리 스스로가 본능적으로 느끼고 있는 징후라고 할 수 있다. 녹색에 대한 본능은 사실 새삼스러운 것이 아니다. 인간의 원 조상은 숲에서 왔기 때문이다.

제 3 장

우리 숲의 변천

제 1 절

숲의 기원

지구는 지금부터 46억 년 전에 우주로부터 탄생되었다. 생명의 발달 과정을 지질학상으로 살펴보면 약 38억 년 전에 최초의 생명체가 탄생하였으며, 그 후 진화 과성을 거치면서 광합성을 하는 생명체가 23억 년 전에 출현하였다(표 3-1). 식물의 원조상은 5억 7천만 년 전에 수중에서 탄생하였고, 이들 수중 식물이 수분을 식물의 각 기관으로 올려 보낼 수 있는 통로인 도관을 발달시킴에 따라서 4억 년 전에 육상에서도 생육할 수 있도록 진화되었다(Ericksom, 1991).

3억 5천만 년 전에서 4억 년 전의 데본기의 식물은 오늘날의 고사리류, 석송과, 속새과 식물들과 비슷한 모습을 띠었다. 이들 식물들은 높이가 30여 미터에 달했고, 물속에서만 생육이 가능하였으며, 포자로 번식하여 세대를 계속 이어갔다(파투리, 1994).

데본기의 식문은 진화를 계속하여 겉씨식물의 원조상인 코르다이테스(Cordaites)로 진화하였고, 종국에는 오늘날의 야자수와 은행나무 등과 같은 식물의 근원이 되었다.

2억 8천만 년 전에서 3억 년 전의 카본기(석탄기)에는 늪지대와 해안에 원시림이 형성되기 시작하였으며, 마침내 물에 의존하지 않고 땅 위에서도 생육이 가능한 식물이 나타났다. 카본기의 숲은 오늘날 우리들이 화석 연료로 사용

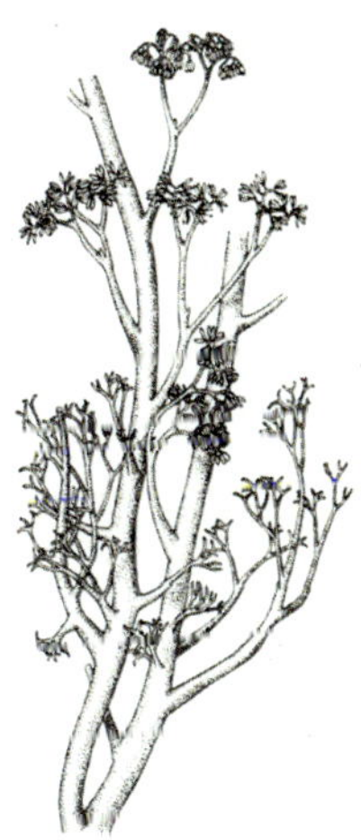

그림 3-1. 데본기에 살았던 식물, '프실로피톤'의 모식도

표 3-1. **지질시대에 따른 생명체의 출현 시기**

대기세		대기세 구분	100만년간	존속기간	생명체의 출현
신생대	제4기	홀로세	0.01		
		플라이스토세	0~2	2	인간
	제3기	플라이오세	1~13	13	
		마이오세	13~25	12	
		올리고세	25~36	11	파충류
		에오세	36~58	22	고래
		팔레오세	8~63	5	
중생대		백악기	63~135	72	
		쥐라기	135~181	46	포유동물
		트라이아스기	131~230	49	
고생대		페름기	30~260	50	
		펜실바니아기	280~310	50	나무
		미시시피기	310~345	35	곤충
		데본기	345~405	60	상어
		실루르기	405~425	20	육상식물
		오르도비스기	425~500	75	물고기
		캠브리아기	500~600	100	수중식물
전캠브리아기		상기			
		중기			
		하기			

(Erickson, 1991)

하는 석탄으로 변했다. 또 다른 하나의 특징은 기후 조건이 사계절이 뚜렷하지 않고 항상 더운 열대성 기후였기에 나이테가 없었다는 점이다.

카본기 이후에 기후는 점차 더워져 지구상의 대기는 건조해졌다. 그 결과 다습한 지역에 서식하던 포자식물인 석송과, 속새과, 고사리류와 같은 원시 식물들은 점차 밀려나게 되었다. 즉 포자의 발아에 필수적인 수분 부족 현상으로 다음 세대를 이어갈 서식지를 잃었다.

이와 더불어, 종자식물이 카본기 이후에는 본격적으로 출현하기 시작하였다.

겉씨식물은 지금부터 2억 8천만 년 전에서 1억 9천만 년 전 사이에 출현하였다. 즉 오늘날 우리들이 보는 은행나무, 야자수, 소철류 등의 식물들이 출현하게 된 것이다.

속씨식물의 시대는 지금부터 1억 4천만 년 전에 시작되었다. 꽃이 핀 후 종자(씨)를 담을 수 있는 열매를 가진 속씨식물은 이때 출현하였고, 먼저 출현하였던 겉씨식물들은 속씨식물들한테 그들의 서식지를 내어주기 시작하였다. 즉 겉씨식물의 대표적인 침엽수들은 서식 환경이 적절하지 못한 추운 북쪽 지역이나 고산지역으로 쫓겨 가야만 했다. 그리고 쥐라기에 한때 맹위를 떨치던 나무고사리류는 작은 관목류로 퇴화되어서 명맥을 겨우 유지하였다.

지금부터 6,400만 년 전, 백악기가 끝나고 제3기가 시작될 때, 오늘날 우리들이 볼 수 있는 원시림과 유사한 열대림, 온대림, 한대림과 같은 숲이 마침내 자리잡게 되었다(임경빈, 1993).

사진 3-2. 핀란드의 소나무 한대림

제 2 절

한반도 숲의 지질사적 변천

1. 한반도의 지질사적 형태

한반도는 1만 년 전에 대체적으로 지금과 같은 윤곽을 갖추었고, 약 7천 년 전에 지금의 해안선 모습을 갖게 되었다. 4억 7천만 년 전에 한반도와 일본은 대륙으로 연결되었고, 이 대륙의 서쪽은 바다였다. 약 1천만 년 전에 두 나라는 처음으로 분리되었고, 약 3백만 년 전에 대륙이 솟아올라 다시 두 나라가 육지로 연결되었다. 빙하가 녹아 해수면이 높아진 1만 년 전부터 일본은 섬으로 떨어져 나갔고 오늘날과 같은 대체적인 윤곽을 갖게 되었다. 1996년에 한국자원연구소에서 보고한 한반도 일대의 지질사적 연구 결과는 다음과 같다.

· 캄브리아기 – 오르도비스기 초엽 (5억 7천만 ~ 4억 7천만 년 전)

한반도 서부 지역과 동해 일부 지역은 바다였고, 서울–상해 사이, 신의주–산동반도 사이는 육지로 연결되었다.

· 석탄기 말엽 (3억 년 전)

동해 지역의 대부분은 육지였고, 바다의 범위가 확장되었다.

· 페름기 (2억 6천만 년 전)

일본과 만주 사이에 커다란 대륙이 형성되었고, 바다가 있던 자리가 호수와 평야로 변하였다. 또한 평양과 옥천 지역에 석탄층이 생성되었다.

▎그림 3-3. 석탄기로부터 현세에 이르는 한반도 주변의 바다와 육지

· 백악기 (9천만 년 전)

공룡이 물러난 쥐라기 말기로서 경상북도 일대에 퇴적 분지가 형성되었다.

· 마이오세 (1천만 년 전)

급격한 지각 변동의 종료로 육지 면적이 확장되었으며, 한반도와 일본 사이가 바다로 최초로 갈라졌고, 제주도는 한반도에 연결되어 있었다.

· 플라이오세 (3백만 년 전)

일본이 한반도에 다시 결합되었으며, 동해안과 개마고원은 솟아오른 반면 서해안 지역은 침하되어 오늘날과 비슷한 모습을 가지게 되었다.

· 현세 (1만 년 전 ~ 현재)

빙하가 녹아 제주도와 일본이 섬이 되었으며, 오늘날의 한반도 모습을 갖추게 되었다.

2. 지질 시대 한반도의 송백류

한반도의 산림 식생 발달사는 꽃가루와 같은 미세 화석과 잎, 열매, 줄기나 뿌리 등의 거대 화석을 바탕으로 파악할 수 있다. 특히 지질 시대 한반도의 송백류와 쌍자엽식물에 대한 연구는 공우석(1992, 1994, 1995, 1996, 1997)에 의해서 정리되었다.

한반도에서 출토된 송백류의 화석 자료에 의하면, 고생대 후기인 페름기부터 지금은 멸종한 화석 식물인 엘라토클라듀스, 울마니아, 왈치아 등이 남북한의 일부 지역에서 자랐다. 중생대에 출현했던 송백류 중 소나무속을 제외하고는 대부분의 송백류가 신생대에 들어서 멸종했다. 또한 신생대 제3기 마이오세부터 제4기까지 연속적으로 나타났던 송백류 중에서 왜금송속, 낙우송과, 메타세쿼이어속, 삼나무속 등은 멸종되었다(공우석, 1995).

사진 3-4. 나자수목의 화석

특히 한반도의 송백류 중 소나무속은 중생대 백악기에 출현한 이래 오늘날도 가장 넓은 분포 지역을 차지하며 많은 종을 보유하고 있다. 소나무속 다음으로 노간주나무속, 가문비나무속, 전나무속, 이깔나무속, 주목속 등이 한반도의 환경에 성공적으로 적응하여 오늘에 이르고 있다. 지질사적인 연구로 한반도에 분포했던 송백류는 다음과 같다.

표 3-2. 한반도에 출현했던 송백류의 종류

대기세	대기세 구분			한반도에 출현했던 수종
신생대	제4기	홀로세		Pinus, Abies, Picea, Larix, Juniperus
		플라이스토세	(S)	Abies, Larix, Picea, Pinus, Cupressaceae, Pseudotsuga, Taxus
			(N)	Abies, Juniperus, Larix, Picea, Piuns, Thuja, Cupressaceae, Metasequoia, Cryptomeria, Taxodiaceae, Tsuga, Sciadopitys
	제3기	마이오세	(N)	Glyptostrobus, Metasequoia, Picea, Calocedrus, Keteleeria, Pseudotsuga, Sciadopitys, Thujopsis, Pinus, Sequoia, Taxodium
			(S)	Abies, Cedrus, Glyptostrobus, Keteleeria, Larix, Picea, Metasequoia, Pinus, Tsuga, Taxus, Pseudolarix, Podocarpus, Araucaria, Cupressus, Dacrypdium, Juniperus, Sequoia, Libocedrus, Pseudotsuga, Sciadopitys, Taxodium, Cephalotaxus, Cryptomeria, Juniperus, Podocarpus, Cedrus,
중생대		백악기		Brachyphyllum, Frenolepsis, Pinus, Cyparissidium, Czekanowskia, Pityophyllum, Sequoia, Xenoxylon
		쥐라기		Araucarites, Elatocladus, Palissya, Pityophyllum, Schizolepis, Stenorachis, Swedenborgia
		트라이아스기		Elatocladus
		페름기		Elatocladus, Ullmannia, Walchia

(S) : 남한, (N) : 북한

(공우석, 1995)

3. 지질 시대 한반도의 쌍자엽수목

한반도에서 출토된 쌍자엽수목은 중생대 백악기에 플라타너스, 분꽃나무, 비부르럼(Viburnum), 포플로필럼(Populophyllum) 등이 최초로 출현하였으며, 당시 남한에 서식하던 쌍자엽식물은 17속으로 보고되었다(공우석, 1997). 이들 17속 중에 버즘나무, 분꽃나무, 버드나무, 사시나무, 녹나무, 감탕나무, 장구밥나무, 두릅나무, 생강나무 등은 현재도 한반도에 자연적으로 서식하고 있는 수종들이다.

사진 3-5. 쌍자엽수목의 화석

지질사적인 관점에서 한반도에 서식하던 쌍자엽 목본식물은 중생대 백악기에 출현한 이래 신생대 제3기 올리고세, 마이오세와 제4기 플라이스토세와 홀로세까지 계속적으로 유지되고 번성하였음을 알 수 있다. 특히 백악기에 출현한 쌍자엽 식물속의 절반, 신생대 제3기 올리고세의 경우는 93%, 마이오세의 경우는 78%, 신생대 제4기 플라이스토세의 경우는 94%, 홀로세의 경우는 97%가 여전히 현존하여 식생의 큰 변화가 없었음을 알 수 있다. 이러한 결과는 다른 지역과 비교하여 한반도의 지정학적 환경이 빙하기나 그밖에 큰 격변 없이 안정적이었기 때문에 가능하였을 것이다(공우석, 1997).

표 3-3. 한반도에 출현했던 쌍자엽수목의 종류

대기세	대기세 구분		한반도에 출현했던 쌍자엽수종
신생대	제4기	홀로세	분꽃나무, 버드나무, 감탕나무, 소귀나무, 호도나무, 단풍나무, 서나무, 너도밤나무, 밤나무, 참나무, 자작나무, 오리나무, 느릅나무, 느티나무, 가시나무, 피나무, 물푸레나무, 개암나무, 나도호두, 뽕나무, 굴피나무, 붉나무, 구실잣밤나무, 팽나무, 보리수나무, 털생강나무, 쥐똥나무, 으름
		플라이스토세	버드나무, 녹나무, 감탕나무, 두릅나무, 소귀나무, 호도나무, 단풍나무, 서나무, 너도밤나무, 밤나무, 참나무, 날개호두, 자작나무, 오리나무, 느릅나무, 느티나무, 화살나무, 새우나무, 피나무, 벚나무, 물푸레나무, 개암나무, 나도호두, 마가목, 붉나무, 목련, 구실잣밤나무, 팽나무, 보리수나무, 털생강나무, 명감나무, 쥐똥나무, 섬음나무, 황벽나무, 탱자나무 회양목, 서향나무, 석류나무, 오갈피나무, 검은재나무 작살나무, 순비기나무, 사시나무, 엘겔하르디티아, 풍향, 으름, 멀꿀, 납판화, 라피데피스, 싸피움, 레스피노바라누스
	제3기	마이오세	버즘나무, 분꽃나무, 버드나무, 사시나무, 녹나무, 감탕나무, 생강나무, 소귀나무, 호도나무, 천선과나무, 단풍나무, 무환자나무, 서나무, 말채나무, 너도밤나무, 밤나무, 참나무, 날개호두, 자작나무, 오리나무, 느릅나무, 느티나무, 계수나무, 가죽나무, 참죽나무, 박쥐나무, 가시나무, 튜립나무, 조각자나무, 화살나무, 엄나무, 새우나무, 칠엽수, 피나무, 벚나무, 박태기꽃나무, 철쭉, 감나무, 때죽나무, 물푸레나무, 개암나무, 나도호두, 뽕나무, 굴피나무, 마가목, 솔비나무, 붉나무, 갈매나무, 목련, 구실잣밤나무, 갯대추나무, 하마멜리스, 포라나, 장미, 풍향, 파사니아, 크립토카리아, 포에브, 엔타다. 에리카, 카파이츠, 트로초덴드론, 엔겔하르디디아, 플라나라
		올리고세	버즘나무, 분꽃나무, 사시나무, 소귀나무, 호도나무, 천선과나무, 단풍나무, 무환자나무, 대추나무, 송악, 크레더너리아, 노방덩굴
중생대		백악기	버즘나무, 분꽃나무, 포플로필럼, 필라이트, 자미오필럼, 버드나무, 사시나무, 메니스페로마이드, 녹나무, 레그미노시트, 감탕나무, 람라이트, 장구밥나무, 두릅나무, 생강나무, 타베이니디움, 릴룸비

(공우석, 1997)

4. 지난 17,000년간의 한반도 숲 변천사

지질사적인 먼 옛날의 산림 발달사에 반하여 비교적 현세와 가까운 식생 발달의 과정을 엿볼 수 있는 것은 1978년 한일 공동으로 강원도 속초 인근의 영랑호 바닥을 지하 12미터까지 파내려가 호저퇴적물에 포함된 꽃가루를 분석한 사례이다(Yasuda 등, 1980). 임양재 등(1980)의 연구와 공우석(1994)에 의해서 복원된 1만 7천여 년 이전부터 현재까지의 한반도 숲의 변화 과정은 다음과 같다.

- **17,000~15,000년 전** : 가문비나무속, 전나무속, 잣나무류, 낙엽송 등 (한랭 기후)
- **15,000~10,000년 전** : 풀, 고사리류 (늦은 빙기로 기후 한냉)
- **10,000~6,700년 전** : 중부 동해안 지방에는 참나무속과 같은 온대성 낙엽활엽수가 점차 증가하였으며, 서늘한 기후를 선호하는 나무들은 8,000년 전을 기점으로 급격히 감소했다(급격히 따뜻해져 온난 습윤 기후).
- **6,700~4,500년 전** : 2엽송 소나무류, 참나무속, 서어나무속이 번성했다(온난 건조 기후).
- **4,500~1,400년 전** : 중부 지방에는 서늘한 기후를 선호하는 식물들이 그리고 남부지방에는 온난한 기후를 좋아하는 식물들이 각각 분포하여 식생과 기후의 남북차가 뚜렷했다. 참나무속, 소나무류, 서어나무류, 개암나무, 느릅나무, 가래나무속의 시대 (한랭 습윤 기후)
- **1,400~현재** : 소나무류, 풀꽃 (인간에 의한 숲 파괴)

한편 한반도 중부이남 지방의 서해안과 동해안의 식생을 시·공간적 측면에서 복원하여 비교 분석한 결과는 다음과 같다(Kong, 1992).

1) 한반도 서해안 식생의 경우, 6,250년 전부터 1,500년 전까지 오리나무속이 우점하는 식생이 지속되었으나, 1,500년 전부터는 소나무속이 오리나무속을 대체하였다.
2) 반면에 동해안 식생의 경우, 10,000년 전에서 2,000년 전까지 참나무속과 소나무속이 주로 분포하였으나 2,000년 전부터는 소나무속이 우점하였다.

제 3 절

문명 발달에 따른 한반도의 숲 변천

인류의 문명 발달에 대한 숲의 역할은 많은 학자들의 연구로 그 영역을 넓혀가고 있다. 특히 지중해 연안의 초기 문명 발달이나 인류의 4대 문명 발상지에서의 숲의 역할 등은 현재까지 훌륭한 연구 성과를 얻었다(Perlin, 1989; Thirgood, 1981; Ponting, 1991).

그러나 우리나라의 경우, 문명 발달에 따른 숲의 역할에 대한 연구는 전무한 실정이다. 흔히 우리 역사에서 구분하고 있는 청동기 시대, 철기 시대 등은 모두 숲과 밀접한 관련이 있다. 또한 이 땅에 농경 문화가 자리 잡게 된 배경에도 우리 숲의 변천 과정과 관련이 있기 때문에 이 분야에 대한 연구는 필요하다.

1. 선사 시대와 한반도의 숲

우리 조상이 한반도에서 삶을 영위하기 이전에는 온대활엽수로 구성된 극상림이 본래 우리 숲의 모습이었을 것이다. 특히 한반도는 1만 년 전에 있었던 지구상의 마지막 빙하의 영향을 받지 않았고, 아시아 대륙의 동쪽 끝과 삼면이 해양으로 둘러싸인 반도라는 지정학적인 특징으로 대륙성 기후와 해양성 기후가 만나는 환경 조건을 가지고 있으며, 산이 많은 지형 조건 때문에 생물다양성이 매우 높았을 것이다. 오늘날도 1천여 종 이상의 수종이 우리 숲에서 자라고 있는 것을 생각하면 우리의 조상들이 본격적으로 숲을 이용하기 전에는 낙엽활엽수로 구성된 원시

사진 3-6. 우리 숲의 옛 모습을 유추할 수 있는 경기도 포천시 광릉 소리봉 일대의 천연활엽수림

극상림이 이 땅에 덮여 있었을 것으로 상상할 수 있다.

그러나 이와 같은 낙엽활엽수로 구성된 극상림은 한반도로 인구가 유입되면서 변해갈 수밖에 없었다. 이 땅에 터 잡고 살던 우리의 조상은 다른 문명권과 마찬가지로 숲을 이용하여 문명을 발전시켰을 것이기 때문이다.

한반도에 시대별로 살던 인구수를 추정하는 것은 쉬운 일이 아니다. 중석기 시대, 농경 문화가 개시된 철기 시대, 그리고 고대 국가가 형성될 당시의 인구는 온대지방에 위치한 다른 지역의 인구 밀도를 대입하여 추산할 수밖에 없다. 다른 지역의 추산을 한반도에 적용하면, 구석기와 중석기 시대(3만 년~1만 년 전)의 한반도에는, 인구 밀도가 5평방킬로미터당 1명 정도로, 총 4만 명 정도가 살고 있었다고 추정할 수 있으며, 중석기와 신석기 시대(4000년~1만 년 전)에는 1평방킬로미터당 1명씩, 총 22만 명이 살았을 것으로 추정하고 있다(김준호, 1995).

기원전 2000년 전부터 인구가 증가하여 삼국시대에는 인구 약 300만 명이 거주했으며, 통일신라 시대와 고려 시대에는 약 450만 명의 인구가 한반도에 거주했고, 조선 중기에서 말기에는 600만 명에서 750만 명이 거주했을 것으로 추산하고 있다. 특히 1만 년 전부터 늘어나기 시작한 인구수에 비례하여 우리 숲에 대한 인간의 간섭도 지속적으로 늘어날 수밖에 없었다(한주성, 1990).

영랑호 퇴적층에서 숯이 출현하는 빈도가 1만 년 전 이후로 꾸준히 증가하는 것으로 미루어 볼 때, 이미 이 시기에 숲 파괴가 한반도에서 진행되었음을 알 수 있다(Kong, 1994). 특히 지금부터 4,000여 년 전에 중부 서해안 지역에서 숯과 볍씨가 함께 발견되고 있으므로 농경을 위해서 숲 벌채가 한반도에서 상당히 진행되었음을 시사하는 증거라 할 수 있다.

2. 철기 문화와 숲의 역할

수렵 채취 생활에서 한 곳에 정착하여 농경 문화를 영위하여 고대 국가를 형성하는 데는 쇠를 다루는 기술이 중요한 역할을 했다. 쇠를 생산하고 다루는 철기 문화를 보유하고 있던 씨족 사회가 주변의 씨족과 부족을 통합하여 고구려, 백제, 신라와 같은 고대 국가를 형성한 예처럼 철기 문화는 원시 사회를 하나의 농경 사회로 전환시키는 데 중요한 역할을 했기 때문이다. 쇠를 이용한 무기는 다른 부족과 씨족의 통합에 절대적으로 필요한 도구였다. 더불어 무기와 함께 생산된 농기구 역시 농업 생산성을 향상시켜 고대 국가를 성립시키는 데 큰 역할을 하였다.

쇠는 원시 공동체 생활을 청산하고 한 단계 높은 생활을 영위하게 해 준 문명의 지렛대 역할을 하였다. 쇠를 다루는 기술이 일찍부터 발달되어 쇠로부터 유래된 무기와 농구 및 도구를 가진 고대 동방 제국과 동양 제국의 문화권은 지속적인 번영을 누릴 수 있었다. 그러나 쇠를 가지지 못한 문화권인 오스트레일리아, 남북아메리카 대륙이 16세기 이래 서유럽 사람들이 침입하기 이전에는 원시 사회 상태를 유지하고 있었던 사실을 통해 쇠가 가진 문명 발달의 영향력을 파악할 수 있다(Boorstin, 1983).

우리나라에서 쇠를 처음 사용하기 시작한 것은 기원전 500~400년경이다. 고구려와 백제, 신라의 건국도 한반도의 철기 생산력과 밀접한 관련이 있다. 이들 삼국의 건국은 철기를 소유하고 통괄한 지배 씨족으로부터 유래되었다. 이들 씨족

사진 3-7. 지난 수천 년 동안 지속된 약탈적 이용 방법은 인구 밀집 지역인 서 · 남해안 일대의 숲을 볼품없는 형태로 만들었다.

이 소유했던 쇠를 다루어 철기를 생산할 수 있는 능력은 기존의 씨족과 부족을 통합하여 고구려, 백제, 신라의 고대 국가를 건설하게 된 원동력이 되었다.

삼국 시대에 제조된 쇠붙이로서 출토된 것에는 다음과 같은 유물들이 있다. 이기류로서 보습, 따비, 괭이, 쇠스랑, 낫, 살포, 삽, 자귀, 도끼의 농기구와 칼, 창, 삼지창, 화살촉의 무구와 판장쇠로 일컫는 쇠 덩어리 등이 출토되었다. 특히 판장쇠는 용광로(쇠독부리) 작업으로 쇳물을 녹여 군힌 쇠 덩어리이다. 이와 같은 결과를 미루어 볼 때 삼국 시대와 통일 신라 시대에 우리나라의 제철 문화가 고도로 발달되었으며, 이들 기술이 일본에까지 전수되었음을 기록으로 알 수 있다(한국정신문화연구원, 1991).

존 펄린(1989)의 지중해 연안의 문명 발달과 숲의 역할에 대한 연구 결과를 참고하면 37킬로그램의 구리를 얻기 위해서 소요된 숯의 양은 6톤이었으며, 이만한 양의 숯을 생산하기 위해서는 소나무 320여 그루가 필요했다. 이 계산법을 참고하면 판장쇠(42~48킬로그램) 한 덩어리를 생산하기 위해서 약 390여 그루의 소나무 또는 7~8톤의 숯이 소요된다는 계산을 얻을 수 있다. 금관총에서 이러한 판장쇠가 1,183킬로그램이나 출토되기도 하였다.

서해안이나 남해안 지방에서 오늘날 볼 수 있는 볼품없는 우리 숲의 구조가 사실은 수천 년 전 쇠를 생산하여 철기 문명을 개화시키고 농경 문화를 일구는 데 일조를 하였기 때문이라는 것을 인식할 필요가 있다.

철기 문명의 이전 경로는 기원전 1세기경, 철의 야금 기술이 부여와 고구려로 전파되었으며, 서기 1세기경, 고구려, 백제, 신라의 철기 문화가 발전하게 되었다. 그래서 삼국 시대에는 농기구와 무구(화살촉, 칼)가 철로서 조제되어 농경 문화의 밑거름이 되었다.

이러한 배경으로 숲은 1) 철제 농기구의 발달에 의한 경작지의 확대로 파괴되었거나 2) 철의 야금에 필요한 연료를 확보하기 위해서 파괴되었으며 3) 철제 도구에 의해서 생활에 필요한 목공 제품의 생산이 본격화되었을 것이다.

3. 농경 문화와 우리 숲의 변천 과정

우리 숲의 변천사는 화분 분석이나 발굴된 고대의 목재 유물로부터 추정할 수 있다. 임양재 등(1980)의 연구와는 별도로 박원규(1996)는 평택 희곡리의 토탄층에서 발굴된 통나무, 소형 목편, 미세 목편을 분석하여 약 6,500년 전의 중부 서해안 숲 식생을 복원시켰다. 이 연구에 의하면 중부 서해안에는 오리나무속 오리나무류, 물푸레나무속, 참나무속 상수리나무류, 가래나무, 느릅나무, 갈매나무, 살구나무 등이 서식했다. 특히 전나무나 자작나무와 같은 한대성 수종이 나타나지 않았기 때문에 그 당시의 기후가 마지막 빙기(20,000~15,000년 전)보다는 따뜻했지만, 현재보다는 조금 더 추운 기후였을 것으로 추정하였다(박원규, 1996). 그 이유는 현재 한반도의 온대 중부와 온대 북부에 분포하는 수종은 나타나지만 온대 남부의 난대림에서 볼 수 있는 상록수종은 나타나지 않았기 때문이다.

이와 같은 수종의 번칭과 쇠락의 원인에는 여러 가지 요인이 있겠지만 우선적으로 생각할 수 있는 요인으로는 기상 변화에 의한 식생의 변화를 생각할 수 있으며, 다음으로 인구 증가와 농경 문화 발달에 의한 숲 파괴를 들 수 있다.

농경 문화가 한반도에 정착되면서, 우리 숲도 일대 변혁기를 맞게 되었다. 온대 지방에 위치한 한반도의 자연림은 참나무류나 단풍나무 등과 같은 낙엽활엽수로 구성된 숲이 정상적인 모습인데, 농경 문화가 정착되면서 숲의 구조에 변화가 생겼다.

수렵 채취의 떠돌이 생활에서 한곳에 무리지어 정착하여 농사를 짓기 위해서는 농경지의 지력 유지가 선결 과제였다. 경작지의 지력 유지 수단으로서 사람의 배설물, 온돌 아궁이의 재, 인가 부근의 야산에서 채취한 풀이나 활엽수의 잎을 썩혀서 만든 퇴비 등이 사용되었다. 사람의 배설물이나 유기물을 태워서 만든 재는 그 양이 얼마 되지 않기 때문에 경작지에 사용하기에는 충분하지 않았다. 그래서 자연스럽게 야산의 풀이나 인가 주변의 산에서 자라는 활엽수의 잎들을 채취하여 퇴비로 조성하였다(김준호, 1995).

특히 퇴비 조제를 위해서 채취된 인가 주변의 활엽수림의 잎과 온돌의 난방을 위해 채취된 활엽수와 임상의 유기물은 숲의 구조 자체를 엄청나게 변화시켰다.

우리나라의 경우, 일산의 토탄층 유적지에서 출토된 4,000여 년 전의 볍씨로 미루어 보아 서남 해안의 평야 지대에 부분적으로 논 농사가 시작되었음을 알 수 있다. 특히 중부 지방의 경우, 논 농사를 위한 경작지를 확보하기 위해서 숲 파괴가 2,500년 전부터 시작되었다는 보고도 있다. 이런 사실을 미루어 볼 때, 쇠를 다루고 제련할 수 있는 기술이 본격적으로 이용된 2,500여 년 전에는 본격적인 농경 문화가 정착되었을 것으로 유추할 수 있다.

농경 문화가 정착되면서 겨울을 나기 위한 방한 시설로서 온돌이 주거 생활의 중요한 시설이었다. 온돌을 위한 연료재와 농경에 필요한 퇴비의 생산을 위해서 활엽수 잎의 지속적인 채취로 인가 주변의 활엽수림은 점차 쇠퇴하였고, 활엽수가 자라던 곳의 지력도 따라서 쇠퇴할 수밖에 없었다. 이렇게 악화된 인가 주변의 숲은 활엽수가 자랄 수 없는 토양 조건으로 변하고, 종국에는 소나무 숲으로 바뀌게 된 것이다. 이와 같은 기록은 1,400여 년 전부터 소나무의 세력이 우세하기 시작하는 화분 분석의 결과와 유사한 내용이다.

이 시기는 삼국 시대를 거친 통일 신라 시대로서, 농경 문화와 철기 문화의 발전이 상당했던 흔적을 오늘날도 찾을 수 있다. 다시 말하면, 수렵 채취 생활에서 정착하여 농경 생활을 하면서, 농경지의 지력 유지, 온돌을 이용한 난방으로 겨울을 지내는 행위는 인가 주변에 분포하고 있던 우리 숲의 구조를 낙엽활엽수림으로부터 소나무림으로 바꾸어 놓았다.

우리나라 숲의 수종구성이 소나무 단순림으로 형성된 원인으로 여러 가지를

사진 3-8. 강원도 강릉 부근 인구 밀집 지역에 형성된 소나무 숲

추정할 수 있겠지만, 소나무 숲에 대한 지속적인 인간의 간섭이 주된 원인으로 여겨진다. 즉 고려 시대에 이어 조선 시대에 지속적인 인구 증가에 따른 농경 문화의 발전과 비례해서 소나무의 이용 가치와 용도는 더욱 증가하고 확대되었기 때문으로 생각할 수 있다. 이러한 농경 문화의 발달 과정을 거치면서 인간의 지속적인 간섭에 의해서 다양한 수종으로 구성되어 있던 한반도의 숲은 인구가 밀집한 서해안이나 남부지방에서는 소나무 단순림으로 바뀌게 되었다.

특히 농경 문화가 정착되어 봉건 국가로 발달되면서 숲에 대한 인간의 지속적인 간섭이 인구 밀집 지역인 남부 지방이나 서해안 지방에서 극대화되면서, 우리 숲의 구조는 소나무 단순림(單純林)으로 변해 갔다. 오늘 우리들이 접하는 이 땅의 소나무 숲은 한민족이 수천 년 동안 농경 문화를 영위해 오느라 활엽수림을 희생시킨 결과라고 해석해도 과히 틀린 말이 아니다.

제 4절

우리 숲의 파괴와 복구 과정

오늘을 사는 우리들 대부분은 20세기에 이룩한 국가의 대표적 업적인 국토 녹화 성공의 중요성이나 의미를 간과하며 살고 있다. 그것은 국토 녹화 사업이 수행된 지난 30여 년 동안 우리 경제가 고속 성장을 해왔던 반면에 숲의 저속 성장에는 무관심했기 때문일 수도 있다. 일인당 국민소득이 100배나 늘어난 그 놀라운 압축 고도 성장 속도에 익숙해진 우리들은 같은 기간 동안 국토 녹화 사업의 성공으로 우리 숲의 부피가 10배나 늘어난 기적 같은 사실에 별다른 감흥을 느낄 수 없었다. 안타깝게도 숲이 지난 30여 년 동안 성장해온 과정은 우리들이 누려온 실질 소득의 증대나 물질적 풍요로움에 비해서 하찮은 것으로 인식되었다. 그래서 국제 기구나 세계의 유수 언론이 우리의 국토 녹화 성공 사례에 찬사를 보내고, 숲이 망가진 제3세계의 여러 나라에서 해마다 한국의 국토 녹화 경험을 익히고자 산림 전문가를 파견하고 있지만 우리들 대부분은 우리 숲의 참된 가치를 여전히 모르고 살고 있다.

사진 3-9. 독일의 숲은 거의 대부분 사람이 만든 숲(인공림)이다.

우리의 앞선 세대가 합심하여

지난 30여 년 동안 약 100억 그루의 나무를 심었다. 그 결과 일제의 식민지 수탈과 한국 전쟁 전후의 사회적 혼란기에 헐벗을 수밖에 없었던 우리의 숲은 다시 푸르러졌다. 세계 문화사를 되돌아볼 때 황폐된 숲을 완벽하게 복구시킨 예는 흔한 일이 아니다. 엄격하게 말해서 2백여 년 전에 국토를 녹화시킨 독일과 20세기 후반의 우리만이 이 과업을 달성했다고 해도 과언이 아니다. 이 한 가지 사실만으로도 우리 국민은 세계 문화사에 큰 발자취를 남긴 민족이라는 자긍심을 가지기에 충분하다.

1. 우리 숲의 파괴역사

가. 숲의 희생을 딛고 일어선 한민족의 농경 문화

한반도에서 본격적으로 산림 파괴가 시작된 시기는 2천여 년 전으로 추정할 수 있다. 이 시기는 철기 문화에 힘입어 농경이 정착되고, 그에 따른 사회 발전으로 인구가 늘어나 산림 훼손이 꾸준히 증가하던 시기였다. 지난 2천여 년 동안 지속된 농경은 한반도의 산림에 적잖은 영향을 미쳤다. 특히 인구 증가로 조선 시대에 집중적으로 발생한 농경지 확보를 위한 개간과 땔감 확보를 위한 산림의 사유화 과정은 우리 산림을 양적으로 변화시켰으며, 농경 문화의 영향으로 참나무류나 단풍나무 같은 낙엽활엽수로 덮여 있던 숲이 인구 밀집 지역에서 소나무 숲 중심으로 옮겨간 것은 산림의 질적 변화였다고 감히 정리할 수 있다.

13세기 몽고의 침입과 지배로 70여 년 동안 혹독하게 수탈당할 수밖에 없었던 이 땅의 산림은 종국에는 고려의 멸망에까지 직 · 간접적으로 영향을 미쳤다. '산천임수의 7할 이상이 벌채되었다.'는 기록과 함께 '3년에 한 번 꼴로 풍수해와 기아가 계속되었다.'는 13세기 말의 기록은 나라 경영의 으뜸을 치산치수에서 찾았던 선인들의 지혜가 거짓이 아니었음을 웅변으로 증명하는 것이라고 할 수 있다.

고려가 망한 후, 조선을 건국한 태조는 치산치수의 중요성을 인식하여 산림의 개인 소유를 금지하고 적극적으로 산림 보호 정책을 시행하였다. 그 대표적인 제도가 금산(禁山) 제도와 산림 공유 원칙이었다. 금산 제도란 특정한 산림을 국가의 필요에 따라 국가만이 사용할 수 있도록 일반 백성의 이용을 제한했던 제도이다. 이렇게 국가에서 지정한 산림을 금산(禁山)이라 불렀고, 바위에 새긴 금표(禁標)를

사진 3-10. 조선 시대 국가에서 필요한 목재를 원활하게 공급하고자 일반인의 출입을 금지시킨 치악산 구룡사 입구의 황장금표

통해 그 경계를 구분하여 일반 백성의 접근을 금했다. 다시 말하면 금산은 조선재, 건축재, 관곽재 같은 특수 용도 목적의 재목을 비축한 국유림이었던 셈이다. 산림 공유 원칙은 금산을 제외한 대부분의 산림을 조선 백성이면 누구나 능력과 필요에 따라 자유롭게 이용할 수 있도록 산림 이용에 제한을 두지 않는 제도를 말한다. 이 제도는 모든 백성이 산림을 공유한다(一國人民共利地)는 자연 자원 이용 원칙에 기초를 두고 시행되었다. 그러나 이러한 제도는 조선 초기 100여 년 동안만 제대로 시행되었을 뿐이다. 이후 왕족을 비롯한 세도가들은 산림을 사사로이 점유하였고, 땔감을 공리지인 산림에서 해결할 수밖에 없었던 민중의 삶은 축소된 공리지의 면적에 반비례하여 더욱 어려워졌으며, 그 결과 숲은 더욱 훼손되었다.

설상가상으로 16세기 말 일본의 침입과 17세기 초 청나라의 침입으로 한반도의 산림은 더욱 황폐해졌다. 조선 정부는 임진왜란과 병자호란으로 파생된 막대한 산림 파괴의 후유증을 보완하고 산림 이용을 극대화하기 위한 새로운 제도로 금산 대신에 봉산(封山)이라는 산림 제도를 숙종 때부터 도입하였다. 국가의 다양한 수요에 따라 산림을 기능적으로 보다 세분화시켜 관리 보호할 목적으로 봉산 제도를 도입하였지만, 늘어난 인구를 부양할 만큼 충분한 축적을 갖지 못한 산림 여건에서 이러한 시도는 좋은 성과를 얻기 어려웠다. 그 결과 인구 밀접 지역인 서 · 남해안 주변의 숲은 더욱 황폐해졌다.

이 땅의 산림은 조선 후기에 이르러 본격적으로 헐벗기 시작했다. 특히 인구 증가로 조선 후기에 집중적으로 발생한 농경지 확보를 위한 개간과 땔감 확보를 위한 산림의 사유화 과정은 우리 산림을 양적으로 변화시켰다. 그리고 농경에 필수적인 녹비 확보를 위해서 인가 주변의 낙엽활엽수림에 지속적으로 가한 인간의 간섭은 인구 밀접 지역을 중심으로 소나무 단순림이라는 독특한 문화 경관을 형성하게끔 만들었고, 이러한 변화는 산림의 질적 변화였다. 특히 조선 후기 산림 황폐가 극심했던 근원적인 이유를 수백 년 동안 지속된 정치 부패 및 사회적 혼란으로 왕족과 권세가의 산림 사점, 사회적 약자들에 의한 화전과 개간에서 찾을 수 있다. 마을 공동체를 단결시키고 협동을 이끌어 왔던 상부상조의 전통이 병자호란과 임진왜란을 거치면서 피폐해진 현실적 생활고 때문에 더욱 치열한 생존 경쟁을 유발시켰고, 극심한 생존 경쟁에 도태된 사회적 약자들은 종국에는 공동체에서 이탈하여 원시림이나 천연림을 화전으로 개간하여 삶을 영위할 수밖에 없었다. 화전 이동 경작은 조선 말기를 거쳐 해방 이후 사회적 혼란기까지 이어져 대 면적 산림 황폐의 주된 원인으로 작용하였다.

나. 식민지 수탈과 6.25 전쟁으로 피폐해진 국토

20세기에 접어들어서도 이런 사정은 개선될 기미가 없었다. 그나마 온전하게 남아 있던 장강(압록강과 두만강) 유역은 산림 자원 수탈에 혈안이었던 열강의 각축장이었다. 청나라가 장강 유역에 엄격하게 실시했던 보호 정책으로 축적된 산림 자원은 청 · 일 전쟁의 패배로 청나라의 힘이 약해진 틈을 이용해 러시아가 뉴독을 들였고, 마침내 대한 제국과 러시아 사이에 한 · 러산림조약(1896)을 체결하게끔 만들어 러시아는 산림 이용권을 확보하게 된다. 그러나 러시아의 남하 정책도 잠시, 장강 유역의 산림은 러 · 일전쟁의 승리로 체결된 한 · 일삼림협동약관(1906)에 따라 일본의 수중으로 다시 넘어갔고, 종국에는 한반도의 모든 산림이 일제 식민지 경영을 위한 재원으로 수탈되기에 이른다.

일제의 식민지 산림 정책은 이 땅의 산림 대부분이 헐벗었기에 국유화하여 녹화시켜야 한다는 논리를 내세웠다. 그러나 그러한 논리는 우매한 민중을 기만하고

사진 3-11. 1930년대의 산림황폐지. 경기도 여주

소유가 불분명하던 임야를 탈취하기 위한 수단이었을 뿐, 어디까지나 사실이 아니었다. 인구 집중이 일어났던 중·남부 지방의 큰 강 유역은 비록 헐벗었지만, 정착민이 많지 않던 장강 유역과 개마고원 일대는 청나라 태종의 변경 이용 금지 정책으로 그때까지 1ha당 200입방미터의 울창한 원생림이 5억입방미터나 남아있었기 때문이다. 20세기 초 한반도의 산림총축적은 7억입방미터 이상이었으나 해방 직전에는 약 2억입방미터만 남아 전체 약 5억입방미터가 일제의 한반도 강점 기간 동안 약탈되었다고 추정하고 있다. 이렇게 약탈된 산림 자원은 지하자원과 함께 일제의 식민지 경영에 필요한 재원으로 충당되었음은 물론이다.

우리 숲의 슬픈 파괴 역사는 이것만으로 끝나지 않았다. 명맥이나마 겨우 유지되고 있던 이 땅의 숲은 6.25 전쟁으로 또다시 고사 직전으로 내몰렸다. 일제의 식민지 수탈로 취약해질 대로 취약해진 이 땅의 산림은 군사 작전에 필요한 소각이나 군수용품에 필요한 목재의 벌채로 다시 한 번 결딴이 났다. 또한 설상가상으로 군대가 주둔한 주변의 산림은 군의 후생 사업의 재원으로 활용되었기에 무절제하게 벌채되었으며, 이러한 남벌은 전쟁의 직접적 피해보다 오히려 더 극심한 피해를 우리 숲에 입혔다. 특히 피난민을 위한 판자집의 증대는 판자의 수요 증대를 가져와 가격 상승을 초래했고, 이에 필요한 목재를 공급하기 위해 일제 수탈의 마수를 용케 피했던 안면도, 조령, 괴산, 오대산, 지리산 등의 울창한 산림이 민·

▎**사진 3-12.** 1950년대의 산림황폐지. 서울 구파발 일대

관·군에 의해 무차별적으로 남벌되었다.

전후 복구기도 예외는 아니었다. 임업 정책은 좀처럼 제자리를 찾지 못하고 방황은 지속되었다. 일제의 수탈적 전통은 탈피하지도 못한 채 지속되었고, 또 부족한 기술 인력은 산림 황폐를 더욱 심화시키는 데 일조를 했다. 그 단적인 예로 1948년부터 1957년까지 10년 동안 1만 8천여ha의 숲을 새롭게 만들었지만 벌채 면적은 매년 1만 2천ha에 달했고, 설상가상으로 사방사업이 필요한 임지 면적은 68만ha에 달하였던 산림 훼손 현실에서도 찾을 수 있다. 이런 산림 훼손은 5.16 혁명 정부가 조직적이고 지속적인 산림 복구 노력을 시작함으로 마침내 멈추게 되었고, 오늘날 세계에 자랑할 수 있는 대대적인 치산녹화사업을 완수하는 계기를 안겨주었다.

2. 우리 숲의 복구역사

가. 애국가를 부르며 산으로 가자

박정희 대통령이 '절대녹화'나 '산·산·산 나무 나무·나무'라는 구호까지 내걸면서, 녹화 사업에 국민적 참여를 끌어낸 이유는 과연 무엇일까? 세계 4대 조림 성공국, 2차 세계 대전 이후 성공적으로 국토를 녹화시킨 유일한 나라, 국내에서보다 국외에서 오히려 그 가치를 인정해 주는 이 땅의 산림 복구 사례를 우리들은 도대체 어떻게 받아 들여야 할까?

아쉽게도 이 땅에 뿌리박고 살고 있는 많은 이들은 앞선 세대가 1973년부터 1998년까지 30여 년 동안 100억 그루의 나무를 심어 기적처럼 이루어낸 국토 녹화의 민족사적 과업에 관심이 없다. 반면에 세계 유수의 언론이나 국제기구에서는 한국의 국토 녹화 성공 사례를 배우도록 숲을 망가트린 제3세계의 여러 나라에 권유하고 있는 실정이다.

'애국가를 부르며 산으로 가자!' 1960~1970년대 민둥산을 푸르게 만들기 위해 헌신했던 임업계의 선배들은 오늘도 이 슬로건을 자랑스럽게 기억하고 있다. 국토 녹화에 대한 산림 공직자들의 뜨거운 열정은 바로 국토 사랑의 화신이었으며, 푸른 숲으로 나라를 지킨다는 애국심의 또 다른 발로였다.

사진 3-13. 사방사업의 시행 전(상), 1년 후(중), 3년 후(하)의 복구 모습(1964년 충남 대덕 산내에서 시행)

위로는 국토 녹화에 대한 투철한 의지를 가진 위정자로부터 아래로는 묘목을 걸머지고 험준한 산길을 오르던 촌부들까지 한마음 한뜻으로 나무를 심은 지 30여 년. 온갖 역경을 무릅쓰고 숲을 만든 앞선 세대가 쏟은 각고의 노력 덕분에 오늘의 우리들은 숲의 혜택을 누리면서 살고 있다. 우리 주변에서 볼 수 있는 울창한 숲은 자연 스스로가 만들어낸 숲이 아니다. 그렇다고 어느 특정한 개인 또는 정부 혼자 힘만으로 복구된 숲도 아니다. 국민과 정부가 함께 혼신의 힘으로 숲을 복구시켰기에 더욱 의미 있는 일이다. 산림 녹화에 기여한 수많은 사람의 작은 노력들이 모여서 민족사적 과업을 이루어낸 셈이다.

국토의 3분의 2가 산지인 나라에서 나무를 심어 울창해진 곳을 찾는 일은 무의미한 일이다. 우리가 사는 주변에서 볼 수 있는 대부분의 숲은 모두 사람의 힘으로 만들어진 숲이라고 해도 과언이 아니기 때문이다. 눈길 가는 곳이 바로 앞선 세대가 쏟은 각고의 녹화 현장이고, 그 정성과 의지 때문에 헐벗었던 이 산하가 아름답고 푸른 모습으로 나날이 새롭게 변하고 있다.

나. 온 국민의 참여로 이룬 '절대 녹화'

사진 3-14. 사방사업 전후의 광경

우리 국민들은 1960~1970년대까지만 해도 산림을 땅 투기의 대상으로 생각지 않았다. 오히려 황폐된 산림을 한시바삐 녹화시켜야 할 귀중한 자원으로 인식했다. 우리 역사를 되돌아 볼 때, 본격적으로 숲을 복구한 시기는 1973년부터 1998년까지 30여 년뿐이라고 해도 과언이 아니다. 일시적인 산림 복구 사업이 조선 시대나 일제 식민지 시대는 물론이고 1960년대에도 있었지만 전 국토를 대상으로 지속적이고 효과적으로 시행했던 녹화 사업은 1970년대 산업화와 발맞추어 함께 추진하였던 1, 2차 치산녹화사업이라고 할 수 있다.

치산녹화사업은 산림법 제정(1961)과 산림청 발족(1967) 같은 산림 정책 추진 체제의 사전 구축과 함께 산림 녹화에 대한 범정부적 노력과 범국민적 참여분위기의 확산으로 1973년부터 시작되었다. 이러한 이유로 흔히 학계에서는 1973년도를 한국임정사상 역사적 전환점으로 기억하고 있다.

1차 치산녹화사업(1973~1978)의 목표는 국민 참여, 유실수 조림으로 농촌 소득 증대, 속성수 조림에 의한 국토 재건이었다. 국민적 참여는 산림청을 내무부에 두는 한편 국민식수기간(3월 21일~4월 20일까지)과 육림의 날(11월의 첫 일요일)을 새롭게 지정하여 그 목적을 효과적으로 달성할 수 있었다. 또한 유실수와 속성수의 조림 비율을 3 대 7로 계획하여 연료 문제를 해결하는 한편 농촌의 소득 증대

사진 3-15. 전남 장성의 임종국 선생이 만든 삼나무 · 편백 숲

에 필요한 새마을 운동의 지원책으로도 국토 녹화 사업은 활용되었다.

아쉽게도 1차 치산녹화사업은 임업으로서의 발전 요소는 포함하고 있었으나 미완의 성공으로 마감되었다. 미완의 성공으로 끝날 수밖에 없었던 이유는 비록 4년이나 앞당겨 1차 치산녹화사업을 완료하여 108만ha의 황폐지를 녹화하였지만 지나치게 실적을 중시했기에 적지적수를 충분히 고려하지 않았고, 조림지에 대한 사후 정리가 철저하지 못해 많은 조림목들을 고사시켰던 데서 찾을 수 있다.

2차 치산녹화사업(1979~1988)은 1차 치산녹화사업에 나타난 문제점을 보완하는 한편 경제림 단지를 조성하는 것에 목표를 두었다. 1차 치산녹화사업의 문제점은 '절대 녹화'라는 표어처럼 국토 녹화를 최우선 과제로 삼았기 때문에 조성된 산림의 질적 상태나 장래의 경제성을 충분히 고려하지 못했다. 그래서 2차 사업에서는 21개 수종을 경제수종으로 선정하여 경제림 조성에 박차를 가했고, 이런 사업은 3차 산지자원화사업(1988~1997)의 밑거름이 되었다.

3차 사업(1989~1998)은 1, 2차 사업의 보완과 산림의 자원화 정책으로 추진되었다. 정부에 의해서 선정된 경제적으로 중요한 21수종이 주요 조림 수종이었으며, 10년간 32만 4천ha에 8억 4천만 그루의 나무를 심었다. 4차 사업(1998~2007)은 생태적으로 지속 가능한 산림을 조성하고자 78종의 조림 수종이 선정되어 21만ha의 면적에 총 6억 3천만 그루의 나무를 심었다.

1차 및 2차 치산녹화사업(1979~1988)으로 완료한 212만 8천ha의 인공조림, 20만 8천ha의 연료림 조성, 12만ha의 산지해안사방 사업은 세계문화사에 큰 족적을 남긴 한민족의 쾌거라고 할 수 있을 것이다.

지난 수백 년 동안 지속된 산림 황폐의 질곡으로부터 탈피하여 숲을 복구시킬 수 있었던 원동력은 과연 무엇일까? 많은 이들은 경제 성장에 따른 연탄의 개발과 보급 덕분으로 그 공을 대체 연료에 돌리기도 한다. 도시나 농촌 구분할 것 없이 땔감을 장작으로 해결했던 지난 세월을 생각하면 과히 틀린 답이 아니다. 그러나 그 무엇보다도 국토를 성공적으로 녹화할 수 있었던 원동력은 바로 박정희 대통령의 국토 녹화에 대한 강인한 신념이었다는 것을 기억할 필요가 있다. 특히 박 대통령에 의해서 시작된 새마을 운동은 자조자립정신을 계발하고, 마을 지도자를 중심으로 마을 공동체 의식을 함양할 수 있었고, 이런 정신은 마침내 산림 녹화에 국민적 호응을 끌어 모아 종국에는 모든 구성원이 녹화 사업에 적극적으로 참여할 수 있는 원동력으로 작용하였다. 물론 산업화로 늘어난 도시민의 소득이 나무 땔감 대신에 연탄이나 석유 같은 화석 연료를 선호하게 만들었던 점을 고려하면, 1960~1970년대 사회 경제적 여건 변화도 녹화한 숲을 온전하게 지키는 데 일조를 하였음은 부인할 수 없는 사실이다.

대한민국의 조림 성공 요인은 국가 지도자의 강력한 추진력과 그에 따른 적절한 정책 개발과 함께 산림 행정을 총괄할 수 있는 독립된 기관인 산림청을 개청하고, 식목일과 육림의 날을 제정하여 국민 참여를 유도하기 위한 제도적 장치를 마련한 점을 들 수 있다. 그밖에 연료림을 육성하여 임산 연료원을 확보하는 한편, 경제 발전에 따른 소득 증대로 임산연료에서 화석연료로의 무리 없는 전환도 한몫을 했음을 부인할 수 있다. 그리고 산림을 조성하고 보호하며 육성해왔던 조선 시대 송계의 문화적 전통도 산림계의 형태로 농촌 주민의 참여를 이끌어 낼 수 있었던 원동력이 되었다(Chun and Tak, 2008). 송계의 전통은 지역 발전을 위한 주민의 자발적 참여는 물론이고, 소유권의 유무를 떠나 지역 산림의 청지기 역할을 수행하였으며, 지역 사회에 기반을 둔 지도력을 발휘하는 장이 되기도 했다.

다. 압축 고도 성장기에 방치된 숲

1973년부터 1998년까지 30여 년 동안 추진된 치산녹화사업과 산지자원화사업은 새로운 세기를 맞는 우리들에게 20세기 전 · 후반에 있었던 우리 산림의 수난과 복구에 대한 의미를 다시 한 번 상기시키고 있다. 특히 30여 년 동안의 산림 복구기에 우리 사회가 겪었던 변화는 1인당 국민 소득이 1백 불 이하에서 1만 불의 시대로, 전체 인구 중 농업 인구가 차지하던 비율이 85%에서 10%로 줄어든 것으로 과히 엄청난 것이었다. 농경 사회에서 산업 사회로의 전환이 이렇게 짧은 시간에 이루어진 예는 우리 민족만이 경험한 독특한 것이었다.

산업 사회로 진입하면서 임업이나 산림 분야도 거대한 변혁의 소용돌이 속에 그대로 노출되어야만 했다. 산업 사회로의 진입 이후 치산녹화와 산지자원화가 시행된 30년 동안은 국민 총생산에 임업이 차지하는 비율은 2.3%에서 0.2%로 줄어들었고, 농림어업 역시 25.3%에서 7.5%(1973~1993년까지 20년간)로 줄어든 시기였다. 산림 기반의 급격한 축소는 나무를 심은 사람은 물론이고, 산림과 연을 맺고 사는 여러 사람들에게 견디기 어려운 고통이었다. 어렵게 녹화한 우리의 소중한 숲은 지난 20여 년 동안 방치된 채 점차 쓸모없는 자원으로 변해만 갔다.

임업 선진국 독일은 2백 년에 걸쳐서 산업화가 이루어졌고 장구한 시간이 소요된 산업화에 병행하여 산림이나 임업에 대한 구조조정도 보조를 맞추었다. 즉 경제 사회의 발전 과정과 숲의 재건 과정 사이에 큰 마찰이 없었다고 할 수 있다. 그러나 우리의 실정은 30년 만에 급격하게 산업화가 이루어졌고 그사이에 산림은 겨우 복구되었다. 경제 사회의 선진화를 위해 진행되고 있는 급한 걸음걸이와 숲이 커 가는 걸음걸이 사이에 시간상의 불협화음으로 파생되는 마찰은 클 수밖에 없었다. 즉 다른 나라에서 2백 년에 걸쳐서 서서히 완만하게 이루어진 임업이나 산림의 구조조정을 우리에게는 기대할 수 없었다. 산업 사회로 진입하면서 산림의 공익적 기능과 경제적 기능을 제고하기 위

| 사진 3-16. 심기만 하고 가꾸지 않은 산림

사진 3-17. 대관령 자연휴양림의 소나무 숲은 1920년대 중반에 조성되었고, 오늘날도 다음 세대를 위해서 잘 가꾸고 있다.

한 두 영역 간의 불협화음은 산주나 임업에 종사하는 당사자들에게 강제로 안겨진 과제였다.

이런 소용돌이 속에서 산림에 대한 우리 사회의 인식도 급격하게 변해왔다. 식목일 전후 3월과 4월에 실린 신문 기사의 기조를 조사해 보면, 1960년대에는 조림 권장, 1970년대에는 심은 나무의 관리 철저, 1980년대에는 산림 조성과 관리에 대한 잘못된 행정이나 관행의 반성, 1980년대 후반부터 1990년대에는 환경 문제나 휴양 및 레저에 초점을 두고 있다. 이렇게 소성한 숲을 옳게 가꾸는 데 무관심했던 정부의 소극적 임업 정책은 산림에 대한 국민의 관심을 바꾸어 놓았다. 산림에 대한 국민의 관심은 가난했던 1960~1970년대의 경우, 자원으로서의 가치를 고양하는 조림과 육림에 집중되었던 반면 국민 소득이 급격하게 증대한 1980년대 후반부터는 환경 문제나 휴양에 집중되어 산림이 골프장이나 스키장의 개발 대상지나 투기의 대상지로 전락하고 있음을 언론에 게재된 기사의 내용을 분석하면 쉽게 알 수 있다.

사진 3-18. 경남 마산시 진동에 조성된 편백 숲

특히 1970~1980년대 압축 고도 성장기에 창출된 목재 수요를 신속하게 충당하기 위해서 값싼 수입 원목의 확보와 원할한 공급에만 신경을 썼던 정부의 임산물수급 정책은 국내산 목재의 가격을 형편없이 떨어트려 임업의 기반을 송두리째 흔들었다. 온갖 어려운 여건을 극복하면서 나무를 심었던 영세 산주들은 나무를 수확해도 적정한 수입을 얻을 수 없는 현실을 직시하고 산림 투자에 더 이상 의욕을 가질 수 없었던 것은 오히려 당연했다. 그 결과 어렵게 복구한 산림을 가꾸기보다는 그대로 방치한 1980~1990년대 정부의 산림 정책은 산림을 목재 생산지보다는 오히려 일확천금을 꿈꾸는 졸부들을 위한 땅 투기의 대상지로 전락시키는 데 일조하고야 말았다.

라. 다음 세대를 위해 지키고 가꾸어야 할 숲

알면 사랑한다고 한다. 우리 숲이 어느 날 갑자기 하늘에서 떨어진 것이 아니라 앞선 세대의 땀과 눈물로 30여 년에 걸쳐 복구된 사실을 기억하면, 우리 주변의 숲은 더 이상 방치해서는 안 될 소중한 자원임을 새롭게 인식하게 될 것이다. '애국가를 부르며 산으로 가자' 라던 앞선 세대의 나라 사랑 정신을 상기하는 일은 바로 국토 사랑의 길이며, 자연 사랑의 길과 다르지 않을 것이다. 그리고 숲을 국토의 얼굴이자 민족 정체성을 지켜주는 뿌리라고 주장하는 근본 이유도 나라 사랑, 자연 사랑의 정신을 숲을 통해서 구현할 수 있기 때문일 것이다. 경제와 환경과 문화를 아우르는 귀중한 복합 자원인 우리 숲은 그래서 국민 모두의 것이며, 녹화된 숲을 지키고 가꾸는 일 역시 우리 모두에게 부여된 신성한 과업이다.

앞선 세대가 심은 1백억 그루의 나무를 기억하면 우리도 다음 세대를 위해서 숲을 가꾸고 지키는 일을 멈출 수 없다. 자원으로서의 가치 창출은 물론이고, 자연환경을 지탱하는 생태적 중심체로서의 역할을 다할 수 있도록 산림에 대한 관심은 일회성으로 끝날 것이 아니라 온 국민이 참여하는 국토 사랑의 정신으로 지속되어야 한다. 또한 우리 국민 모두가 투철한 산림 애호 사상으로 거듭날 수 있도록 더욱 심화시켜야 할 것이다. 경제적으로 가장 어려웠던 IMF 경제 위기 시절에 숲 가꾸기를 통해서 뿌린 희망의 씨앗은 우리 모두의 보살핌에 따라 산림 선진국, 문화 선진국으로 발전할 수 있는 기틀이 될 것이다.

표 3-3. **산림 축적을 통해서 본 우리 산림의 성장 과정(1910~2015년)**

연도	1910	1943	1948	1952	1961	1978	1987	1998	2009	2013	2015
축적 m^3/ha	43	13	9	6	11	31	56	73	103	125	143

(자료 출처: 산림청 통계요람)

* 1910년도의 산림 축적은 추정치이고, 1910년도와 1943년도는 한반도 전체의 축적량이며, 나머지는 남한만의 축적량임.

마. 세계의 관심 대상이 된 우리 숲

"한국은 산림녹화의 세계적 성공작이다. 6.25 전쟁 이후 헐벗었던 산림이 울창한 숲으로 변해 있다. 한국처럼 지구도 다시 푸르게 만들 수 있다." 이는 한국에서도 번역 출판된, 환경 분야의 세계적 저술가이자 지구정책연구소장인 레스터 브라운의 《Plan B 3.0》(2007)에 기술된 내용이다.

《Plan B 3.0》에 기술된 사례와는 별개로, 오늘날 한국의 국토 녹화 성공 사례는 국제학술지를 통해서도 전 세계의 학자들에게 소개되고 있다. 캐나다 브리티시컬럼비아 대학교 산림경영학과 폴 우드 교수 등은 영국의 국제학술지에 "세계사를 통틀어서 정부 주도로 가장 성공적으로 소식되고 결집된 새조림 사업은 대한민국이 1970년대와 1980년대에 일제 강점기와 6.25 전쟁으로 헐벗은 국토를 울창한 숲으로 복구한 사업이다."라고 밝히고 있다(International Forestry Review 9(1), 2007).

세계적인 환경운동가 또는 외국의 산림학자들은 이처럼 복구된 우리 숲의 가치를 높이 평가하는 한편, 한국의 국토녹화 성공 사례를 여러 매체를 통해서 국제적으로 널리 소개하고 있다. 숲이 파괴된 중국, 파키스탄, 우즈베키스탄, 타지키스탄, 미얀마, 라오스, 캄보디아, 베트남, 파푸아뉴기니, 에티오피아, 케냐, 엘살바도르, 파라과이, 페루, 온두라스 등 많은 나라의 산림공직자들이 한국의 국토녹화 사례를 배우고자 매년 한국을 찾고 있는 이유도 다르지 않다.

제 4 장

상징 속에 나타난 나무와 숲

한 민족이 공유한 상징은 민족 문화의 기본이다(한국문화상징사전 편찬위원회, 1992). 즉 문화의 기본은 상징이라고 단순화시킬 수도 있다. 인류가 공유하는 보편적인 상징은 나무나 숲에서도 찾을 수 있다. 그래서 나무와 숲이 지닌 상정적 의미는 바로 숲 문화와 다르지 않다. 비록 생활 풍습이나 종교가 다른 민족이라 해도 나무와 숲과 관련하여 같은 뿌리의 상징을 가진 사실은 나무나 숲의 문화 가치가 온 인류에게 공유되고 있다는 것과 다르지 않다(Altman, 1994).

제 1 절

나무에 대한 상징의 의미와 유래

동서양의 다양한 문화권에서 나타나고 있는 나무나 숲에 대한 상징적 의미는 수천 년 전부터 공통적으로 전해지고 있는 하나의 문화 현상이다(Frazer, 1994). 오늘날도 농촌 마을 주민들이 신성한 나무로 숭배하고 있는 서낭나무(神木), 당산목(堂山木) 혹은 동수(洞藪)처럼, 나무를 신의 대리물이나 수호신으로 숭배하고 있는 풍습은 우리 민속에만 또는 우리 문화 속에서만 나타나는 문화 현상이 아니라 세계 곳곳에 나타나고 있는 공통된 문화 현상이다. 각 민족이나 문화가 간직하고 있는 고유의 종교나 신화, 전설 속에서 나타나는 이러한 나무 숭배는 비록 조금씩 다른 형태로 나타나기는 하지만, 동서의 전 문화 영역에서 나타나고 있다.

1. 다양한 문화권에서 나타난 유사한 상징

나무와 관련된 상징적 의미가 지리적으로 전혀 다른 문화권에서 어떻게 유사하게 나타나고 있는가를 단적으로 말해주는 전통적인 예의 하나가 '자식의 탄생과 나무 심기' 이다. 홋카이도와 사할린의 아이누 족은 아이가 태어나면 나무를 심었으며, 나무가 튼튼하고 크게 잘 자라주면 그 아이도 강하고 건강할 것이라고 믿었고, 만일 나무가 생장을 멈추거나 또는 시들어 죽으면 아이도 앓게 되거나 허약해지고 곤궁하게 될 것으로 믿었다(Campbell, 1968).

지구의 정반대쪽에 위치한 아이티의 시골에서도, 아이가 태어나면 아이의 탯

줄을 잘 말린 다음 땅에 묻고, 그 탯위에 과일나무의 종자를 심었다. 이 나무는 자라서 아이의 소유가 되는 것은 물론, 아이를 보호하는 나무로 치부되어 아이의 수호천사로 여겨졌다. 그뿐만 아니라 이 나무가 죽거나 비뚤어진 모양으로 잘못 자란다면, 이 나무를 소유한 아이에게 나쁜 징조로 생각하였다(Altman, 1994).

아이티와 유사한 풍습은 남태평양의 여러 도서에서도 발견할 수 있다. 파푸아뉴기니의 원주민이나 마오리족 또는 피지 원주민 등도 아이가 태어나면, 아이의 탯줄을 신성한 장소에 묻고 그 위에 나무를 심어, 이 나무를 아이의 수호신처럼 믿고 빌어온 기록을 찾을 수 있다.

아이의 탄생을 기념하여 심은 나무가 아이의 수호신이 되어 아이를 보호할 것이라는 믿음은 아프리카의 시에라리온 지방에서도 찾을 수 있으며, 특히 서아프리카 가봉의 엠 뱅가스족은 같은 날 두 아이가 태어나면 같은 종류의 나무를 두 그루 심었으며, 각 나무들이 왕성하게 자라면 새로 태어난 아이들도 잘 자랄 것으로 믿었고, 만일 심은 나무들이 시들거나 죽으면 아이들도 오래 살지 못할 것이라고 믿었다(D' alviella, 1894).

러시아, 독일, 영국, 프랑스, 이태리 등의 유럽 여러 나라에서도 아이가 태어나면 새 생명의 탄생을 기념하고 왕성한 성장을 축원하기 위해서 전통적으로 나무를 심어왔다. 스위스의 아르가우(Aargau) 주에서는 특히, 사내아이가 태어나면 사과나무를 심고, 계집아이가 태어나면 복숭아나무를 심었으며, 이들 나무가 잘 자라주면 아이들도 왕성하게 자랄 것이고, 나무가 시들면 아이들도 병들게 될 것이라고 믿었기 때문에 심은 나무를 잘 키우는 풍습이 있었다(Gray & Moore, 1964).

홋카이도나 사할린, 아이티 또는 유럽의 여러 나라에서 전래되고 있는 아이가 태어나면 나무를 심는 풍습은 우리의 민속에 전해 내려오고 있는 내나무를 가지는 풍습과 다르지 않다. 우리의 옛 조상들은 사내아이가 태어나면 소나무나 잣나무를 심고, 계집아이가 태어나면 오동나무를 심었다. 이렇게 심겨진 아이의 내나무는 아이들과 함께 자라게 되어 혼례를 치를 때 사용되었을 뿐만 아니라, 황천길에 필요한 관재로도 사용되었다. 아이가 병들거나 잘못될 때에 우리의 부모들이 아이의 내나무 밑에 정화수를 떠놓고 빌어온 풍습도 나무가 가진 상징적 의미처럼 아이도 나무처럼 무성하고 왕성하게 자라 주었으면 하는 염원의 발로일 것이다(전영우, 1992).

이처럼 자식의 탄생과 나무를 심는 전통적 의식과 같은 한 가지 예에서도 알 수 있듯이, 나무가 가지고 있는 상징적 의미는 지리적으로 엄청나게 떨어진 각 민족들이 가지고 있는 나무 숭배에 대한 공통적인 문화 현상이라고 할 수 있다.

2. 나무에 대한 상징적 의미의 유래

나무나 숲에 대한 상징적 의미가 유래된 배경을 다음과 같이 유추할 수 있다.

인류의 문명 발달 역사와 더불어, 나무와 숲은 인간의 일상생활에 중요한 부분이 되어 그들의 삶과 함께 뒤섞일 수밖에 없었다. 식량의 제공자, 사냥터, 은신처나 피난처, 취사나 난방을 위한 연료, 호수나 강을 가로질러 항해할 수 있는 배를 만들 수 있는 재료로서, 의약품의 제공처로서 나무의 역할은 고대 인류에게 대단히 중요하였다(Philpot, 1897).

나무로부터 얻을 수 있는 이와 같은 물질적 보상 이외에도, 나무는 인간의 자각을 발달시키는 데 대단히 중요한 역할을 하였다. 나무만이 가지고 있는 아름다움, 강인함, 품위는 물론이고, 환경에 적응하는 능력, 영속성, 안정성, 신뢰감, 번

사진 4-1. 프랑스 파리 루브르 박물관에 소장된 아시리아의 '신성한 나무' 부조판

식력, 관대함 등은 나무가 가진 정서적 가치이자 상징적 의미라고 정의할 수 있다.

다시 말하면, 나무와 관련된 이와 같은 정서적 가치와 상징적 의미에 대하여 자연과 유리된 삶을 살고 있는 오늘날의 우리들조차도 얼마나 일상적으로 자연스럽게 인식하고 있으며 익숙해져 있는가를 생각한다면, 나무에 의존하여 생존해 왔던 고대 인류가 가졌을 나무의 상징적 의미와 정서적 가치가 얼마나 중요했을까 상상하는 것은 어렵지 않다.

그래서 나무는 고대 인류의 표현, 감정, 열정, 애정, 신념과 종교, 두려움, 미신에 대한 상징으로서 발달될 수 있었을 것으로 유추할 수 있다. 특히 나무만이 가지고 있는 독특한 특성인 장구한 수명, 해마다 가을에 잎이 지고 봄에는 새로운 싹을 틔우는 강인한 생명력의 영속성인 우주적 리듬의 재현, 매년 수많은 열매를 맺는 다산성(多産性), 다른 어떤 생명체가 갖지 못하는 거대한 몸체가 갖는 의미는 고대 인류에게 각별했을 것이라고 상상할 수 있다(James, 1966).

이러한 이유로, 나무는 인간의 초기 자연 숭배 의식과 자연관에 상징적인 역할을 하였으며, 자연에 대한 인간의 정중한 관계, 균형 잡힌 관계를 유지할 수 있도록 중간자 역할을 수행했을 것이라고 상상할 수 있다.

상상력이 풍부한 고대 인류는 나무가 가지고 있는 이러한 상징적 특성들을 신화나 전설로 형상화하였다. 신화나 전설로 형상화된 나무나 숲의 상징적 의미들은 우주나 세계를 창조하는 근원으로, 나라나 민족을 지키는 영웅이나 신으로, 가족이나 이웃을 보호하는 수호신으로 구체화되었고, 재배 작물의 다산, 자녀의 출산이나 영생을 기원하는 친근한 생명의 나무로 형상화되었다(Shore, 1989).

제2절

나무 숭배와 신성한 나무의 유래

1. 나무 숭배의 유래

나무 숭배에 대한 흔적은 여러 나라에서 쉽게 찾아 볼 수 있다. 특히 유럽에서의 나무 숭배에 대한 전통은 2,000년 전까지만 해도 유럽 대륙 자체가 거대한 숲으로 이루어져 있던 사실을 상기하면 어렵지 않게 상상할 수 있다. 중부 유럽에 거주하던 게르만족의 튜우튼 말에 나오는 '신전' 이나, '사원' 을 뜻하는 '템플(Temple)' 이라는 단어의 어원을 분석해 본 결과, '자연적인 숲' 이란 의미였듯이 신성한 숲에 대한 숭배 의식은 고대 독일인들에게 일상적이었다.

로마 시대의 위대한 역사가 타키투스(Publius Cornelius Tacitus)는 그의 유명한 역사서, '독일 종족에 대한 보고서(Germania)' 에서 북독일의 숲들은 천지만물을 지배하는 최고신들의 거처라고 언급하였다(Appelbaum, 1989; Tylor, 1970).

고대 유럽인들에게 나무나 숲이 신성한 숭배의 대상이었음을 북유럽에서도 어렵지 않게 찾을 수 있다. 스웨덴의 옛 종교적 수도인 웁살라(Uppsala)에는 하나하나의 나무들이 신으로 구성된 숲이 있었으며, 14세기까지도 기독교로 개종하지 않았던 리투아니아 사람들에게 있어서 나무 숭배의 의식은 중요한 종교적 의식이었다(Philpot, 1897).

고대 로마에서도 나무 숭배는 중요한 의식의 하나였다. 로마 시민들이 가장 신성시 여겨 숭배하였던 대상 중 하나가 팔라틴 언덕에서 자라고 있는 층층나무였는데 이 기록은 나무 숭배가 고대 유럽의 거주민들에게 중요한 의식이었음을

▍**사진 4-2.** '신성한 나무의 상징'으로 나타난 그리스-로마 신전의 기둥

▍**사진 4-3.** 100m까지 자라는 레드우드는 북아메리카 원주민의 신성한 나무였다.

말하고 있다.

고대 그리스의 경우에도 개개의 나무나 숲이 신성한 신전으로 숭배된 흔적을 문자가 발명되어 역사를 기록한 시대에도 찾아 볼 수 있는데 그뿐만 아니라 그러한 숭배 의식이 신전의 건축 양식으로 발전되었다. 즉 일찍이 고도로 발달된 문명을 가졌던 나라 중의 하나인 크레타(그리스의 동남부 지중해에 위치하고 있었던 도시 국가)에서 발달된 독특한 건축 양식을 아더 에반스 경은 나무 숭배의 배경과 결부하여 해석하였다(Evans, 1901).

크레타 사람들은 나무의 정령이 깃들어 있는 신성한 나무를 건축물의 기둥으로 형상화하여, 나무 숭배에 대한 상징으로 기둥이 많은 건축 양식을 발달시켰으며, 이와 같은 건축 양식은 그리스로 전해져 신전의 건축 양식으로 발달하게 되었다. 즉 고대 그리스 신전의 건축 양식이 종교적 상징으로 정형화된 고딕 양식으로 만들어진 것이 아니라, 오히려 신성한 나무가 지닌 상징적 의미가 형상화된 수많은 기둥으로 만들어진 것에서도 나무 숭배에 대한 그리스인들의 답변을 찾을 수 있다. 하나하나의 신성한 나무가 모여서 신성한 숲이 되는 것처럼, 신성한 나무를 상징하는 하나하나의 기둥이 모여서 신성한 신전의 건축 양식으로 발달된 것이다. 기둥이 많은 양식으로 건축된 신전을 멀리서 바라보면, 수많은 신성한 나무들이 모여 있는 숲처럼 보이기 때문에 나무를 신성하게 여겨 숭배하였던 그리스 사람들의 심성은 이와 같은 신전의 건축 양식을 발달시킬 수 있었을 것이다.

그림 4-4. 나무의 형상으로 변한 그리스의 주신(酒神), 디오니소스로 상징된 신성한 나무(A), 로마 신화에 나오는 숲의 신, 실바누스로 상징된 신성한 나무(B), 생명의 나무로 형상화되어 인간 나무(C)로 나타난 독일의 생명의 나무(C)(A, B: Philpot(1897)의 〈신성한 나무〉에서 인용, C: Lehner의 수목, 〈화초에 대한 전설과 상징〉에서 인용)

북아메리카의 원주민 인디언들에게 레드우드(redwood)나 자이언트 세쿼이아(giant sequoia)는 신성한 나무였다. 원주민 인디언들은 이들 나무를 신이 보호하는 장소인 성소(聖所)나 종교의 대상으로 믿고 숭배하였다. 즉 나무만이 가질 수 있는 거대한 부피와 수천 년 지속되는 장구한 수명에 대한 상징이 하나의 종교로서 발달된 것이었다(Altman, 1994).

아프리카 대륙에서도 나무 숭배의 전통을 쉽게 찾을 수 있다. 세네갈이나 나이지리아의 원주민들은 실크-코튼 나무가 신의 거처라고 믿고 숭배하였다.

고대 이집트인들은 모래 언덕을 뚫고 생명의 원천인 물까지 그 뿌리를 뻗어 살 수 있는 능력이 있는 무화과 나무를 신성한 나무로 숭배하였다. 고대 이집트의 귀족들은 이 신성한 나무에게 무화과, 건포도, 오이, 채소와 물을 제물로 받치고 숭배하였다. 이 밖에도 아프리카 서부 해안에 위치하고 있는 비사고스 원주민들은 그들이 신성하게 여기는 무화과 나무에 개, 수닭, 소를 제물로 바치고 숭배한 풍습이 있었다(James, 1966).

종교적인 배경과 어떤 종류의 나무가 관련이 있을 경우, 그 나무를 신성한 나무로 숭배한 기록도 기독교, 불교, 힌두교, 유태교 등에서 찾을 수 있다(Grimal, 1963).

야자수의 잎은 예수의 예루살렘 입성과 관련이 있기 때문에, 대추야자(*Phoenix dactylifera*)는 기독교도들에게 신성한 것으로 인식되어 왔다.

유태인들 역시 대추야자를 신성한 나무로 생각하였는데, 그 이유는 솔로몬 왕의 궁전을 대추야자 나무로 지었기 때문이다.

인도에서는 천축 보리수(*Ficus religiosa)* 아래에서 석가모니가 도를 얻었기에 이 나무를 신성한 나무로 여기고 있으며, 전 세계에 걸쳐서 불교도들은 보리수를 신성한 나무로 숭배한다.

힌두교도들은 뱅갈 보리수(*Ficus bengalensis*)를 신성한 나무로 숭배하고 있다(Gupts, 1965).

나무가 가지고 있는 다양한 상징적 의미가 나무나 숲에 의존하며 살았던 고대 인류에게 각별했음은 각 문화권에서 나타나고 있는 다양한 신화나 전설을 통해서 알 수 있었다. 고대 인류에게는 나무를 숭배하는 것이 신에게 접근하는 의식이었다. 다시 말하면 나무 숭배 의식은 인류가 가졌을 종교의 초기 형태였을 것으로 상상할 수 있다(그림 4–4).

2. 신성한 나무의 유래

나무가 가지고 있는 정령적인 존재에 대한 믿음 때문에 나무를 신성시하여 숭배한 예는 전 대륙을 걸쳐서 다양한 나무 숭배 의식을 남겨 놓았다. 즉 각 민족이나 문화 영역에서 신성한 나무는 농사의 풍년을 보장해 주거나 특수한 호의나 희망을 보장해 주는 다양한 정령들의 거처였으며, 상처의 치료에 도움을 주고 적당한 배우자의 발견이나 아이들의 임신을 보장해 주기도 하는 수호신으로 믿어져 왔기에 숭배되었다(Gaster, 1969).

사진 4–5. 나무 정령의 예로 표현된 그린 맨(green man). 오스트리아 빈 인근의 성당

영국이나 북유럽에서 오월제(May day)에 메이폴(maypole) 주변에서 춤을 추는 것은 이러한 고대의 믿음을 추적할 수 있는 나무 숭배의 상징적 풍습들이다(Frazer, 1935).

나무 숭배에 대한 이와 같은 풍습은 유럽과 아프리카 대륙은 물론이고 아시아나 아메리카 대륙에서도 쉽게 접할 수 있었던 고대 인류의 공통된 문화 현상이었다고 말할 수 있다.

학자에 따라서는 나무 숭배의 형태를 크게 두 가지 범주로 나누기도 한다. 즉 종교적 형태로 발달된 나무 자체가 하나의 신인, '신목(神木)'이 그러하며, 나무 속에 깃들어 있는 특정한 '나무 신령' 또는 '나무 정령(精靈)'이 그러하다. 그러나 이들 두 가지 형태의 나무 숭배에 대한 특징을 각기 분명하게 정의하기는 쉽지 않다. 오히려 이들 두 가지 형태의 나무 숭배 현상이 정도의 차이는 있을망정 뒤섞여 있다고 보는 것이 타당한 접근 방법이라고 할 수 있다(Frazer, 1994).

동서양의 다양한 문화권에서 조금씩 변형된 형태의 신성한 나무가 모두 있었다는 사실이 이와 같은 나무 숭배의 현상을 잘 설명하고 있다. 즉 어떤 문화권에서는 나무 자체가 신으로 나타나기에 숭배의 대상이 되었는가 하면, 다른 문화권에서는 나무가 보유하고 있는 정령 때문에 숭배의 대상이 되었음을 여러 문헌을 통해 접할 수 있다.

인류의 대부분이 그들의 문명 발달의 과정에서 나무를 정신적 정수인 정령(精靈)이나 신의 거처라고 믿었던 흔적에 대해서 이미 앞에서 살펴보았다.

우리의 옛 인류가 가진 이와 같은 믿음은 고대 예술과 문학에 무수히 많은 흔적을 남겼고, 농민의 관습과 전설로 대부분 형상화되었으며, 인류의 거의 모든 원시 종교 의식에 영향을 끼쳤다.

지구상에 있는 나라 중 어느 한때라도 어떤 정령적인 효과와 밀접하게 연결되어 있는 나무를 가져보지 않은 나라는 없을 것이라고 〈신성한 나무〉에서 주장한 필포트(Philpot, 1897)의 말을 빌리지 않더라도 수많은 문헌에서 다양한 양식으로 신성한 나무에 대한 상징적 의미를 찾아 볼 수 있다.

"자연물에 대한 상징적 의미가 나무처럼 그렇게 광범위하게 내포되어 있는 것은 어떠한 관습에도 없으며, 나무 숭배에 대한 현대적 연민을 그렇게 밀접하게 니디니고 있는 것은 없다."는 그의 주장처럼 신성한 나무는 아름다움, 희망, 안락함, 영감, 정신적 교화와 치료, 우리 존재의 정신적 수준을 고대 인류에게와 마찬가지로 오늘날에도 제공하고 있다. 즉 신성한 나무는 생명, 풍만, 창조, 관용, 영속, 에너지, 강인함의 상징으로 우리들의 심성에 여전히 살아 있는 것이다.

나무를 신성하게 여겨 숭배한 흔적은 여러 종교에서는 물론이고, 대중적인 습관, 전설, 전통과 의식 등에서 오늘날에도 쉽게 그 흔적을 찾을 수 있다(Fergusson, 1868; James, 1966). 기념적인 건축물의 준공식에서, 또는 아이의 탄생을 기념하

그림 4-6. 칼데아와 아시리아의 고대 유적의 기둥에 나타나고 있는 신성한 나무의 기본 상징(D' alviella (1894)의 〈상징의 이동〉에서 인용)

여, 또는 역사적인 사건과 관련이 있는 곳에서 여전히 나무를 심는 의식이 상징적으로 수행되어 오고 있다. 즉 나라 사이에 중대한 조약이나 협정을 맺는 자리에, 그 조약이나 협정이 깨어지지 않고 영원히 계속되길 비는 상징적 의식의 하나로 기념식수가 행해지고 있는 것을 어렵잖게 볼 수 있다. 신성한 나무가 가진 영속성에 대한 상징적 의미가 오늘날에도 여전히 살아 있음을 단적으로 말해주는 것이다.

3. 신성한 나무에 대한 상징의 유형

인류의 초기 문명이 시작된 대부분의 지역에서 신성한 나무와 관련된 상징의 흔적을 찾을 수 있다. 갠지스, 인더스 강가에서 시작된 인도의 고대 문명에서는 보리수와 사라나무가, 나일강 유역에서 시작된 이집트의 고대 문명에서는 무화과나무가, 티그리스 유프라테스 강이 형성한 삼각주에서 시작된 메소포타미아의 고대 문명에서는 야자수가 신성한 나무로 숭배된 기록을 쉽게 접할 수 있다(D' alviella, 1894).

특히 신성한 나무에 대한 기록으로 남아 있는 가장 오래된 흔적은 약 4,000년 전의 것으로 메소포타미아 칼데아(Chaldea) 지방의 유적 기둥에서 찾을 수 있다. 이들 신성한 나무의 상징은 나무의 기부에서 가지가 갈라져 있고 포크(삼지창)나

그림 4-7. 기본적인 상징형에서 보다 복잡하고 미적으로 발달 변형되어 각 문화권에서 나타나고 있는 신성한 나무의 상징. 사자, 스핑크스, 그리핀, 독수리의 머리를 가진 인간과 불상이 신성한 나무와 함께 나타나고 있다. A: 아시리아의 기둥에 새겨진 신성한 나무, B: 그리스 아테네의 신전에 새겨진 신성한 나무, C: 이태리 베니스 재무성 건물의 석판에 새겨진 신성한 나무, D: 인도에서 나타나고 있는 불상과 신성한 나무, E: 일본에서 나타나고 있는 불상과 신성한 나무(D' alviella(1894)의 〈상징의 이동〉에서 인용)

초승달이 줄기 위에 얹혀 있다(그림 4-6).

인류의 초기 문명에 나타난 신성한 나무의 기본적 상징 형태는 문명 발달의 과정을 거치면서, 때때로 야자수, 석류, 삼나무, 포도나무 모양으로 바뀌어서 나타나고 있다. 즉 지금으로부터 약 3,000여 년 전 또는 그 이후의 아시리아 조각에서는 보다 복잡하고, 보다 미적으로 양식화된 신성한 나무가 나타나는데, 나무가 중앙에 있고, 사자, 스핑크스, 그리핀(독수리의 머리, 날개, 발톱에 사자의 몸을 가진 동물), 일각수(一角獸), 날개를 가진 황소, 독수리의 머리를 가진 인간 등이 나무의 양편에 서 있는 형상이 그것이다.

아시리아에서 발달된 신성한 나무의 이와 같은 상징은 그리스나 이태리로 건너가서 조금씩 변형된 형태로 나타나기도 하고, 다시 인도나 일본으로 건너가서 그 지역 문화에 융화되어 변형된 모습으로 나타나고 있는 것이다(그림 4-7).

신성한 나무에 대한 이와 같은 상징은 전 세계적으로 광범위하게 유포되어 있

그림 4-8. 각 문화 영역에서 나타나고 있는 신성한 나무와 그 양편에 인간이 있는 상징. A: 칼데아의 기둥에 새겨진 신성한 나무, B: 자바 섬의 엽전에 도안된 신성한 나무, C: 마야문명에 나타나고 있는 신성한 나무, D: 구리로 만든 시리아의 장식용 접시에 나타난 신성한 나무, E: 프랑스의 Monreale 성당의 부조에 새겨진 신성한 나무의 상징(Philpot(1897)의 〈신성한 나무〉에서 인용)

는 현상이라고 드 알비엘라(M. Goblet d' Alviella)는 자신의 저서 〈상징의 이동〉에서 그 예를 상세하게 제시하고 있다. 즉 고대 문명의 시원점인 티그리스강과 유프라테스강 유역의 아시리아에서 살아온 슈멜족의 고대 유적에서 찾을 수 있는 이와 같은 신성한 나무의 상징은 서쪽으로는 아라비아, 이집트, 아프리카 대륙의 나머지 지역과 유럽 대륙으로 퍼져나가서 조금씩 변형된 형태로 나타나고 있다. 그리고 다시 동쪽으로는 소아시아, 중앙아시아로 신성한 나무의 상징이 퍼져나가고, 이곳에서 다시 극동으로, 그리고 알라스카와 아시아를 연결하는 신비로운 문화적 가교를 넘어서 아메리카 대륙으로 퍼져나갔음을 각 지역에서 찾을 수 있는 신성한 나무와 관련된 상징들로 예시하고 있다(Philpot, 1897).

그림 4-8에서 볼 수 있는 것처럼, 칼데아, 자바, 마야, 시리아, 그리고 프랑스에서 나타나고 있는 신성한 나무의 상징은 각 문화권에서 독특하게 변형되어 다양한 형태로 나타나고 있지만, 그 기본적인 상징의 유형(이 경우, 신성한 나무 양편에 사람이 있는 구도)은 여전히 유사한 동질성을 나타내고 있음을 알 수 있다.

제3절

우주수(宇宙樹)

신성한 나무에 대한 가장 기본적인 상징의 예는 우주의 리듬을 재현하는 우주수에서 찾을 수 있다. 우주의 리듬이란 태양계의 순환 주기에 따라서 하루가, 달이, 그리고 절기가 끊임없이 순환되는 주기적 현상이라고 할 수 있다(이필영, 1994).

지구상에 살아있는 생명체 가운데 나무 이상으로 우주의 리듬을 상징적으로 잘 나타내고 있는 생명체는 없다. 수백 년 동안 끊임없이 나타난, 봄에는 싹이 트고 가을에는 잎이 지는, 나무가 가진 이러한 주기적 현상은 고대 인류에게 태양이나 달이 가지고 있는 우주의 리듬과 다름없었을 것이다. 즉 나무만이 가지고 있는 독특한 생육 특성과 장구한 수명이 고대 인류에게 우주의 리듬을 상징하는 형태로 발달되었으리라고 상상할 수 있다. 이와 같이 우주수는 그 자신이 끝없이 재생되는 살아 있는 우주나 우주의 중심에 대한 상징으로 나타나기도 하고, 죽지 않는 생애의 원천을 상징하기도 한다(Altman, 1994).

우주론 이외에 또 다른 차원의 상징적 의미를 우주수가 가진다고 학자들은 주장하는데, 그것은 존재의 근본 기초를 뜻하는 존재론에 관한 것이다. 이와 같이 다양한 상징적 의미를 우주수가 내포하고 있기 때문에 우주수를 영생(永生)의 원천이고, 완전한 진실의 상징으로 존재하는 근본 그 자체라고 해석하기도 한다.

우주수의 형태로 나타나고 있는 신성한 나무는 동서양의 다양한 문화권에서 나타나고 있다. 이들 다양한 문화권에서 나타나고 있는 우주수는 지구의 축이나 중심에서 자라고 있는 거대한 신화적 나무로서, 지상에서 천국으로 가기 위한 통로로 간주되기도 하고, 지상과 천국과 같은 다른 존재 영역 사이를 연결하는 고리나 사다리로서 형상화되기도 하였다. 즉 우주수는 지옥으로 상징되는 지하세계와 낙원으로 상징되는 천국을 연결하는 통로로서의 상징적 의미로 나타나고 있다(Fergusson, 1868).

이밖에도 우주수는 세계의 기둥이나 인류의 발생지를 의미하는 상징으로 나타나기도 한다. 우주수에 대한 흔적은 문자가 발명되기 이전의 아시아, 유럽, 아프리카, 북아메리카의 원주민들의 신화나 전설로서 오늘날까지도 세계수(世界樹), 생명의 나무, 그리고 지혜의 나무의 형태로 전해지고 있다.

1. 세계수

우주의 리듬을 상징하거나 다른 존재 영역 사이의 연결 고리나 천지 창조의 상징적 의미를 가지고 있는 우주수, 세계수는 제각기 독특한 양식으로 여러 문화권에서 나타나고 있다. 이들 세계수는 지상을 떠받치고 있는 거대한 중심 나무로서 형상화되기도 하고, 천지만물을 주관하는 신들의 거처로 상징되어 나타나기도 한다.

가. 동양의 세계수

동양 문화권에서 세계수의 흔적은 한국, 중국, 인도, 일본에서 찾을 수 있다.

한국의 세계수는 부상에서 찾을 수 있다(박봉우, 1994). 부상이란 나무 가지에 10개의 태양을 걸 수 있으며, 나무의 높이가 300리에 달하고 둘레가 이천여 아름에 달하는 거대한 신화적인 나무이다(그림 4-9).

"내일 아침 돋는 해를 부상(扶桑)에 매었으면, 하늘같은 우리 부친 더 한번 보련마는…" 고전소설 심청전 중 공양미 삼백 석에 팔려갈 심청이 아비와의 이별을 아쉬워 한탄하는 독백에 나오는 구절이다. 눈먼 아비와 생이별을 해야 할 심청이 한 번이라도 아비를 더 볼 수 있게 해를 부상에 매어 아침을 더디 오게 할 수 있도록 염원하는 내용이다. 수백 년 동안 우리 민족의 사랑을 받아왔던 소설로서, 작자와 연대가 알려져 있지 않은 고전소설 심청전에 해를 맬 수 있는 나무로 부상이 이처럼 등장하고 있다(전영우, 1996). 한편 부상에 대한 언급은 〈삼국유사〉에서도 찾을 수 있다. 이는 〈삼국유사〉에서 두 번 나타나는데, 모두 동쪽 해 뜨는 곳에 있는 신화 속의 나무로 부상이 언급되어 있다.

또한 〈산해경〉에는 "양곡(陽谷)의 위에는 부상이 있는데 이곳은 열 개의 태양이 목욕을 하는 곳으로 흑치의 북쪽에 있다. 물 가운데에 큰 나무가 있는데 아홉 개의 태양이 아래 가지에 있고 한 개의 태양이 윗가지에 있다. 얼요군저라고 불리는 산 위에 높이가 300리에 달하는 부목이 있으며, 한 개의 해가 막 도착하자 한 개의 해가 막 떠오르며 모든 해가 까마귀를 싣고 있다"라고 부상을 서술하고 있다. 그 밖에 〈십주기〉에서는 "잎은 뽕잎 비슷하고 키가 수천 장(丈), 둘레가 이천여 아름"에 달한다고 부상을 서술하고 있다. 이와 같은 예들을 미루어 볼 때, 부상이라는 신화적인 상상의 나무가 바로 한민족의 세계수임을 알 수 있다(그림 4-10).

그림 4-9. 부상일월도(扶桑日月圖): 조선 시대의 민화에 나타난 세계수. 동쪽 끝에 자라고 있는 하늘만큼 높은 뽕나무(扶桑)에서 해와 달이 뜬다고 믿었던 신화적인 나무

중국의 경우, 동해 복판에 솟아 있는 거대한 소나무가 세계수 또는 우주수로 나타나고 있음을 송나라의 시인 서적(徐積)의 글을 통해서 알 수 있다. 만년송(萬年松)이라는 이름이 붙은 이 소나무의 뿌리는 우주의 원천인 구천(九泉)에 박혀 있고, 그 가지는 해와 달이 머무는 구천(九天)을 뚫고 솟아 있으며, 천히만물의 기(氣)가 이 소나무에서 이합집산을 한다고 전하고 있다(이규태, 1994).

일본의 경우, 전설 속에 나오는 거대한 소나무가 세계의 중심 북쪽에서 자라고 있다고 묘사되어 있다. 한편 이 소나무는 영생을 의미하는 생명의 나무

그림 4-10. 부상도 중국의 전국 시대 초기의 증후을묘(曾侯乙墓)에서 출토된 유물

그림 4-11. 고구려 고분벽화의 우주수

그림 4-12. 중국의 세계수

로도 나타나고 있기에 세계수이자 생명의 나무로서 복합적인 상징을 가지고 있는 셈이다(Altman, 1994).

인도의 경우, 신, 지구, 하늘을 창조하기 전에, 최초로 물속에 존재하는 우주와 생명의 부활을 상징하는 신화적인 아스바타(Asvatha)나무가 가장 중요한 세계수로 나타나고 있다. 이 세계수의 가지들은 지상, 물, 공기, 창공, 불 그리고 우주적인 현상을 뜻한다. 힌두교의 승려들은 신도들에게 전통적인 베다성전의 의식을 꾸준히 수행하면 이 세계수가 번성하게 되고, 그 다음에 아스바타나무의 뿌리가 나무와 인간의 영혼을 연결함으로서 탄생과 부활의 끝없는 윤회에 의해서 인간을 지상에 묶어두게 된다고 가르친다. 이 세계수를 신성한 그림으로 묘사할 때, 이 세계수의 상징은 때때로 거꾸로 되어 나타난다. 즉 이 세계수의 뿌리는 천국에 있고 가지는 지상의 대지 위에 있게 되어, 우주의 존재를 연장하는 것으로 묘사 되어있는 것이다. 이와 같이 신화적인 세계수, 아스바타나무는 우주수의 전형적인 한 예로 인도에서 나타나고 있음을 알 수 있다(Randhawa, 1964).

나. 서양의 세계수

서양의 경우, 세계수의 흔적은 이집트, 바빌로니아, 러시아, 노르웨이, 수메리안의 신화 속에서 찾아볼 수 있다. 이집트의 경우, 무화과 나무(*Ficus sycomorus*)가 세계수로 등장하고 있다(Philpot, 1897). 피라미드에 기록된 고대 헬리오폴리탄 성직(기원전 2430~2137년)에 대한 내용을 풀이하면, 천국과 지상이 창조되기 전에 심연의 끝없는 수렁에서 자라는 연꽃으로부터 여러 신들이 연속하여 탄생되었다고 한다. 즉 하늘과 태양의 신, 녹색 대양인 나일의 신이 창조된 후에 모든 사물들이 창조되었으며, 이 창조의 시기에, 나무들은 신들의 거처였고, 특히 무화과 나무에는 천국의 신인 누트(Nut)와 하토르(Hathor)가 몸을 숨기고 있었다고 하여, 무화과 나무가 이집트인들에게 세계수로 나타나고 있음을 알 수 있다(그림 4-13).

바빌로니아의 신화적 우주수는 유프라테스 강의 하구 근처의 에리두(Eridu)라는 고대 도시 근처에 자리 잡고 있다. 이 우주수는 대지를 비옥하게 하는 샘과 강물이 흘러나오는 곳에서 자라며, 지혜의 여신 에아(Ea)가 살고 있는 심연의 수렁 속에 깊이 뿌리를 내리고 있다고 서술하고 있다. 이 우주수가 뿌리박고 있는 심연은 지구의 대양과는 다른 의미로 오히려 우주의 바다를 상징한다고 학자들은 해석하기도 한다(Appelbaum, 1989).

오래된 러시아 신화에도 세계수가 나타난다. 이 세계수는 부잔(Bujan) 섬에서 자라고 있는 거대한 참나무라고 전해지며, 매일 아침 태양이 이 나무로부터 떠오르고, 매일 저녁 태양이 진다고 한다. 세계의 동정녀가 이 세계수를 키우며, 그 주변을 가장 흉폭한 용이 지키고 있다고 한다.

동아시아에 위치한 시베리아에서도 세계수의 흔적을 찾아볼 수 있다. 시베리아에 거주하던 야쿠츠(Yakuts)의 영웅 신화에는 투명하고 달콤한 향기를 가진 수지(樹脂)와 은색의 수액을 가진 거대한 상록 세계수가 있다고 전하며, 영웅을 가호하는 대지의 여신이 이 상록 세계수에 살고 있다고 전해진다(Grimal, 1963).

그림 4-13. 이집트의 세계수이자 생명의 나무인 무화과 나무. 이 나무에 거처하고 있는 천국의 신, 누트가 새 세상에 빵과 물을 제공하고 있다. (Philpot(1897)의 〈신성한 나무〉에서 인용)

▎**그림 4-14.** 고구려 고분벽화의 세계수

세계수 또는 우주수로서의 가장 전형적인 예는 노르웨이의 신화에서 찾을 수 있다. 이 신화에 나오는 이그드러실(Yggdrasil)이라는 이름을 가진 거대한 물푸레나무는 세 개의 뿌리를 가지고 있는데, 하나는 지하세계(Niflheim)에 박혀 있고, 다른 하나의 뿌리는 인간이 살고 있는 지상의 세계(Midgard)에 박혀 있으며, 마지막 뿌리는 신들의 거주지인 천국(Asgard)에 있다고 한다(Philpot, 1897). 이렇게 서로 다른 존재 영역 사이의 연결고리 역할을 이 나무가 하기 때문에, 이그드러실 자체는 우주적인 생명의 상징을 나타내고 있는 셈이다. 신성한 이 물푸레나무는 여타의 세계수처럼 상록을 띄고 있다고 알려져 있으며 과거와 현재 그리고 미래의 세 여신(운명의 여신인 Norns)이 매일 매일 이 나무에 물을 준다고 한다. 이 우주수의 꼭대기에는 노르웨이의 주신(Odin)의 수리가 둥지를 틀고 있으며, 기부(基部)에는 뿌리를 갉아먹는 뱀(Nidhog)이 살고 있다고 묘사되어 있다(그림 4-15).

1) 서양의 세계수, 물푸레나무

이그드러실이란 이름을 가진 물푸레나무는 세 개의 뿌리를 가지고 있다. 첫 뿌리는 지옥(Niflheim: 노르웨이 신화의 천지창조에 나오는 지옥)에 있으며, 두 번째 뿌리는 우리가 살고 있는 지상(Midgard)에 있고, 세 번째 뿌리는 신들의 거주지 아스가드(Asgard)에 있다. 지옥에 있는 뿌리는 끓고 있는 가마솥(Hvergelmir)에서 물을 빨아들이며, 지상의 뿌리는 거대한 기억 또는 중재의 샘(Mimir)에서 물을 빨아들이고, 신들이 사는 아스가드의 뿌리는 운명의 여신에 의해서 운명의 여신 샘에서 물을 공급받는다. 더구나 지옥의 뿌리는 사악한 뱀(Nithhogg)에 의해서 아래에서부터 갉아 먹히고 있다. 운명의 여신 샘 옆에 앉기 위해서 천국의 신(Daily Aesir)은 무지개다리를 타고 내려와서 지상에 사는 인간들의 행위에 대하여 판정을 내린다. 인간의 행위들은 가장 높은 가지에 앉은 독수리의 두 눈 사이에 앉아 있는 송골매에 의해서 신들에게 보고 되었다. 뱀에서 수리에 이르기까지, 나무의 줄기를 따라, 라타토스카 다람쥐가 뱀과 수리 사이의 불화를 퍼트리기 위해서 달린다.

수리와 송골매 이외에, 나무의 제일 꼭대기에는 황금 수탉 한 마리가 앉아서 거대한 불꽃(Surtur)이 머물고 있는 무스펠하임(Muspellheim)을 향해서 그의 눈을 고정하여 관찰한다. 노르웨이의 선과 악의 대결전(아마게돈, Ragnarok)이 왔으며, 모든 세계의 종말이 왔다. 천국의 신(Aesir)에게도 종말의 날을 알려줄 수탉의 울음소리가 있었다. 다른 동물들은 세계수인 물푸레 나무 속 또는 그 위에서 산다. 신들이 살고 있는 천국에 꿀 술을 공급하는 지혜의 신(Odin)의 염소들은 가장 높은 가지에서 어린 잎을 먹고 있으며, 이 가지는 또한 지혜의 신이 학살된 영웅들의 영혼을 받았던 장소(Valhalla)에 그늘을 만들어 준다. 지혜의 신의 염소들 이외에, 가장 꼭대기의 가지를 먹는 네 마리의 수사슴이 있다. 이슬이 수사슴의 갈라진 뿔에서 아래 세상으로 떨어진다. 이 이슬을 아마게돈으로부터 최종적으로 살아남게 될 오직 두 사람의 생존자, 여성(Lif)과 남성(Lifthrasir)이 먹게 되는 것이다. 그들은 거대한 불꽃(Sutur)의 화염으로부터 안전한 숲 속에 있는 천국을 찾을 것이며, 이슬이 그들의 입술을 적실 때까지, 그리고 지구가 다시 녹색으로 될 때까지 그곳에서 잠들 것이다. 그런 후, 그들은 깨어나게 되며, 새로운 생명 종을 발견하게 될 것이다.

이그드러실의 세 개의 거대한 뿌리 주변에 있는 샘과 우물들이 그들에게 흥미로울 것이다. 끓고 있는 지옥의 가마솥(Hvergelmir)은 모든 자양분을 공급하는 강의 원천이며, 운명의 신은 나무의 잎과 가시들이 싱싱하도록 뿌리에 운명의 여신의 샘으로부터 생명의 물을 공급한다.

그림 4-15. 노르웨이의 신화에 나오는 세계수, 이그드러실(Philpot(1897)의 〈신성한 나무〉에서 인용)

2) 서양의 세계수, 최초의 나무

세계수의 또 다른 전형적인 예는, 수메리아 신화에 나오는 훌루푸 나무로서, 끝없이 재생되고 살아 있는 우주를 나타내고 있다. 수양버드나무로 알려진 이 훌루푸 나무는 우주의 양면성을 지니고 있다고 해석하기도 한다. 즉 의식과 무의식, 수컷과 암컷, 밝음과 어두움, 생명과 죽음의 상징을 이 훌루푸 나무가 지니고 있는 셈이다. 노르웨이의 신화 속에 나오는 물푸레나무처럼 이 수양버드나무 가지의 꼭대기에는 새가, 그리고 뿌리에는 뱀이 살고 있다(Wolkstein, 1983).

최초의 나무 {수메리안(Sumerian: 유프라테스강 주변의 사람)의 전설}

첫 여러 해 동안에 필요한 모든 생명이 탄생되었고 적절히 길러졌다. 빵은 땅의 성지에서 구워졌으며, 모든 생명체에게 이름이 붙여졌다. 그런 후, 천국은 지상으로부터 멀어졌고, 지상은 천국으로부터 분리되었다. 하늘의 신이 천국을 차지하였다. 공기의 신이 지상을 독차지하였으며, 지하 세계는 위대한 지하의 여왕에게 주어졌다.

지혜의 신 엔키는 그 자신의 영토가 없었다. 자신의 왕국이 없는 엔키는 지하의 세계로 출발하였다. 지하의 세계로 들어가고자 애쓸 때, 위대한 지하의 여왕은 저항하였다. 돌개바람은 그의 배를 심하게 흔들었으며, 우박이 그의 배에 쏟아졌다. 바다의 파도들은 이리 떼처럼 뱃머리를 삼켜버렸으며, 사자처럼 그의 배 고물을 후려쳤다.

이와 같은 폭풍우 속에 하늘에서 훌루푸 나무의 종자 하나가 떨어졌다. 그 종자는 유프라테스 강둑에서 자랐다. 유프라테스 강물은 어린 나무에게 자양분을 주었다. 그러나 어느 날 회오리치는 남풍이 불어서, 유프라테스 강물이 그 나무를 쓸어갈 때, 나무의 뿌리가 뽑히고 가지들이 찢겼다.

유프라테스 강둑을 따라 걷던 한 젊은 여인이 물 위에 떠가는 나무를 보았다. 그 여자는 강물에서 나무를 건져내고는 큰 소리로 말했다. 그래서 하늘의 신이 들었다. 그 여자는 단호히 말했다. 그래서 공기의 신이 듣게 되었다. 그들은 천국의 젊은 여왕으로 지구의 자손이 된 아침 별과 저녁 별의 이야기를 들었다.

젊은 여왕이 말했다. 나 이난나는 이 나무를 나의 도시 우룩에 가져갈 것이다. 나는 이 나무를 신성한 정원에 심을 것이다.

젊은 여왕 이난나는 나무를 그녀의 도시로 가져갔으며, 그녀의 정원에 심었다. 그녀는 그녀의 발로 심은 나무 주변의 흙을 잘 눌러 주었다. 그녀는 손으로 나뭇가지를 다듬었다. 그녀는 어느 누구도 그 나무를 만지지 못하도록 하였다. 그녀 자신만이 그 나무를 돌보았다.

그녀는 나무 옆에 앉았다. 그녀는 나무 주변을 돌았다. 그녀는 이 어린 버드나무를 관찰하고, '내가 반짝이는 옥좌에 앉을 때까지 얼마나 오래 걸릴까? 내가 번쩍이는 침대에 누울 때까지 얼마나 오래 걸릴까?' 라고 생각하였다. 이난나는 기다렸다.

세월이 흘렀다. 오 년이 지났다. 그리고 십 년이 흘렀다. 그 나무는 굵게 자랐다. 이난나는 그녀의 옥좌와 침대의 꿈속에서 살았다. 그녀는 기다렸다. 그러나 나무껍질은 갈라지지 않았다.

어느 날 매력이라곤 없는 뱀이 그의 둥지를 나무의 뿌리 속에 만들었다. '위대한 새'는 나뭇가지 속에서 그의 새끼들을 길렀고, 암흑의 하녀 릴리스는 그녀의 집을 줄기 속에 만들었다.

이난나는 울었다. 웃기를 좋아했던 어린 여자는 울었다. 그러나 뱀, '위대한 새', 암흑의 하녀는 이난나의 나무를 떠나지 않았다. 이난나는 밤새도록 울었다.

새벽 무렵, 새가 노래하기 시작할 즈음, 이난나의 오빠인 태양신 우투가 천국에서 갑자기 나타났다. 이난나는 천국의 그녀 오빠에게 도움을 청했다.

천국과 지상이 분리된 이후, 그리고 나무의 모양을 갖춘 후 그녀는 오빠에게 처음 말했다. 달의 신 아들에게 그녀가 어떻게 그 나무를 구하여 돌보게 되었으며, 어느 날 갑자기 뱀과 새와 어둠의 하녀 릴리스가 그녀의 나무를 차지하기 전까지 옥좌와 침대에 대하여 어떠한 희망을 가졌던가를 말하였다.

이난나는 도와달라고 애원하였다. 그러나 태양의 신인 우투는 천국을 가로질러 그의 갈길을 계속하였을 뿐이다. 용감한 용사인 우투는 지상으로 오기 위해서 천국을 포기한 그의 여동생인 아침 별과 저녁 별을 돕지 않았다.

이난나는 울었다. 그 젊은 여자는 그녀의 소망을 위해서 울었다. 그녀의 꿈을 위해서 울었다. 그녀는 나무 주위를 돌면서 울었다. 그러나 뱀이나 새 그리고 어둠의 하녀 릴리스는 그들 자신을 위해서 나무를 떠나지 않았다. 밤새도록 이난나는 울었다.

새가 노래하기 시작하는 아침에, 이난나는 우룩의 영웅이며 무적의 길가메쉬가 신성한 땅을 건너는 것을 보았다. 이난나는 그에게 도움을 청했다.

이난나는 천국과 지상이 분리된 후 그리고 나무의 모양을 갖춘 후 그에게 처음 말하였다. 그녀는 지상의 이 남자에게 이 나무를 어떻게 구했으며, 사악한 뱀과 새와 암흑의 하녀 릴리스가 그녀의 나무를 갑작스럽게 차지하기 전까지 왕좌와 침대에 대한 어떤 희망을 가졌던가를 말했다.

이난나는 도움을 요청했다. 용감한 용사이자 우룩의 영웅인 길가메쉬는 천국에서 지상으로 온 이 젊은 여왕을 도와주었다.

길가메쉬 자신도 준비하였다. 그는 50파운드 무게의 갑옷과 투구를 그의 가슴팍에 단단히 동여 매었다. 50파운드의 무게는 그에게 새의 깃털 50개와 다름없었다. 450파운드나 되는 청동 도끼를 그의 어깨에 들어 메었다. 무적의 길가메쉬는 이난나의 성스러운 정원에 들어섰다.

길가메쉬는 그 도끼로 매력이라곤 없는 뱀을 내려쳤다. '위대한 새' 는 새끼들과 함께 단번에 도망쳤다. 릴리스는 그녀의 집을 박살내고 살 수 없는 황량한 장소로 도망쳤다. 그런 다음 길가메쉬는 그의 강한 팔로서 나무의 뿌리를 느슨하게 만들었다. 그리고 길가메쉬와 함께 있는 도시의 아들들이 나뭇가지를 잘라내었다.

길가메쉬는 넘어진 나무와 나무줄기를 보았다. 길가메쉬는 이난나를 위해서 번쩍이는 하나의 옥좌를 만들었다. 나무줄기를 이용하여 길가메쉬는 이난나의 침대를 만들었다. 이난나는 나무뿌리를 가지고 길가메쉬의 드럼을 만들었다. 그리고 나무 가지를 이용하여, 이난나는 갈가메쉬의 드럼 방망이를 만들었다.

길가메쉬는 천국의 젊은 여왕에게 번쩍이는 옥좌와 침대를 바쳤다. 그리고 이난나는 우룩의 영웅에게 드럼과 드럼 방망이를 선물했다.

길가메쉬는 드럼을 쳤다. 그는 우룩의 사람들을 깨웠고, 그들에게 그의 분부를 따르도록 명령하였다.

다. 아메리카 대륙의 세계수

아메리카 대륙에서 찾아볼 수 있는 세계수 또는 우주수에 관한 흔적들은 북미대륙에서 남미대륙에 걸쳐서 나타나고 있다. 북미대륙의 아메리카 원주민 인디언의 경우, 거대한 하늘 돔 위에 나무가 있다고 믿었다. 그들은 보통 거대한 느릅나무나 발삼 전나무와 같은 나무를 세계수로 믿었으며, 이들 나무가 하늘 돔 안의 태양 아래에 자리 잡고 있다고 믿었다(James, 1966).

멕시코의 고대 아즈텍(Aztec) 문화의 전설 속에서도 세계수의 흔적을 찾을 수 있다. 아즈텍 전설은 세계의 동서남북의 모퉁이에 거룩한 천국의 나무가 있다고 전하고 있다. 이들 나무들은 생명의 원천인 불의 신이 살고 있는 왕국과 연결되어 있는 한 그루의 위대한 '중심 나무' 주변에 있다고 묘사되어 있다(그림 4-16). 중심 나무의 줄기는 물로 구성된 평평한 접시나 또는 모든 것을 둘러싸고 있는 바다에서 솟아 있으며, 줄기로부터 자라고 있는 옥수수 열매는 열매를 맺는 대지를 상징하는 것이라고 한다. 그리고 꼬리가 긴 신성한 새가 다산과 번영을 뜻하는 이 우주수의 꼭대기에 앉아 있음을 발견할 수 있다(Lehner, 1960).

그림 4-16. 고대 멕시코의 아즈텍 문화에 나타난, 불의 신 Xiuhtecuhtli가 중심 나무로 묘사되어 있는 세계수(Lehner(1960)의 〈수목, 화초에 대한 전설과 상징〉에서 인용)

마야의 신화에도 지상 최초의 나무라고 불리는 세계수에 대하여 이야기하고 있다. 지구의 정확한 중심에서, 그 가지들이 천국의 여러 왕국에서 자라고 있는 이 세계수는 거대한 실크-코튼 나무라고 마야인들은 믿었다. 콜롬비아의 원주민들 역시 성스러운 나무라고 불렸던 후야칸(Huaycan) 나무를 가지고 있었다. 이들의 신화에 의하면, 지구는 이 신성한 나무로 만들어진 기둥으로 지탱되고 있다고 한다(Altman, 1994; Gray & Moore, 1964).

브라질 아마존강 유역에 살던 쉬피보(Shipibo)족은 루푸나(lupuna) 나무가 우주의 복합적인 세계를 떠받치는 중심 기둥이라고 믿었다.

라. 세계수에 나타난 뱀과 수리

앞에서 언급한 각 문화나 민족이 간직하고 있는 세계수 또는 우주수 속에 뱀과 새가 공통적으로 존재하는 것을 발견할 수 있다. 즉 나무의 기부(또는 뿌리)에 한 마리의 뱀(또는 용)과 나무의 수관(또는 가지 끝)에 한 마리의 수리(또는 다른 종류의 새)가 묘사되어 있는 것이다. 한국의 부상, 노르웨이의 이그드러실, 수메리안

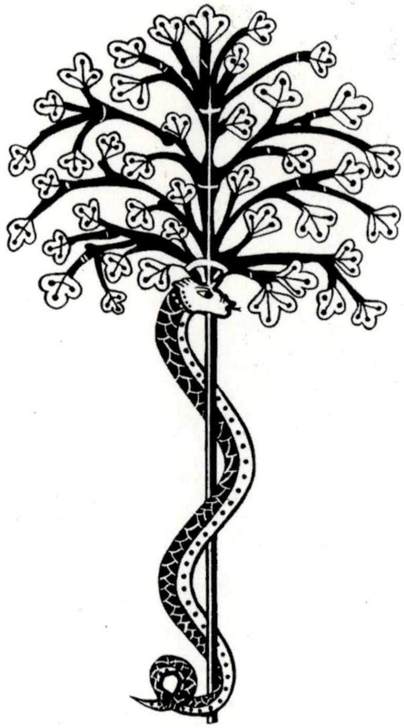

그림 4-17. 세계수에 나타난 뱀의 상징

의 최초의 나무인 훌루푸 나무, 멕시코의 고대 아즈텍 문화에서 발견할 수 있는 세계수 등에서 수리나 다른 종류의 새가 나무의 꼭대기에 있으며, 성경 속에 나오는 생명의 나무, 노르웨이 신화 속에 나오는 이그드러실, 수메리안 신화 속에 나오는 훌루푸 나무, 그리고 시베리아 원주민의 신화 속에 나오는 세계수에는 뱀(또는 용)이 공통적으로 나타나고 있다.

우주수 또는 세계수들이 공통적으로 가지고 있는 뱀(또는 용)과 수리(또는 여타의 새)는 우주나 개체 속에서의 통합을 뜻한다. 즉 뱀과 수리 사이의 영원한 투쟁은 태양과 지하 세계의 두 개의 원칙에 대한 반대로서 빛과 어둠 사이에 존재하고 있는 투쟁을 우주적인 상징으로서 나타내는 것이다(Fergusson, 1868).

특히 노르웨이의 신화에 나오는 세계수에는 거짓말과 허튼 풍문을 고무하는 협작꾼 다람쥐가 뱀과 수리 사이를 오가며, 수리와 뱀의 증오를 조심스럽게 지속적으로 보존하고, 서로 상대방을 향한 그들의 동경을 조장하는 두 힘의 극성(極性)을 유지함으로서 우주적 화합에 봉사하는 것이라고 해석하기도 한다.

이와 같은 뱀과 수리가 가지고 있는 우주수의 상징은 나무의 줄기를 따라 뿌리와 수관 사이로 이동되는 수액처럼, 하나의 연속적 움직임을 뜻하기도 하고, 뿌리는 땅 밑으로, 줄기와 가지는 하늘로 향하는 나무만이 가진 독특한 극성(極性)처럼, 존재 영역이 다른 두 곳 사이의 에너지 교환을 뜻한다고 설명하기도 한다(Jordan-Smith, 1989).

2. 생명의 나무

신성한 나무가 가지고 있는 상징적 의미를 분석하다 보면, 영생, 다산, 풍요, 절기의 조절자, 창조와 파괴와 같은 인간의 직접적인 욕망이 형상화되어 상징으로 나타나고 있는 나무를 발견할 수 있다(Altman, 1994).

우주의 각기 다른 영역 사이를 연결해 주는 사다리나 지구의 중심축으로서의 상징적 의미를 지닌 우주수, 세계수와는 달리 인간의 일상생활과 직접적으로 연관된 이러한 상징적 의미를 지닌 나무를 생명의 나무라고 분류할 수 있다. 즉 생명의 나무는 고대 인류나 그들이 살던 그 시대의 환경과 연관된 보다 개인적인 삶을 상징으로 나타내고 있으며, 복숭아나무, 사과나무, 무화과 나무, 참나무, 대추야자 등이 신성한 나무로 구체화되어 여러 문화 영역에서 나타나고 있음을 알 수 있다(Gaster, 1969).

생명의 나무에 달린 열매를 먹음으로서, 영생을 얻을 수 있다는 상징적 의미가 구체화 된 예는 중국의 천도복숭아에서 찾아볼 수 있으며, 그밖에 신들이 먹었던 과일로서, 에덴의 동산에 자라는 선악과를 맺는 생명의 나무와 지혜의 나무, 고대 이집트의 무화과 등이 생명의 과일로 상징되어 나타나고 있다. 그밖에 도토리와 야자열매가 중요한 식량 역할을 담당하였기 때문에, 참나무나 대추야자들이 서식하던 지역의 고대 인류에게 이들 나무들이 신성한 나무로 숭배된 흔적을 어렵지 않게 찾을 수 있다.

가. 동양의 생명수

생명의 나무가 상징하는 주제는 동양과 서양에서 다르게 나타나고 있다. 서양 문화를 상징적으로 대변할 수 있는 성경 속에 나오는 생명의 나무는 에덴의 동산에서 자라는 지혜의 나무와 더불어, 신으로부터 인간이 어떻게 분리되어서 인간의 원죄가 시작되었는가를 상징적으로 말하고 있다(Gaster, 1969). 이와는 달리, 동양에서의 생명의 나무가 상징하는 주제는 불로장생(不老長生)에 대한 강렬한 열망의 형태인 영생이다. 즉 늙지도, 죽지도 않는 영원한 생을 가진 신으로의 통합을 의미하는 것이 동양에서 나타나고 있는 생명의 나무의 상징이다. 이에 반하여, 서양에서는 신으로부터 인간의 분리를 생명의 나무가 상징하는 것이라고 해석할 수도 있다.

사진 4-18. 민화 십장생도에 나타난 소나무(좌)와 경복궁 자경전 굴뚝에 새겨진 십장생도의 소나무(우)

중국, 인도, 한국, 일본이 영생과 관련된 생명의 나무를 가지고 있는 것은 동양 문화의 큰 줄기가 중국과 인도에서 유래된 점을 상기하면 새삼스러운 사실이 아니다.

우리 문화에 나타나는 소나무와 관련된 상징들 중에 민중들과 가장 가까운 것은 아무래도 영생을 상징하는 십장생(十長生)의 소나무라 할 수 있다(그림 4-18). 소나무는 해, 달, 산, 내, 구름, 거북, 학, 사슴, 불로초와 더불어 불로장생을 염원했던 우리 조상들이 늘 곁에 두고 아껴왔던 나무였다(전영우, 1996).

천신, 일월신, 산악신 등의 토속 자연물을 숭배하던 조상들은 도교에서 유래된 신선사상을 융합시켜 영생을 상징하는 독특한 십장생을 창조했다. 그래서 소나무를 위시한 열 가지 오래 사는 귀물들은 그림이나 무늬로 도자기, 나전공예품, 목공예품이나 가구로, 부녀자의 복식이나 노리개 또는 자수품에, 병풍의 산수화나 민화에, 사찰이나 궁궐의 담 벽이나 내부의 벽면에 오늘도 살아 숨쉬고 있다(그림 4-18).

일천여 종류의 나무들이 이 땅에 터 잡아 살고 있는데 왜 유독 소나무일까? 지난 수천 년 동안 우리 민족의 삶에 직간접적으로 영향을 미쳤을 수많은 나무들 중에 왜 하필이면 소나무가 영생을 상징하는 십장생의 하나로 우리 생활 속 깊이 이렇게 자리 잡고 있는 것일까? 그것은 소나무가 한민족의 생명의 나무이기 때문이다.

소나무 자체는 영생이라는 상징적 의미 이외에도, 성주신의 근본으로 또는 동신목, 신성수, 집안의 수호신으로 우리 민속에 전해 내려오고 있는 생명의 나무이다.

이밖에도, 천국으로 오르내리는 우주수 또는 생명의 나무를 상징하는 전형적인 전설이 우리에게도 있다. 누구나 한 번쯤은 듣거나 읽었을 해님과 달님이 된 오누이에 대한 전설을 기억할 수 있다. 호랑이에게 잡혀 먹히기 직전에 하늘에서 나무로 내려온 튼튼한 동아줄을 타고 하늘나라로 올라가서, 해님과 달님이 된 오누이에 대한 전설 속에 나오는 나무는 전형적인 생명의 나무라 할 수 있다.

중국의 생명수는 서방의 여왕 시왕무의 정원에서 자라는 거대한 복숭아나무이다. 이 복숭아나무는 3,000년에 한 번씩 꽃을 피우며, 그 열매인 천도복숭아를 맺는 데 다시 3,000년이 걸리는 신화 속의 나무로서 천도복숭아를 먹으면 영생을 얻을 수 있다고 전하고 있다. 이 나무의 요정이 그들의 총신(寵臣)에게 이 천도복숭아를 전해주며, 천도복숭아를 먹은 총신은 마침내 영생을 얻게 되는 것이다(Tylor, 1970).

이밖에도 생명의 나무와 관련된 19세기 말의 최근 기록을 보면, 청나라 황제의 거처이던 자금성의 한가운데에서 생명의 나무에 대한 흔적을 찾을 수 있다. 황제만을 위해 마련된 이 작은 정원에는 인공적으로 다듬어진 여러 나무들 중에 나무 본래의 생육 습성 그대로 자연스럽게 자라도록 허용된 한 그루의 나무가 있었다. 자연 그대로 자라도록 허용된 이 나무는 측백나무로 이 나무가 무성하게 자라면 나라도 번성할 것이고, 만일 이 나무가 잘 자라지 못하거나 병들어 죽게 되면 나라도 망하게 된다고 믿었기에, 이 나무 가꾸기에 온갖 정성을 다 쏟았다는 기록을 찾을 수 있다. 이 나무는 한 왕조의 무궁한 번영을 위한 생명의 나무인 셈이었다(Gray & Moore, 1964).

그림 4-19. 고구려 고분벽화 속의 소나무

일본의 경우, 생명의 나무에 대한 예를 호라이잔 섬의 호라이 산에서 찾을 수 있다. 이 생명의 나무는 금으로 된 줄기와 가시, 은으로 된 뿌리, 보석으로 장식된 열매와 잎을 달고 있다고 전해지며, 복숭아나무, 오얏나무, 소나무 등이 생명의 나무로서 서술되어 있다. 특히 소나무는, 우리나라와 마찬가지로, 신성한 나무로 인식되어 그 그늘 아래에서 자라는 불로초는 영생을 뜻하기도 하며, 그런 의미에서 소나무는 장생을 뜻하는 생명의 나무로 나타나고 있다(Altman, 1994).

인도 대륙에서 가장 중요한 생명의 나무는 영생을 상징하는 나무인 뱅갈 보리수이다. 뱅갈 보리수는 힌두교도들 사이에, 이 세계가 홍수로 물에 잠겼을 때 어린 크리슈나(Krishna) 신을 보호했던 나무로 종종 인용되고 있다. 이 나무는 높이가 약 30미터나 되는 거대한 나무로서, 넓게 펼쳐져 있는 많은 가지에서 나오는 수많은 공중 뿌리를 가진 나무로 알려져 있다.

한편 힌두교의 리그베다(Rigveda) 경전에는 파리자타(Parijata)라는 영생을 상징하는 생명의 나무가 나타나고 있다. 이 나무는 브라만(梵天) 자체이며, 창조와 다산의 신으로 묘사되어 있다. 즉 영생의 신이 먹는 과즙을 생산하는 나무로서 문헌에 나타나고 있다. 다른 기록에는 이 세계수는 무한하며, 꽃들과 시내의 한가운데서 자라는 아름다운 구름 나무로서 묘사되어 있다. 해와 달의 창조 이전에, 이 웅대한 나무는 낮과 밤을 만들었으며, 모든 인간들에게 온갖 욕망을 채워주었으며, 무한한 행복을 나누어 주었고, 지식과 지혜를 제공하여 주었다고 전하고 있기에 생명의 나무이자 지혜의 나무라 할 수 있다(Gupts, 1965).

| 사진 4-20. 인도의 생명의 나무

인도 대륙에서 생명의 나무는 옛날부터 숭배된 사라수(*Shorea robusta*)이다. 기록에 의하면, 불교나 힌두교와 같은 종교가 탄생하기 이전부터 고대 인도 사람들은 사라수나 보리수를 숭배하였다. 특히 사라수는 오늘날에도 생명의 나무로서 인도사람들에게 숭배의 대상이 되고 있는데, 그 이유는 석가모니의 탄생과 밀접한 관련이 있기 때문이다(그림 4-21).

그림 4-21. 인도 산치의 동문에 새겨진 석가모니의 탄생과 밀접한 관련을 맺고 있는 사라수. 고대는 물론이고, 오늘날의 인도 사람들로부터 생명의 나무로 숭배되고 있으며, 전 세계의 불교도들에게도 숭배를 받고 있다. (Fergusoon(1868)의 〈나무와 뱀의 숭배〉에서 인용)

나. 서양의 생명수

생명의 나무가 상징하는 서양의 주제는 동양에 비해서 보다 실용적이다. 즉 서양에서 나타나고 있는 생명의 나무의 상징은 고대 인류의 삶과 밀접한 관련이 있는 다산, 풍요, 절기의 조절에 의한 풍년과 같은 실제적인 것이다.

고대 유럽인들에게는 참나무가 생명의 나무였다. 고대 유럽인들은 참나무가 최초로 창조된 나무이며, 그들의 조상도 참나무에서 태어났다는 신화적 믿음을 가지고 있었다(Frazer, 1935). 이와 같은 배경 때문에 참나무를 신성한 나무로 숭배한 흔적은 유럽 전역에 걸쳐서 나타나고 있다. 즉 북부 유럽이나, 중부 유럽은 물론이고, 그리스와 로마에서도 참나무 숭배의 흔적을 쉽게 찾을 수 있을 뿐만 아니라 아일랜드, 리투아니아, 에스토니아 등에서도 나타나고 있다(Gaster, 1969).

이처럼 유럽 전역에 걸쳐 참나무를 신성한 나무로 숭배한 배경에는 유럽 대륙에 거주하던 고대 인류에게 있어서 참나무의 물질적 유용성이 엄청나게 컸기 때문

사진 4-22. 갈참나무의 도토리

사진 4-23. 참나무의 잎으로 덮여 있는 그린 맨. 독일 프라이부르크 대성당

인 것으로 보인다.

유럽 전역에 분포하던 참나무는 고대 유럽인들에게 그들의 촌락이나 도로의 건설에 없어서는 안 될 중요한 재목이며, 바다나 강을 건너기 위한 중요한 조선재로, 추위를 막아줄 땔감이며 중요한 식량원이었다.

참나무로부터 얻을 수 있는 이러한 물질적 혜택들은 고대 유럽인들을 자연스럽게 참나무에 대한 숭배 의식으로 이끌었을 것이다. 즉 참나무는 초자연적인 강인한 힘을 가진 나무로 인식되어 500년 동안 성숙해지고, 500년 동안 원숙해지며, 500년 동안 서서히 늙는 것으로 믿었기에 강인한 생명력이 있는 나무로 고대 북부 유럽인들이 숭배하였다(Altman, 1994).

참나무의 종자인 도토리가 유럽 사람들에게 중요한 식량원이었음을 고대 로마의 기록으로 남아 있는 서사시를 통해 알 수 있다. 즉 고대 로마의 위대한 시인 베르길리우스(Publius Vergilius Maro)는 서사시 〈아이네이스(Aeneis), 8, 415~422〉에서 참나무가 생명의 나무로서 그 시대의 사람들에게 얼마나 중요한 구실을 하였는가를 단적으로 알려주는 내용을 다음과 같이 노래하고 있다(Harrison, 1992).

이 숲은 한 때,
단단한 참나무 줄기로부터 태어난 인간이란 종족과 함께
반인반양(로마 신화에 나오는 목축의 신)과 요정들의 거처였으며
정착해서 생활하는 방법이나, 가축을 사육하는 방법도,
양식을 모으거나 농사를 짓는 방법도 몰랐던 인간들은
오직 참나무의 도토리나 야생 동물을 사냥하여 그들의 양식을 얻었다.

초기의 신화에 의하면, 참나무의 도토리는 탄닌을 제거하고 갈아서 영양분이 있는 가루 식량으로 만들 수 있었기에 독일이나 북유럽 사람들뿐만 아니라, 그리스나 로마 사람들의 중요한 식량이었다. 참나무는 때때로 천둥과 번개와 비 그리고 하늘의 신과 더불어, 신들의 왕 제우스가 선택한 나무로 생각되어 그리스 사람들에게 숭배되기도 하였다. 특히 고대 로마 사람들은 참나무의 신이 주피터라고 믿었기에 참나무를 더욱 신성한 나무로 숭배하였다(김기원, 1992).

생명의 나무와 관련된 흔적을 중동 지역에서 찾아보면, 고대 칼데아에서는 생명의 나무가 검은 소나무로 나타나고 있으며, 이 소나무의 솔방울을 칼데아 사람들은 다산의 상징으로 생각하였다. 신성한 나무로 나타나는 상징 중에 가장 오래된 것은 아시리아 사람들이 믿던 생명의 나무라 할 수 있으며, 영생과 다산을 상징하는 연꽃과 소나무가 연합된 상상의 나무로 나타나고 있다. 고대 아시리아, 바빌로니아 사람들에게는 또한 대추야자 나무가 중요한 생명의 나무였으며, 아시리아 사람들은 이 나무의 가지로부터 발산하는 힘과 미덕을 생명의 나무로 묘사하고 있다.

대추야자 나무는 이집트 사람들에게도 생명의 나무로서 중요한 상징적 의미를 지닌다(그림 4-24). 이 생명의 나무는 하늘은 물론 지하 세계의 여신, 너트의 신성한 나무였으며, 매달 새로운 가지를 만들어 내기 때문에, 이집트 사람들은 이 나무를 '일 년의 나무'로 불렀다(Altman, 1994).

오늘날에도 대추야자 나무의 풋 열매나 또는 건조한 열매가, 이 지역 사람들은 물론 동물들에게도 주요한 식량원이기 때문에 이 지역의 많은 주민들은 여전히 이 나무를 생명의 나무로 생각하고 있다.

▎그림 4-24. 고대 이집트의 벽화에 장식된 대추야자 나무로 풍요, 평화, 다산의 상징이 된 생명의 나무(Lehner(1960)의 〈수목, 화초에 대한 전설과 상징〉에서 인용)

대추야자 나무와는 별도로, 고대 이집트인들은 무화과 나무(*Ficus sycomorus*)를 생명의 나무로 치부하여 다산, 사랑, 명랑 그리고 즐거움을 관장하는 여신 누트에게 헌정하였다는 기록도 찾을 수 있다(그림 4-13).

생명의 나무와 관련된 상징적 흔적은 고대 유태인들의 문헌에서도 찾아볼 수 있다. 즉 유태 기독교 계시록은 에덴의 동산에 서있는, 나무의 뿌리는 천국에서 아래로 향해서 늘어져 있고 나무의 줄기는 지상 위에 펼쳐져 있는, 생명의 나무를 서술하고 있다. 유태 신비교의 경전(Zohar)에서는 이 생명의 나무가 토라(Torah; 참나무로 해석하기도 한다)이며, 이 나무를 차지하는 모든 사람은 영생을 보장받을 수 있다고 한다. 이 생명의 나무는 단 하나의 초월적인 원천으로부터 우주의 표현을 상징하면서 거꾸로 뒤집혀 있는 형상으로 나타나고 있다(Shore, 1989).

중앙아메리카나 남아메리카의 열대 지방에서는 생명의 나무가 종종 다산, 탄생 또는 대륙의 대부분을 구성하고 있는 열대우림에서 발견되는 다양한 동물과 식물의 생명과 관련이 있는 것으로 여겨진다.

오리노코 강 유역의 악카오이 사람들은 그들의 신, 마코나이마에 의해서 창조된 신화적 생명의 나무를 가지고 있다. 한 신화에는 마코나이마가 모든 재배 식물의 근원이 되게 지상에서 솟아 나와, 훌륭한 열매를 맺는 경이의 나무가 되게 하였다고 전하고 있다. 이 나무의 그루터기는 수많은 종류의 물고기들이 살 수 있는 물로 채워져 있다고 하며, 마코나이마가 이 나무의 줄기들을 도끼로 잘라서 강으로 던짐으로서 새로운 생명체들이 창조되었다고 전하고 있다(Altman, 1994).

생명의 나무에 대한 아프리카 사람들의 중요한 주제는 암컷과 수컷의 다산성이다. 이들 생명의 나무는 종종 죽음과 재생 모두를 의미하는 치유자, 보호자, 남근 숭배의 상징으로서 나타나고 있다. 예를 들사면, 위대한 오븐 나무(*Copiafera religiosa*)는 남부 카메룬의 에보속 사람들에 의해서 생식력, 부, 힘, 명성을 조절하는 한 남성 나무로 인식되어 숭배되고 있다.

나무 숭배에 대한 문화적 현상은 어떤 특정 지역에 한정된 것이 아니라 동 · 서양을 가리지 않고 전 인류가 이루어 낸 다양한 문화권에서 나타난 현상이었음을 살펴보았다. 수많은 자연물 중에 유별나게 나무만이 가지고 있는 다양한 상징적 의미들은 고대 인류로 하여금 나무를 자연스럽게 숭배하도록 만들었고, 그러한 숭배 의식이 발전하여 종국에는 신성한 나무로 형상화되었음을 알 수 있었다.

신성한 나무 중에서 특히 우주수를 뜻하는 세계수, 생명의 나무, 지혜의 나무가 각기 다양한 문화 영역의 신화나 전설 속에서 어떻게 형상화되고, 기독교, 불교 및 힌두교 등의 주요 종교 속에서 어떻게 구체화되었는가를 살펴보았다. 즉 우주나 세계를 창조하는 근원으로, 나라나 민족을 지킨 영웅이나 신으로, 가족이나 이웃을 보호하는 수호신으로, 다산과 풍요, 영생을 기원할 수 있는 대상물로 상징된 신성한 나무는 고대 인류의 심성에 각인되어 세대를 이어 내려옴에 따라, 문화가 전래된 이동 통로를 따라, 지구상의 구석구석으로 전파되어 온 인류의 문화 요소가 된 것이다.

그래서 물질 만능의 풍조와 인간 중심으로 대변되는 오늘날의 산업 사회에서도, 신성한 나무가 지닌 상징적 의미는 중요한 하나의 문화적 의식으로 사라지지 않고 여전히 살아 있는 것이다.

자녀의 출생이나 결혼을 기념하는 개인적인 의식은 물론이고, 기념적인 건축물의 준공식에서, 역사적 사건과 관련이 있는 장소에서, 나라 사이에 중대한 조약이나 협정을 맺는 자리에서, 나무를 심는 의식은 신성한 나무가 간직하고 있는 상징적 의미의 하나로서, 오늘날에도 우리들의 심성 속에 강렬히 살아있는 것이다. 나무 숭배는 이러한 이유로 케케묵은 옛 풍습이나 전통이 아니라 이 시대가 요청

사진 4-25. 강원도 명주군 삼산리의 당산소나무. 술 한 병이 제물로 놓여 있다.

하는 신성한 문화 의식이며, 인류의 미래가 달려있는 신성한 종교 의식의 하나라고 감히 말할 수 있다.

제 5 장

문학에 나타난 나무와 숲

한민족이 숲이나 나무를 정서적으로 또는 감성적으로 어떻게 인식해 왔는지 알기란 쉽지 않다. 우리 민족의 삶 속에, 정서 속에, 전통 속에 용해되어 우리의 정신적인, 윤리적인 뼈대가 된 숲과 나무와 관련된 문화적 가치를 정리하고 체계화시키기 위해서는 간접적인 방법으로 유추할 수밖에 없다. 간접적으로 유추할 수밖에 없는 이유는 나무나 숲에 대한 인식을 직접적으로 남긴 문헌이나 기록이 없기 때문이다. 간접적인 방법들 중에는 예로부터 선조들에 의해서 전해 내려오는 문학이나 예술 작품을 통해서 거꾸로 유추해 보는 방법이 있다(전영우, 1992).

흔히 문학은 시대정신의 산물이요, 사회상의 반영이라고 하여, 작가가 생존하였던 그 당시의 시대상과 사회상을 잘 반영할 수 있다고 한다(이정탁, 1984). 그래서 우리 조상들의 정서나 문화 속에 용해된 숲이나 나무의 의미는 문학 작품을 통해서 정리할 수 있다.

제1절

한시(漢詩)에 나타난 나무와 숲

〈한국의 한시〉에는 국조 단군 이래 조선조 말까지 893명의 한시 1,800여 수가 수록되어 있다. 김달진(1989)은 동문선(東文選)과 대동시선(大東詩選)을 중심으로 이 책을 엮었으며, 고조선에서 조선조 말까지 군왕, 사대부, 위항시인에 이르기까지 각계각층 인물들의 간결하고 서정성이 풍부한 작품들을 선정하여 번역하였다. 총 3권으로 구성된 이 책은 제1권 고조선에서 조선 중기까지, 제2권 조선 중기에서 근대까지, 제3권 여류 119명의 한시 작품 350수를 번역하여 수록하였다.

1. 한시를 통해 본 선조들의 수목관

우리의 옛 한시에 빈번하게 나타나는 소재는 전형적인 두 가지 유형으로 나눌 수 있다. 그 하나는 천지자연에 관한 소재이며 다른 하나는 인간적인 소재이다(김달진, 1989). 천지자연에 관한 소재는 자연적인 산수의 유형과 동물과 식물의 유형 등으로 나눌 수 있다. 역사 김달진이 임의로 선정하여 수록한 한시(漢詩) 중에 어떤 종류의 나무들이 빈번하게 시의 소재로 사용되었는가를 조사하여 선조들의 수목관을 역으로 더듬어 보았다.

이 책에 수록된 한시들 중에 나무나 숲이 언급된 한시는 340여 수였고, 역자가 임의로 선정한 1,800여 수 중 약 20%의 한시들이 나무나 숲을 그 내용에 담고 있었다.

우리의 옛 한시에서 다루었던 다양한 소재들 중에 나무나 숲이 높은 빈도로 나타난 이러한 조사 결과를 유추할 때, 선조들의 삶이 친자연적 삶이었음을 엿볼 수 있다.

〈한국의 한시〉 속에 나타나는 다른 하나의 사실은 남성인 선비나 사대부, 군왕 등이 지은 한시에서보다 여인들이 지은 한시 속에 나무나 숲이 더욱 빈번하게 언급되고 있었다는 점이다. 즉 남성의 시작(詩作) 1,460여 수 중 232수의 한시에 나무나 숲이 언급된 반면 여류의 시작 350수 중 106수의 한시에 나무나 숲이 소재로 나타나고 있었다. 이 같은 결과로 볼 때 우리들 할머니, 어머니 또는 기적(妓籍)을 둔 풍류 여류들이 사대부나 선비인 남정네들보다 나무나 숲을 더 빈번하게 시정(詩情)의 소재로 애용하였다고 상상할 수 있다.

2. 한시에 나타난 나무와 숲

총 340여 수의 한시 속에 언급된 나무나 숲의 종류는 35수종이었고 출현횟수는 74회부터 1회까지 다양하게 나타났다(표 5-1).

시에 따라서는 2수종 이상을 소재로 이용한 경우도 있었기 때문에 전체의 합은 앞에서 언급한 한시의 숫자보다는 더 많다.

사진 5-1. 수양버드나무의 잎과 꽃

이 책에 수록된 한시 중에 버드나무(버들가지, 실버들, 버들꽃, 楊, 柳 또는 楊柳)가 어느 수종보다도 가장 많이 74회나 한시의 소재로 이용되었다. 특히 수양버들(垂楊)까지 포함시키면 87회나 한시의 소재로 이용되었다. 그 다음으로 소나무, 복사(꽃), 오동나무, 단풍나무, 대(숲), 살구(꽃) 등의 순서로 나타났고, 이들 수

표 5-1. 〈한국의 한시〉에 나타난 수종과 출현횟수

순위	출현횟수	수종
1	74회	버드나무류
2	49회	소나무
3	41회	복사(꽃)
4	28회	오동나무
5	24회	단풍나무
6	22회	대(숲)
7	21회	살구(꽃)
8	14회	배(꽃)
9	3회	수양버들
10	11회	(산) 뽕나무
11	8회	잣나무
12	6회	홰나무
13	5회	오얏나무
14	3회	등나무
15	2회	매화, 느티나무, 엄나무, 팥배나무, 벽오동, 목련, 벽도화, 황철나무
16	1회	차나무, 상수리, 산대, 동백, 즐나무, 가시나무, 철쭉, 앵도, 치자, 밤나무, 전나무, 명사나무, 계수나무

종은 한시의 소재로 20회 이상 사용되었다.

현재 우리들이 나무하면 가장 먼저 떠오르는 나무로서 인식하고 있는 소나무가 약 1 대 1의 비율로 남성 대 여성의 시작품에 동등한 빈도로 나타난 반면, 버드나무류는 약 1 대 4의 비율로 여성의 시작품에 훨씬 더 많이 애용되었다(이 책에 수록된 여류의 시작 수가 남성에 비해서 약 1/4밖에 안 되는 작은 숫자임을 감안하여 그 비를 조정하여 계산하였다).

여류의 시작품 속에 버드나무류가 이처럼 빈번하게 출현하게 된 배경을 다음과 같이 유추할 수 있다. 첫째, 사시나무와 같은 오늘날의 포플러류(楊)가 한시를 지었을 당시에는 마땅한 명칭을 얻지 못하여 버드나무(柳)와 혼용하여 사용하였을 가능성이 있다. 분류학적인 측면에서 버드나무에 포플러류를 포함시켜 시의 소재로 사용하였을 것으로 유추할 수 있는 것이다. 둘째, 유교적인 배경 때문에 사회적 활동과 바깥출입이 자유롭지 못하던 조선조의 여성들이 항상 접할 수 있었던 인가 주변의 나무가 버드나무류였을 것이란 유추도 가능하다.

버드나무에 얽힌 여러 가지 민속적인 내용과 전설이 나무와 관련된 여러 책에 자세히 언급된 것이 위와 같은 유추를 뒷받침하고 있다(임경빈, 1977; 권영환, 1992).

버드나무 다음으로 높은(약 20여 회 이상) 빈도로 〈한국의 한시〉에 나타난 수종들은 복사(꽃)나무, 오동나무, 대(숲), 살구(꽃)나무 등이었다. 이들 수종은 우리의 생활환경 주변에서 무시로 접할 수 있었던 나무들이다.

복숭아나무나 살구나무는 과수로서 고려 고종 때 유승단과 진온의 시에 이미 소재로 각각 사용되고 있음을 보아, 아득하게 먼 옛날부터 우리 선조들의 삶과 함께 하였던 수종으로 생각된다.

오동나무와 대나무 역시 생활의 소중한 도구인 장롱(딸이나 손녀를 얻으면, 출가 시 혼수에 필요한 장롱을 만들기 위해서 오동을 심었다는 우리의 전통을 생각하면 잘 알 수 있다)으로 사용되었거나, 바구니, 농구, 죽부인, 생활도구 등의 소재로 각각 이용되었을 것이며 이들 수종들이 바로 우리 선인들의 생활 속의 수종들이었으리라 쉽게 추측할 수 있다.

유실수인 밤나무는 과수인 살구, 배, 복사나무 등의 높은 출현 빈도에 비하여 오직 한 편의 시 속에서 언급되어 유실수와 과수에 대한 좋은 대조가 되었다.

위의 수종들보다 출현되는 빈도는 다소 적지만 뽕나무(11회)나 잣나무(8회) 등도 이들 나무들이 우리의 의식(依食) 문화에 기여한 결과를 반추해 볼 때 당연히 나타날 수 있는 수종이라 생각할 수 있다.

특히 뽕나무의 경우는 고려 고종 때의 김극기의 시에 누에와 함께 시의 소재로 이용된 것을 통해 뽕나무의 식재가 흔했음을 알 수 있다. 뽕나무 심기를 장려한 기록은 신라 시대에 이미 나타나고 있다(임경빈, 1993). 신라의 시조 박혁거세왕(17년)은 농경과 뽕나무 심기를 권장하여 농민들의 살림살이를 이롭게 하였다는 기록을 찾을 수 있으며, 고려 현종 때에도 각 고을에 일정한 수량의 뽕나무를 심도록 명한 기록도 있다.

이들 35종의 수목들 중 상수리나무, 느티나무, 차나무, 산대나무, 동백나무,

즐나무, 가시나무, 철쭉, 앵도나무, 치자나무, 엄나무, 밤나무, 전나무, 팥배나무, 명사나무, 계수나무, 백목련 등은 오직 남성들의 시작에만 나타난 수종인 반면에 오직 여류의 시작에만 나타난 특정한 나무는 없었다.

시 작품에 나타난 35종류의 개개수종을 대상으로 숲 이용적인 측면이나 문화사적인 관점에서 그 시대의 생활상을 보다 자세하게 조사 및 분석한다면 선조들의 수목관을 유추하는 데 필요한 정보를 얻을 수 있을 것이다.

한편 즐나무(櫛)는 선가에서 지팡이를 만드는 데 사용하는 나무로, 황철나무(白楊)는 무덤가에 많이 심는 나무로 역자가 설명하고 있으며, 명사나무는 楂로 표기 되어 있다.

이와 같은 다양한 수종의 나무들이 한시 속에 소재로서 수록되었지만, 순수하게 나무나 숲을 주제로 삼은 한시는 이 3권의 책 속에는 없었다.

3. 나무가 주제인 한시

〈한국 산림 문학연구〉 속에는 나무 자체를 주제로 삼은 네 편의 한시를 접할 수 있다(이정탁, 1984). 이정탁은 산림문학을 "산과 들이나 농촌에 숨어 글 짓고, 책 읽는 것으로 낙(樂)을 삼는 선비의 무리에 의하여 제작된 문예를 통칭하는 말이다."라고 정의한 바 있다. 저자는 사화와 당쟁을 피해 자연의 진체를 깊이 체득하고, 그 속에 동화되는 인간의 즐거움과 생의 진미를 노래한 것이 산림 문학이라고 설명하면서 조선조의 대표적인 산림 문학가로서 이퇴계, 이율곡, 정송강, 윤고산, 박노계, 서화담, 정다산, 신자하, 황진

사진 5-2. 영월 청령포의 관음송은 단종의 유배생활을 보고 들었던 소나무라 하여 얻은 이름이다.

사진 5-3. 늙은 소나무의 껍질은 거북등이나 용의 비늘로 상징화되기도 한다.

이, 이매창, 이옥봉, 박죽서 등을 들고, 그들의 작품에 대한 내용을 이 책에서 다루고 있다. 이 책 속에 수록된 한시들 중 나무를 직접적인 주제로 언급한 네 편의 시는 모두 소나무를 대상 수종으로 하고 있어서 한민족의 정서 속에 소나무가 얼마나 깊이 자리 잡고 있는가를 다시 한 번 인식할 수 있다.

이들 소나무와 관련된 한시는 소나무의 기품과 기개를 노래한 이퇴계의 '소나무를 읊는다(詠松)', 소나무를 심고 가꾸는 즐거움을 노래한 서화담의 '소나무를 심으면서(種松)', 송충이의 식해(食害) 때문에 엄청난 피해를 입은 천관산 솔 숲에 대한 안타까움을 노래한 '솔을 먹어 치우는 송충이(蟲食松)'와 솔숲에 대한 탐관오리의 노략질을 질타한 '백련사 중이 솔을 뽑는 사연(僧拔松行)'을 담고 있는 정다산의 한시들이 포함되어 있다. 이들 대부분의 작가들이 조선조의 사화나 당쟁을 피해 자연에 은거하면서 만년을 시로써 세월을 보냈지만, 정다산의 시에 의하여 부패하고 썩은 지도층의 산림 수탈 현장을 보는 듯하며, 조선 후기에 창궐한 송충이(솔나방)의 피해를 생생히 눈앞에 그려 볼 수 있다. 이들 언급된 네 편의 한시를 이정탁 교수의 번역을 그대로 옮겨서 감상해 보자.

우선, 이퇴계의 '소나무를 읊는다'라는 한시를 옮겨 보면 다음과 같다.

소나무를 읊는다

돌 위에 자란 천년 묵은 불로송
검푸른 비늘같이 쭈글쭈글한 껍질 마치 날아 뛰는 용의 기세로다.
밑이 안 보이는 끝없는 절벽 위에 우뚝 자라난 소나무
높은 하늘 쓸어 낼 듯 험준한 산봉을 찍어 누를 듯

본성이 본래 울긋불긋 사치를 좋아하지 않으니
도리 제멋대로 아양 떨게 내버려 두며
뿌리 깊이 현무신의 기골을 키웠으니
한겨울 눈서리에도 까딱없이 지내노라

(이정탁, 1984)

詠松
石上千年不老松 蒼鱗蹙蹙勢騰龍
生當絕壑臨無底 氣拂層霄壓峻峯
不願青紅狀本性 肯隨桃李媚芳容
深根養得龜蛇骨 霜雪終教貫大冬

예로부터 인식되어 온 소나무의 상징성인 변치 않는 절개와 강인함이 위의 시에서는 유감없이 표현되었음을 알 수 있다.

한편, 서화담과 산림 문학의 항에 수록된 '종송(種松)' 이라는 시는 선비나 사대부가 소나무가 가지고 있는 상징성인 절개나 변치 않는 기개를 노래했을 뿐 아니라, 직접 소나무를 심고 그 자람을 기대하였음을 다음과 같은 시로서 표현했다.

소나무를 심음

난간가 가시덤불 젖히고 어린 소나무 심으니
자라서 천년 뒤 용트림 된 줄기 눈에 선하네.
짧은 뿌리 너니 사란다 업신여기지 말게나
명당의 재목되는 날이면 많은 공로 새겨지리.

(이정탁, 1984)

種松
監邊除棘種稚樹 長閱千年想作龍
莫謂寸根成得晚 明堂支日勤豊功

사진 5-4. '종송' 시가 담긴 창원 이영복 화백의 부채 그림

또한, '산림 문학'에 수록된 충식송(蟲食松)은 다산의 나무사랑 정신을 엿보게 할 뿐만 아니라, 사시장철 변하지 않는 소나무의 푸르름을 절개의 큰 뜻으로 부여한 상징성은 물론, 실제적인 용도로서 궁궐의 재목감으로, 왜적을 무찌른 거북선의 조선재로서 사용되었음을 나타내고 있다. 또한, 조선조 후기에 기승을 부린 송충이의 식해로 인하여 천관산을 가득 채운 솔숲이 황폐화하는 것을 안타까워하는 마음이 오늘의 우리들 가슴에까지 전해지는 것을 느낄 수 있다.

솔을 먹어 치우는 송충(蟲食松)

그대 아니 보았더냐 천관산 가득찬 솔 숲은
천 그루 만 그루 온 산을 덮었음을,
아름드리 고목들이 울울창창 들어섰고
돋아나는 어린 솔도 총총히 솟았는데,
하룻밤 모진 송충 온 산에 퍼져 나와
누에 뽕 먹듯이 모조리 먹었구나.
추악한 새끼 송충 살빛까지 검었고
노란 털 붉은 반점 자랄수록 흉하도다.
바늘 같은 잎을 갉아 진액을 말리더니
나중엔 껍질과 살마저 썰어 먹고 상처만 남겼구나.
가지가 여위고 줄기가 말라서 감히 움직이지 못하고
곧추 서서 죽어버린 소나무가 되었구나.
옴딱지 가지, 문둥병 줄거리가 쓸쓸히 맞섰으니
시원한 바람 소리, 짙은 그늘이야 어디서 찾을손가.
소나무여! 이 세상에 생겨날 젠 큰 뜻이 있었으리
사시장춘 푸르러서 한 겨울도 몰랐어라.
사랑과 은혜 흠뻑 받아 뭇 나무 중에서도 뛰어났거니
하물며 춘풍 도리와 영화를 다투기나 하였으랴.
대궐 명당 낡아서 무너질 때엔
긴 들보 큰 기둥으로 종실을 떠받들고,
섬 오랑캐 외적들이 달려들 때엔

네 몸으로 큰 배나 거북선 만들어 선봉을 꺾었니라.
그렇건만 송충아! 어찌하여 이토록 말려 버렸노
내 분노에 기가 뛰어 말이 막히네.
어쩌면 뇌공의 벼락 도끼 얻어 내어
네놈들의 무리들을 모조리 쓸어다가
이글이글 타오르는 시뻘건 큰 화독 속에 쳐 넣어 버릴꼬.

(이정탁, 1984)

한편, 조선조 후기에 문란해진 중앙 정부의 행정상의 난맥과 탐관오리의 부패에 의한 솔숲의 수탈과 노략질 행위를 준엄히 꾸짖는 정다산 시도 우리의 주목을 끌기에 충분하다.

사진 5-5. 백련사 인근에 자리 잡은 다산초당 주변의 소나무 숲

백련사 중이 솔을 뽑는 사연(僧拔松行)

백련사 서쪽 석름봉에서
백련사를 지키던 중 한 사람
자축거려 다니면서 솔을 뽑누나.
어린 솔싹 자라나서 겨우 두세 치
여린 줄기 연한 잎이 귀엽기도 하거니.
어린 아기 기르듯 애호 깊어야
해묵어 큰 재목이 될 것이어늘.
어찌하여 눈에 띄는 대로 모조리 뽑아 버리나
싹도 씨도 남기지 않으려는고.
부지런한 농부들이 호미 메고 긴 가래 들고
밭고랑에 돋아나는 모진 잡초들을 애써 매듯이
관문의 역졸들이 길을 닦느라
길가의 독사를 쳐서 섬멸하듯이
날개 돋힌 산귀신이 시뻘건 머리칼을 뒤집어쓰고
구천 그루 나무를 한 손아귀에 잡아채듯이
닥치는 대로 보이는 대로 모조리 뽑아 치운다.
중을 불러 그 연유를 캐어물으니
중은 목메어 말도 못하고
두 눈에서 눈물만이 비 오듯 쏟아지네……
이 산에 솔 기르기 그 얼마나 애썼던가
스님 상좌 할 것 없이 성심 성의 가꿨어라.
땔나무 아끼노라 찬밥으로 끼니하고
골골마다 순찰돌며 새벽 종을 울리었네.
고을 성안 초부들도 감히 접근 못하고
시골 농민 도끼야 얼씬이나 하였으랴.
수영 방자 달려와서 사또 분부 내렸노라
산문에 들어서며 벌 같은 호령일세.
지난 여름 폭풍우에 절로 꺾인 소나무들
중이 남벌하였다고 책잡아 매질하네.

하느님 맙소사 이 설움 견딜소냐.
절간 돈 만 냥으로 그 미봉 하였다네.
금년 들어 솔 베어선 항구까지 메어 가며
큰 배를 만들어서 왜놈 방어한다더니
그러나 항구에는 배 한 척 뜨지 않고
애매한 이 산 모양만 발가숭이 되었다네.
이 애솔이 자라면 큰 소나무 되리니
화근을 뽑아라 쉴 새 없이 뽑아라
이로부터 솔 뽑기를 솔 심듯이 하였도다.
잡목이나 남겨 두어 겨울 채비하리라
오늘 아침 관첩 내려 비자 따서 바치라니
비자나무마저 뽑고 산문을 닫으리라.

(이정탁, 1984)

사진 5-6. 동백나무와 소나무로 둘러싸인 전남 강진의 백련사 전경

제 2 절

여러 장르의 문학에 나타난 나무와 숲

1. 현대시

시는 인간의 감성을 가장 섬세하게 나타내는 문학의 한 장르이다. 현대시 속에 어떤 수목이 소재로 사용되었으며 어떤 의미의 상징으로 사용되었는지를 살펴보면 우리의 정신이나 정서 깊숙이 심겨져 있는 수목관을 유추할 수 있으리라 생각된다.

김재선(1994)은 개화기 이후의 대표적인 현대시인 100명이 쓴 7,618편의 시(한국대표시인 100인선집, 미래사)를 대상으로 어떤 나무들이 시의 소재로 사용되었으며, 어떤 이미지를 나타내는 매개체로 사용되었는지를 조사하였다.

분석 결과 조사 대상 총 7,618편의 현대시 속에 수목이 언급된 횟수는 모두 554회였고, 87편의 시는 수목을 주제로 쓰여졌다. 또한 전체 시의 5.8%에 해당하는 440편의 시에 수목이 소재로 사용되었다.

440편의 시에 554회나 소재로 사용된 수목의 종류는 95수종이었다. 빈도수는 소나무, 진달래, 버드나무의 순으로 시의 소재로 쓰였다. 이들 95수종을 다시 분류하면, 침엽수가 13종, 활엽수가 60종, 관목과 만경류가 22종이었다.

현대시의 소재로 사용된 95종류의 나무들 중 소나무가 가장 높은 빈도로 나타났다. 또한 외국에서 도입된 수종인 아카시나무(17회), 플라타너스(11회), 감람나무(3회), 낙엽송(2회), 마로니에(2회), 삼나무(2회), 유칼리나무(1회) 등도 시의 소재로 애용되고 있었다.

김재선은 현대시의 소재로 사용된 나무들의 유형을

1) 많이 알려진 수종들이 높은 빈도로 사용되었으며,
2) 이미 정형화된 이미지의 상징으로 특정 수종을 시의 소재로 사용하였고,
3) 개나리, 동백, 목련, 무궁화, 벚나무, 복사나무, 살구나무 등과 같이 꽃을 시어의 소재로 사용하거나
4) 까치밥나무, 감나무, 개암나무, 머루, 석류 등과 같이 열매를 소재로 사용할 때에 이들 수종이 시어로 사용되었다고 보고했다.

▎사진 5-7. 진달래 꽃

특히 정형화된 이미지의 상징을 나타내는 수종으로서 진달래는 우리 민족을, 개나리는 봄을, 그리고 가시나무는 고난과 험난함을 나타내며, 시의 운율을 표현하기 위해 다정큼나무, 멀구슬나무, 박태기나무 등도 사용되었다고 분석하였다.

소나무(시의 소재로 50여회 사용)의 경우, 대부분이 나무 자체가 시어로 이용되고 있으며,

1) 전통적인 자연의 모습이나 고향 또는 토색적이며 향토적인 정경
2) 절개, 지조, 지사
3) 변함없는 영속성, 역사적 관찰자
4) 시작, 생명력

등을 상징하는 의미로 사용되었다고 분석하였다.

▎사진 5-8. 능수버들

표 5-2. 한국 현대시의 소재로 나타난 수종과 출현횟수

순위	출현횟수	수종
1	50회	소나무
2	46회	진달래
3	31회	버드나무
4	30회	감나무
5	27회	대나무
6	21회	목련
7	19회	미루나무
8	17회	아카시나무
9	16회	개나리, 느티나무
10	14회	복사나무, 오동나무, 은행나무, 포플러
11	13회	동백나무, 살구나무
12	12회	라일락, 자작나무, 찔레
13	11회	밤나무, 참나무, 플라타너스
14	9회	떡갈나무, 매화나무, 상수리나무
15	8회	물푸레나무, 철쭉
16	7회	가시나무, 대추나무, 무궁화, 사과나무, 사철나무, 오리나무
17	6회	석류, 앵두나무
18	5회	단풍나무, 벚나무, 사시나무, 잣나무, 탱자나무
19	4회	느릅나무, 작약, 전나무
20	3회	감람나무, 등나무, 배나무, 산수유, 쥐똥나무, 피나무, 향나무
21	2회	가래나무, 까치밥나무, 낙엽송, 너도밤나무, 다래, 마로니에, 머루, 모과, 뽕나무, 삼나무, 황철나무, 홰나무, 후박나무
22	1회	가문비나무, 가죽나무, 개암나무, 계수나무, 꽝꽝나무, 구상나무, 노간주나무, 녹나무, 다정큼나무, 때죽나무, 들매나무, 마가목, 멀구슬나무, 매실나무, 박달나무, 박태기나무, 버즘나무, 싸리나무, 수유나무, 아그배나무, 엄나무 영산홍, 오갈피나무, 유칼리, 이깔나무, 자귀나무, 주목, 측백나무, 층층나무, 태산목, 호도나무, 회양목

(김재선, 1994)

버드나무(31회)의 경우 늘씬하게 늘어져 있는 모습을 아름다운 여인의 몸매나 허리에 비유하거나 잎은 눈썹으로, 머리카락은 가지로 비유했으며,

1) 봄의 물기 오른 생명력이나 새로운 시작
2) 여린 의지
3) 그늘

등을 상징하는 의미로 사용되었다.

2. 시조

시조는 고려 말기부터 발달하여 온 우리 고유의 정형시를 말하며, 가장 한국적인 형식을 갖춘 문학이다(공석하, 1994). 시조를 정형시라고 하는 이유는 3장 45자 내외로 구성된 형식을 갖추고 있기 때문이다.

유재권(1996)은 고려 말부터 1920년대까지 시대별로 시조에 언급된 수종, 침엽수와 활엽수의 구분, 등장한 수종의 빈도 등을 조사하였다. 조사 대상 1,420수의

표 5-3. 시조의 소재로 사용된 수종과 출현횟수

순위	출현횟수	수종
1	46회	소나무
2	22회	대나무
3	16회	매화나무
4	15회	복숭아나무
5	12회	배나무
6	10회	버드나무
7	7회	오동나무, 단풍나무
8	6회	살구나무
9	2회	뽕나무, 진달래
10	1회	유자나무, 계수나무, 자두나무, 대추나무, 참나무, 오리나무, 능금나무, 동백나무, 등나무

(유재권, 1996)

시조 중에 나무나 숲이 등장한 시조는 전체 12.5%에 달하는 177수였으며, 이 중에는 수종 미상의 나무들도 25수의 시조에 포함되어 있음을 보고하였다. 나무들이 소재로 사용된 177수의 시조에는 모두 20종류의 나무들이 등장하고 있었으며, 시조에 등장한 수목을 침엽수와 활엽수의 유형으로 분류했을 때, 시조의 소재로 활엽수(110회)가 침엽수(46회)보다 월등하게 많이 사용되었다. 또한 110회나 등장한 활엽수들은 19개 수종들인 반면에 46회 등장한 침엽수는 오직 소나무 한 수종만이 시조의 소재로 사용되고 있었다.

3. 민담

민담이란 민간에 전승되는 민중들의 이야기로 구전하는 문학이라고 할 수 있다(김광순, 1983). 따라서 구전 민담은 구비 문학의 범주에 속한다. 구비 문학은 문자에 의하지 않고 구전에만 의존해 온 문학의 장르이기 때문에 장르가 다양하고 표현상의 변화가 많다. 따라서 편의상 구비 문학은 말, 노래, 이야기(설화)로 구분한다. 그중 설화 속에는 신화, 전설, 민담, 야담이 자리 잡고 있다.

민담은 전설과 함께 설화의 중심 위치에 있으며, 내용, 형식, 형태상의 특성에 따라 신화, 전설, 동화 등과는 엄격하게 구별되고 있다. 민담은 일반적으로 3가지 특징이 있다. 그것은 화자는 내용에 대한 책임을 지지 않고, 세계적으로 공통된 표현 양식을 견지하며, 믿을 수 없는 사건으로 구성된다는 것이다. 민담은 과거 언제 어디서나 몇 번이고 일어날 수 있는 전형적인 사건을 그린다. 이러한 점에서 한국 민담은 우리 민족의 이야기이고, 일반 민중의 문학이며, 민속적 문학이라 할 수 있다(김선풍 외, 1992). 또한 민담은 현실적인 사건들을 통하여 서민 생활을 반영하기 때문에 민담을 통해서 그 시대의 인간관계, 사회관계, 계급관계를 알 수 있다. 그렇기 때문에 일반 민중들의 문학적 능력과 더불어 마음속에 자리 잡고 있는 의식 구조나 문화 인식을 이해하는 데 도움이 된다.

김창석(1996)은 나무와 관련된 민담을 추려서 한국인의 마음속에 자리 잡고 있는 수목에 대한 무의식과 상상의 원형 그리고 의식의 원초적인 윤곽을 조사하였다.

조사 대상 총 684편의 민담 속에 수종이 밝혀진 나무는 46회 등장하였고, 모두 19종의 나무들이 등장하였다. 19종류의 수목 중에 9수종(배나무, 복숭아나무, 은행나무, 감나무, 매화나무, 뽕나무, 탱자나무, 비자나무, 멀구슬나무 등)이 식용이나 약용으로 그 열매를 주로 사용하는 유실수였다. 과수인 배나무가 6회 등장하여 가장 빈번하게 민담에 등장한 수종이었으며, 복숭아나무는 4회 등장하여 세 번째로 빈번하게 사용된 수종이었다.

대체적으로 충청도 지방의 민담에서는 감나무, 배나무, 복숭아나무, 매화나무 등과 같은 과수 종류가 다른 수목에 비하여 많이 나타났으며, 경기도나 제주도의 민담에서는 한 종류의 과수도 등장하지 않았다. 다른 장르의 문학에 소재로 사용된 나무의 종류나 빈도와 비교했을 때, 민담에 등장한 나무의 종류나 빈도는 상대적으로 적었다.

김창석(1996)은 민담에 등장한 나무들이 1) 수목의 승천사상이나, 2) 재생이나 환생을 상징하는 의미로 사용되었거나, 3) 물질적 자원으로 활용되었다고 보고하였다.

승천사상을 상징하는 의미로 사용된 나무는 호랑이에게 쫓기던 오누이가 나무로 올라가 하늘에서 내려온 동아줄을 타고 해와 달이 된 충청도 민담에서 찾을 수 있다.

재생이나 환생을 상징하는 이야기는 충북 청원군의 민담에서 찾을 수 있다(최운식, 1980).

옛날에 어느 마을에 과부 떡장수가 있었는데 날마다 새벽 일찍 떡을 만들어 인근 마을로 돌아다니면서 떡을 팔곤 하였다. 남편 없이 혼자 살려니 외롭고 어려운 일이 많았다. 하루는 떡을 다 팔고 빈 목판을 이고 돌아오다가 오줌이 마려워 큰 참나무 밑에서 일을 마쳤다. 그 후로 과부떡장수는 아들을 낳았고, 그 아들은 신이 점지해 준 덕분으로 성공하였다.

소나무가 재생이나 환생을 상징하는 의미로 등장하는 민담은 충청남도에서 찾을 수 있다(한상태, 1992).

옛날에 어느 왕에게 아들, 딸 삼남매가 있었는데, 그 계모가 아들들을 죽이기 위해, 금강산 꼭대기에 올라가면 꾀꼬리가 노래를 부르고 춤을 추는 소나무가 있으니 가서 그 새를 잡아오고 솔가지를 꺾어 오라고 하였다. 그러나 큰아들, 둘째 아들은 꾀꼬리를 구하려다 그만 계모의 술책에 걸려 돌이 되고 그 원수를 갚기 위

▎**사진 5-9.** 참나무류의 한 종류인 신갈나무 잎

해 딸이 남복을 하고 금강산에 간다. 도중에 어떤 기이한 할아버지를 만나 산으로 올라갈 때 무슨 소리가 나도 뒤를 돌아보지 말 것이며, 뒤를 돌아보면 아가씨도 오빠와 같이 된다고 했다. 모든 유혹을 물리치고 산꼭대기에 올라가니 거기에는 꾀꼬리가 노래를 부르고 소나무가 춤을 추고 있었다. 공주는 말하는 새를 안고 다시 내려가서 아래 골짜기에서 샘물을 떠서 비석에다 뿌렸더니 사람이 되었다. 이렇게 하여 두 오라버니를 다시 찾고 춤추는 소나무 가지를 갖고 와서 계모를 내 보내고 행복하게 잘 살았다고 한다.

역시 충청남도의 민담 '은혜 갚는 고목'에서도 환생과 유사한 내용을 접할 수 있다.

예전에 어느 마을에 큰 고목 한그루가 있었는데 어느 해 겨울 눈비가 많이 와서 나무를 못하게 되자 동네 청년들이 고목나무를 자르려고 도끼를 가져왔다. 이때 동네에 사는 두 노인이 결사적으로 고목나무를 베지 못하게 하였다. 대신 자기 집의 행랑채를 헐어다 땔감으로 제공하였다. 그 이듬해 농사철에 일꾼을 구하지 못하여 전전긍긍하던 노인에게 한 총각이 와서 자신을 일꾼으로 써 달라고 하였다. 이 총각 때문에 노인이 일구던 논 농사가 풍년이 들었다. 그 해에 심한 가뭄 때문에 다른 집은 대부분 흉년이었다. 그 일꾼이 떠나게 될 때 노인은 새경을 주려 하였으나 그 총각은 자신은 고목나무에서 나온 총각이라고 말하며 할아버지 때문에 이렇게 살아남게 되었다고 오히려 자기가 고맙다는 이야기를 했다.

물질적 자원으로 사용된 나무들이 민담에 소재로 등장하고 있는 예는 관가의 곤장을 만들 때 사용되던 가시나무, 고리짝을 만드는 버드나무, 벽장문을 만드는 은행나무, 황장목으로 사용된 소나무 등이 그 대표적인 예다(임석재, 1989).

표 5-4. 민담의 소재로 사용된 수종과 출현횟수

순위	출현횟수	수종
1	6회	배나무
2	5회	참나무
3	4회	복숭아나무, 버드나무, 소나무
4	3회	느디나무, 대나무, 정자나무
5	2회	은행나무, 감나무, 팽나무, 가시나무
6	1회	매화나무, 뽕나무, 탱자나무, 오갈피나무, 비자나무, 멀구슬나무

(김창석, 1996)

4. 대하소설 :《장길산》의 예

소설이란 '현실세계에 있음직한 가공의 사실을 작가의 상상력으로 이야기를 꾸며낸 허구의 세계로 인생의 진실을 표현한 산문 문학의 한 장르' 라고 할 수 있다. 소설은 인간의 경험을 형상화시켜 독특한 시점과 언어적인 기법으로 구체화시켜 표현하는 문학인 것이다. 즉 현실성, 허구성, 서사성, 진실성과 같은 4가지 본질을 담고, 내면 세계를 표출하고, 자연 발생적인 지각, 충동, 기억의 재생은 물론, 기록적인 요소를 표현하고자 하는 특징을 현대 소설이 간직하고 있다.

강옥헌(1996)은 대하소설《장길산》(황석영, 1983)에 나타난 민중 생활 속의 숲의 의미를 다룬 논문에서, 숲은 자연에 대한 감동과 생명에 대한 경외심, 삶의 의미를 느끼게 해주는 공간이며, 반상제의 모순 타파, 탐관오리의 부정부패 타파, 민중 세계의 구현과 같은 새로운 사고를 행동으로 옮길 수 있는 공간으로 정리하였다.

대하소설《장길산》에서는 나무나 숲이

1) 생명수(오행목, 연리목, 합환목), 서낭나무, 당산나무와 같은 신성한 나무의 상징이 거리굿 사설이나 타령 속에 나타나며, 이러한 상징들이《장길산》에 나타나는 이유는 정신적, 정령적 분위기를 의식의 흐름으로 해석하고 있기 때문이고,

사진 5-10. 경상북도 영주시 소수서원 주변의 솔밭

2) 서민 생활과 밀접한 관련을 맺고 있는 음식, 집, 건축, 난방, 그릇 제조, 선박 건조의 자원으로 나타나기에 곳곳에 나무가 갖는 실용성을 중시하는 내용이 나타나고,

3) 인간의 자유, 평등의 진리를 만족시킬 수 있는 귀소지(歸巢地)로서 나타나며,

4) 풍수 사상과 연관하여 비보림으로 생활에 유용하게 나타나고,

5) 자연과 인간의 정서적 연결고리, 공동체의 중심체 역할을 수행하고 있다고 보고하였다.

이러한 맥락에서 강옥헌은 숲은 혁명을 잉태하는 공간, 민중의 생활 공간, 역사의 원동력이며, 역사 발전의 주체인 민중의 의식 공간이기에 대하소설 《장길산》의 문학적 배경(사상적, 공간적 배경)은 숲이라는 결론을 내렸다.

또한 대하소설 《장길산》에는 35종류의 나무들이 245번이나 내용에 언급되고 있는데 35종류의 나무들 중에 특히 빈번하게 언급되고 있는 수종은 소나무이다. 나무를 서술한 전체 245번의 내용 중 118번(48%)이 소나무와 관련된 내용(소나무, 송림, 적송, 솔잎, 송화가루, 솔방울 등)으로 언급되었고, 특히 이들 소나무와 관련된 내용의 대부분은 소나무나 솔숲을 묘사하였다.

그 외에 느티나무(19회), 잣나무(13회), 전나무(10회), 버드나무(9회), 참나무(8회), 은행나무(7회) 등이 많은 횟수로 서술되었다.

표 5-5. **대하소설 《장길산》에 등장하는 수종과 출현횟수**

순위	출현횟수	수종
1	118회	소나무(송림, 적송, 솔잎, 송화가루)
2	19회	느티나무
3	13회	잣나무
4	10회	전나무
5	9회	버드나무
6	8회	참나무류(상수리, 떡갈, 도토리나무)
7	7회	은행나무
8	4회	박달나무, 대추나무, 모란,
9	3회	해송, 대나무, 뽕나무(산뽕나무), 오동나무, 감나무, 오리나무
10	2회	물푸레나무, 향나무, 낙엽송, 회나무, 보리수, 가시나무, 단풍나무
11	1회	개나리, 들쭉나무, 살구나무, 앵두나무, 사철나무, 측백나무, 계수나무, 복숭아, 개암나무

(강옥헌, 1996)

5. 속담

속담이란 교훈이나 풍자를 위하여 어떤 사실을 비유의 방법으로 서술하는 비교적 간결한 관용어구를 말한다. 즉 속담은 민중의 처세적 교훈이나 삶의 지혜가 간결하면서도 경쾌한 문장으로 다듬어진 생활 철학이라고 정의할 수 있다(유인창, 1981). 따라서 속담은 생활의 멋과 여유를 즐길 수 있는 언어의 생활문화이며, 우리 조상으로부터 물려받은 정신적 유산이라 할 수 있다. 특히 오랜 세월 동안 민중 사이에서 관용되어 온 속담은 도덕적, 철학적, 종교적 진리가 내재되어 있어서 풍자적 기능과 교화적 기능을 담고 있는 언어 표현 형식의 하나라 할 수 있다.

한편 속담은 비유와 상징으로 함축적 의미를 지니고 있어 추상적인 사상과 개

표 5-6. 한국 속담에 등장하는 수종과 출현횟수

순위	출현횟수	수종
1	34회	나무
2	8회	밤나무, 배나무
3	4회	옻나무, 감나무
4	3회	살구나무, 대나무, 박달나무, 대추나무, 버드나무
5	2회	모과나무, 엄나무, 은행나무, 피나무
6	1회	가시나무, 도토리(참나무), 매화나무, 뽕나무, 석류, 오동나무, 잣나무, 회양목, 호도나무

(박문식, 1993)

념을 그대로 말하지 않고 구체적인 사실을 통해 선명하게 표현하는 기능도 있다. 즉 속담에는 풍자적 기능, 교화적 기능과 더불어 의미 표현의 강화 기능도 존재한다(양영희, 1990).

박문식(1993)은 3,054개의 속담이 수록된 최근학의 〈속담사전〉을 분석해 본 결과 수목에 관한 소재로 23종류의 나무들이 63회 나타났고, 구체적인 이름이 아닌 나무 또는 숲의 표현이 34회 출현하였다고 보고하였다. 나무나 숲이 속담의 소재로 사용된 이러한 수치는 전체 속담의 3.2%에 해당되었다. 속담의 소재로 나타난 수치는 문학이나 음악 예술의 소재로 등장한 것에 비하여 상대적으로 낮은 빈도이지만, 속담 자체에 자연을 소재로 한 빈도가 높지 않기 때문에 결코 낮은 것이 아니라고 할 수 있다. 즉 속담에 나타난 자연관에 대한 연구에서 김동규(1977)는 속담의 소재로 자연을 원용한 비율이 10.7%라고 보고한 바 있다. 동일한 속담을 대상으로 조사한 것이 아니기 때문에 직접적인 비교에는 한계가 있을지라도, 속담의 소재로 출현하는 자연 전체의 비율이 10.7%인 것을 감안하면 나무나 숲이 속담의 소재로 3.2%나 출현하고 있는 것은 상대적으로 높은 비율이라고 할 수 있다.

한편 김기원(1996)은 송재선(1983)의 〈우리말 속담 큰 사전〉에 나오는 25,557개의 속담을 분석하여 나무와 관련된 속담 86개, 소나무 관련 16개, 산림 또는 숲 관련 14개, 총 116개의 속담을 정리한 바 있다.

김기원(1996)과 박문식(1993)의 조사로 얻어진 나무나 숲이 소재로 사용된 속담은 다음과 같다.

1. 나무

1) 될성부른 나무는 떡잎부터 알아본다.
2) 잘 자란 나무는 떡잎부터 알아본다.
3) 뒤에 볼 나무는 뿌리를 높이 잘라라.
4) 뒤에 볼 나무는 그루를 높이 돋우어라.
5) 못된 나무에 열매만 많다.
6) 나무도 쓸 만한 것이 먼저 베인다.
7) 굽은 나무 먼저 찍힌다.
8) 굽은 나무가 선산 지킨다.
9) 나무 거울이라.
10) 나무에도 못되고 돌에도 못된다.
11) 굽은 나무는 길마지기가 된다.
12) 마디에 옹이다.
13) 옹이에 마디다.
14) 마른 나무 좀 먹듯 한다.
15) 사람은 키 큰 덕을 입어도, 나무는 키 큰 덕을 못 입는다.
16) 나무는 큰 나무 덕을 못 보아도, 사람은 큰 사람의 덕을 본다.
17) 믿는 나무에 곰이 핀다.
18) 나무에 잘 오르는 놈 떨어지고, 헤엄 잘 치는 놈 빠져 죽는다.
19) 뿌리 없는 나무에 잎이 필까?
20) 마른 나무에 물이 날까?
21) 나무에 오르라 하고 흔드는 격.
22) 열 번 찍어 안 넘어가는 나무가 없다.
23) 쓰러져 가는 나무를 아주 쓰러뜨린다.
24) 가지 많은 나무 바람 잘 날 없다.
25) 오를 수 없는 나무는 쳐다보지도 말라.
26) 원숭이도 나무에서 떨어진다.
27) 뿌리 깊은 나무가 가뭄 안 탄다.
28) 나무 도둑과 숟가락 도둑은 가는 곳마다 있다.
29) 나무에 올라 고기를 구한다.
30) 나무접시가 놋접시 될까?

31) 나무칼로 베어도 모르겠다.
32) 살아 생이별은 생초목에도 불 붙는다.
33) 생초목에도 불 붙는다.
34) 의붓아비 돼지고기 써는 데는 가도 친아비 나무 패는 데는 안 간다.
35) 공든 탑이 무너지며 심은 나무 꺾일손가.
36) 나무가 다 같이 있어도 불은 마른 나무 쪽으로 타들어 간다(순자).
37) 나무가 타면 불도 꺼진다(법화경).
38) 나무가 많은 곳에는 장작이 팔리지 않는다.
39) 나무가 묵어야 쌀이 묵는다.
40) 나무가 부러지는 것은 반드시 좀이 먹은 곳에서 시작된다.
41) 나무가 비록 좀은 먹었어도 강한 바람이 없으면 부러지지 않는다.
42) 나무가 커야 그림자도 크다.
43) 나무가 각단은 있어도 고기 각단은 없다.
44) 나무 같은 사람에 돌 같은 마음이다.
45) 나무껍질 씹은 맛이다.
46) 나무 끝가지가 너무 크면 부러진다.
47) 나무 끝의 새 같다.
48) 나무는 먹줄을 받아야 곧아지고 사람은 충고를 받아야 거룩하게 된다.
49) 나무는 묘목으로부터 가지를 쳐주어야 한다.
50) 나무는 무성하게 크면 도끼질을 하게 된다.
51) 나무는 바람 때문에 못 잔다.
52) 나무는 숲을 떠나 홀로 있으면 바람을 더 탄다.
53) 나무는 옮기면 죽고 사람은 (자리를) 옮겨야 산다.
54) 나무도 가시 센 나무를 조심한다.
55) 나무도 강하면 부러진다.
56) 나무도 나이들면 속이 빈다.
57) 나무도 달라서 층암절벽에 산다.
58) 나무도 잘 가꾸면 뿌리가 튼튼해지고 가지와 잎도 무성해져서 좋은 대들보감이 된다.
59) 나무도 크게 자라면 잔가지를 친다.
60) 나무도 크면 바람 잘 탄다.
61) 나무도 옮겨 심으면 삼 년은 뿌리를 앓는다.
62) 나무때기 시집보낸 것 같다.

63) 나무 뚝배기 쇠양푼될까.

64) 나무라도 고목이 되면 오던 새도 아니 온다. → 꽃이라도 삼일홍이면 오던 봉접도 아니온다.

65) 나무(만)를 보고 숲을 보지 못한다(못 본다).

66) 나무를 아껴 때면 산신령이 복준다.

67) 나무양판 닦는다고 쇠양판되랴. → 나무접시 오래 쓴다고 놋대야 될까.

68) 나무에도 돌에도 붙일 데 없다. → 나무에도 못 대고 돌에도 못 댄다.

69) 나무에 앉은 새 마음이다.

70) 나무젓가락도 짝을 맞출 때는 골라서 맞춘다.

71) 나무젓가락 짝 맞추듯 한다.

72) 나무 좋아하는 원숭이 나무에서 떨어져 죽고, 계집 좋아하는 놈은 계집 단속곳에 빠져 죽는다.

73) 나무 한 대를 베면 열 대를 심으랴.

74) 높은 나무에 바람이 세다.

75) 눈 먼 거북이 물 위에 뜬 나무를 잡는 셈.

76) 늙고 병든 나무는 새도 안 앉는다.

77) 무른 땅에 나무 박고 재고리에 말뚝치기.

78) 물은 근원이 없어지면 끊어지고 나무는 뿌리가 없어지면 죽는다.

79) 믿는 나무가 거꾸러진다.

80) 비둘기가 몸은 나무에 있어도 마음은 콩밭에 있다.

81) 쉰 길 나무도 베면 끝이 있다.

82) 작은 도끼로 아름드리나무를 찍어 눕힌다.

83) 잘 되는 집은 나무(가지)에 수박이 달린다.

84) 좋은 목수한테는 버리는 나무가 없다.

85) 좋은 친구가 없는 사람은 뿌리 깊지 못한 나무와 같다.

86) 죽은 나무 밑에 실 나무가 난다.

87) 죽은 나무에 꽃이 핀다.

88) 큰 나무 밑에 작은 나무 큰지 모른다.

89) 향기가 있는 꽃은 가시 돋친 나무에 핀다.

90) 뿌리 깊은 나무 가뭄 안 탄다.

91) 뿌리 없는 나무 없다.

92) 어려서 굽은 나무는 후에 안장감이다.

93) 업신여기는 나무에 상투 걸린다.

94) 우습게 본 나무에 눈 걸린다.

2. 소나무

1) 가랑잎이 솔잎더러 바스락거린다고 한다.
2) 낙락장송도 근본은 종자.
3) 솔 심어 정자라.
4) 배꼽에 노송나무 나거든
5) 층층하기는 노송나무 밑일세
6) 마당 터진 데 솔 뿌리 걱정한다.
7) 잔솔밭에서 바늘 찾기
8) 남산골의 소나무를 다 주어도 서캐조롱 장사를 하겠다.
9) 못된 소나무에 솔방울만 많다. → 못된 나무에 열매만 많다.
10) 소나무가 말라 죽으면 잣나무가 슬퍼한다.
11) 소나무가 무성하면 잣나무가 기뻐한다.
12) 소나무 그늘에 바둑판 하나.
13) 소나무는 깨끗한 땅에서 자란다.
14) 소나무는 정월에 대나무는 오월에 심어야 잘 산다(正松五竹).
15) 소나무는 홀로 그 절개를 지킨다(松獨守其貞 : 白居易).
16) 소나무에 잣 열리고 고욤나무에 감 달릴까.
17) 소나무와 잣나무 밑에는 풀이 자라지 못한다.
18) 소나무의 절개는 겨울이라야 안다.
19) 솔방울이 울겠다.
20) 솔 심어 정자라고 얼마 살 인생인가.
21) 솔 심어 정자 짓는다.
22) 솔잎이 버썩하니 가랑잎이 할 말 없다.
23) 솔잎이 파라니까 오뉴월로 안다.

3. 밤나무

1) 쭈그렁 밤송이 삼 년 간다.
2) 말똥이 밤알 같으냐?
3) 밤에 보아도 낫자루, 낮에 보아도 밤나무
4) 꿀에 군밤 사먹겠다.
5) 외톨밤이 벌레 먹는다.

6) 자식은 쪽박에 밤 주워 담듯하다.
7) 남의 팔매에 밤 주워먹기
8) 고양밤 먹고 양주 구실

▎사진 5-11. 밤송이

4. 배나무

1) 까마귀 날자 배 떨어진다.
2) 배 먹고 이 닦기
3) 아이 말 듣고 배 딴다.
4) 배 주고 배속 빌어먹는다.
5) 봉산 참배는 물이나 있지.
6) 쓴 배도 맛들일 탓이다.
7) 신 배도 맛들일 탓이다.
8) 배 썩은 것은 딸 주고, 밤 썩은 것은 며느리 준다.

5. 옻나무

1) 부러진 칼자루에 옻칠하기
2) 조리에 옻칠한다.
3) 기와집에 옻칠하고 사나?
4) 그렇게 하면 뒷간에 옻칠을 하나?

6. 감나무

1) 감나무 밑에 누워도 삿갓 미사리를 대어라.
2) 우선 먹기는 곶감이 달다.
3) 남의 잔치에 감 놓아라 배 놓아라
4) 사돈집 잔치에 감 놓아라 배 놓아라

▎사진 5-12. 감나무

7. 살구나무

1) 개살구 지레 터진다.
2) 빛 좋은 개살구
3) 개살구도 맛들일 탓이다.

8. 대나무

1) 장대로 하늘 재기
2) 군불 장댄가 키만 크다.
3) 대 끝에서도 삼 년이라.

9. 대추나무

1) 대추나무에 연 걸리듯
2) 대추나무 방망이다.
3) 대추씨 같다.

10. 박달나무

1) 반드럽기는 삼 년 묵은 박달나무 방망이
2) 딱딱하기는 삼 년 묵은 박달나무 방망이
3) 박달나무도 좀먹을 때가 있다.

11. 버드나무

1) 개가 콩엿 사먹고 버드나무에 올라간다.
2) 백정이 버들잎 물고 죽는다.
3) 버들가지 바람에 꺾일까?

12. 모과나무

1) 시기는 모과 한 잔등이다.
2) 실과 망신은 모과가 시킨다.

13. 엄나무

1) 아쉬워 엄나무 방석이라
2) 아쉬워 엄나무 말뚝

14. 은행나무

1) 은행나무 격이라
2) 은행나무도 마주서야 연다.

사진 5-13. 은행나무의 열매와 잎

15. 피나무

1) 국수 못하는 년이 피나무 안반 나무란다.

2) 서투른 숙수가 피나무 안반만 나무란다.

※ 안반 : 떡을 칠 때 쓰는 두껍고 넓은 나무판

숙수 : 잔치때 음식을 만드는 사람

16. 가시나무

1) 가시나무에 가시가 난다.

17. 도토리나무

1) 개밥에 도토리

18. 매화

1) 똥 싼 주제에 매화타령한다.

19. 뽕나무

1) 임도 보고 뽕도 딴다.

20. 석류

1) 석류는 떨어져도 안 떨어지는 유자를 부러워하지 않는다.

21. 오동나무

1) 오동나무 보고 춤춘다.

22. 잣나무

1) 신잎죽 먹고 잣트림 한다.

※ 신잎 : 날것이나 절인 푸성귀 잎

23. 회양목

1) 윤달 만난 회양목

24. 호두나무

1) 호두 속 같다.

25. 산림

1) 산림도 청(請)으로 하는 수가 있다.

26. 숲 또는 수풀

1) 도깨비도 수풀이 있어야 모인다(재주를 피운다).
2) 수풀의 꿩은 개가 내몰고 오장의 말은 술이 내몬다.
3) 공연히 숲을 헤쳐 뱀을 일군다.
4) 나무를 보고 숲을 못 본다.
5) 숲 속에서는 숲을 보지 못한다.
6) 숲을 이루다.
7) 숲이 아름다워야 새 소리도 곱게 들린다.
8) 숲이 우거져야 새도 짐승도 모인다.
9) 숲이 짙으면 범이 든다.
10) 숲이 커야 짐승이 나온다.
11) 숲에서는 꿩을 길들이지 못하며, 못에서는 게를 기르지 못한다.
12) 숲 속의 호박은 잘 자란다.
13) 숲이 깊어야 도깨비가 나온다.

6. 장르별 비교

나무가 우리 문학의 소재로 어떻게 출현하고 있는가를 살펴보기 위해서 한시, 시조, 민담, 현대시, 현대 대하소설에 등장하는 나무의 종류와 출현빈도를 비교 분석하였다. 조사된 다섯 장르의 창작 시기는 한시의 경우 고조선부터 조선조 말까지가 그 시대 배경이고, 시조의 경우 고려 말부터 1920년대까지, 민담이나 현대시의 경우 지난 100여 년 동안, 그리고 대하소설의 경우 1970년대에 창작된 《장길산》을 조사 대상으로 하였다.

가. 장르별 나무의 출현빈도

조사된 한시, 시조, 민담 그리고 현대시와 같은 각기 다른 장르에 따라 소재로 이용된 나무의 종류나 출현빈도는 달랐다. 서로 비교할 수 있는 한국 문학의 네 장르 중 한시의 소재로 등장하는 나무의 출현빈도(18.7%)가 현대시의 소재로 등장하는 나무의 출현빈도(5.8%)보다 3배나 높았다. 시조의 소재로 등장하는 나무의 출현빈도는 12.5%로 한시 18.7%보다는 낮았지만, 민담 6.7%나 현대시 5.8%보다는 월등히 높았다.

문학의 소재로 나무가 등장하는 빈도가 민담이나 현대시보다 한시나 시조가 월등하게 높은 이유는 우선 이들 작품이 창작된 시대적 배경을 들 수 있다. 농경사회에 나타난 우리 문학의 장르를 한시나 시조라고 한다면 산업 사회의 문학 장르는 현대시나 현대소설이라고 할 수 있다. 즉 한시나 시조는 농경 사회에서 창조된 문학의 장르인 반면에 현대시는 산업 사회의 산물이라고 단순화시킬 수 있다.

농경 사회에서 주로 창작된 한시나 시조가 현대시에 비교하여 2~3배나 높은 빈도로 나무를 작품의 소재로 사용한 이유는 무엇일까? 그것은 농경 사회와 산업 사회의 각기 다른 생활방식에서 찾을 수 있을 것이다. 삶을 영위하는 생활방식과 관련하여 산업 사회는 농경 사회에 비해서 자연에 대한 체험 정도가 줄어들 수밖에 없다. 그래서 자연과 유리된 삶을 영위하는 현대인은 자연의 고마움이나 자연과의 교감으로 얻을 수 있는 가치를 잊고 산다.

이와는 대조적으로 옛 조상들은 자연과 조화로운 삶을 영위하였기 때문에 자연과 화합하면서 살아가는 데 필요한 지혜, 정서, 교감의 가치를 인식하였을 것이다. 이러한 인식은 정서로 체화되어 우리의 의식을 지배하는 상징체계로 자리 잡았을 것이고, 마침내 시작의 소재로 나무와 같은 자연물이 무의식적으로 자연스럽게 애용되었을 것이다. 즉 한시나 시조는 수목에 대한 선조들의 의식과 정서가 반영되어 선조들이 누렸던 친자연적 삶이 잘 반영되어 있다고 할 수 있다.

나. 장르별 출현수종의 종류

조사된 우리 문학의 다섯 장르 중, 현대시에 가장 많은 종류의 나무들이 등장하였다. 현대시에는 95수종, 한시나 대하소설 《상실산》에는 각 35수종 그리고 시조에 20수종, 민담에 19수종이 소재로 사용되었다.

문학의 각 장르에 가장 빈번하게 등장한 상위 5수종들은 모두 우리 고유의 나무였다. 조사된 다섯 장르에서 가장 빈번하게 등장한 수종은 소나무와 버드나무였다.

소나무는 우리 문학뿐만 아니라 여러 예술 분야에서도 가장 보편적인 소재로 형상화되었던 나무였다. 꺾이지 않는 강인한 절개, 지조, 지사를 뜻하거나 변함없는 영속성이나 생명력을 상징하는 나무로서 소나무는 우리 문화와 예술 곳곳에 이처럼 자리 잡고 있다.

소나무 다음으로 문학 작품에 빈번하게 등장하는 나무는 인가 주변에서 가장 흔하게 볼 수 있는 버드나무였다. 생명력이나 번식력을 상징하거나 봄 또는 청춘을 상징하는 이 나무는 고향을 뜻하기도 하며, 섬세한 아름다움을 지닌 여성을 상징하기도 한다. 특히 우리 고전 문학에 나타난 버드나무는 섬세함, 가벼움, 아름다움의 상징적 의미 외에 섬세한 여성의 심정이나 임을 보내는 마음을 상징하는 소재로 사용되었다(한국문화상징사전편찬위원회, 1992). 그런 예가 여류들이 쓴 한시에 구체적으로 나타나고 있음을 앞에서 살펴보았다.

소나무와 버드나무 다음으로 복숭아나무, 배나무, 대나무 등이 빈번하게 등장하였으며, 그밖에 인가 주변에서 흔히 볼 수 있는 참나무, 오동나무, 단풍나무, 매화나무, 진달래, 감나무, 느티나무 등도 각 장르에 빈번하게 나타났다. 특히 대하소설 《장길산》을 제외하고 조사된 네 장르 모두에서 복숭아, 배, 매실과 같은 과일을 맺는 나무들이 빈번하게 등장하고 있었다. 한시에서는 복숭아나무, 시조에서는 매화나무, 복숭아나무, 배나무 등, 민담에서는 배나무와 복숭아나무, 현대시에서는 감나무가 가장 빈번하게 등장하는 다섯 가지 수종에 포함되어 있었다.

시조에 등장한 나무들 중 대나무와 매화나무는 예로부터 문인들의 사랑을 받아온 매란국죽(梅蘭菊竹)에 속하는 나무임을 상기할 필요가 있다. 굳센 기상과 은둔을 상징하는 대나무와 백설 속에서도 그 자태를 잃지 않은 도도한 아름다움을 지닌 매화는 소나무와 더불어 문인들이 시적 소재로 예로부터 아껴왔던 수종이었다.

다른 한 가지 특징은 농경 사회와 산업 사회에서 창작된 시에 출현하는 수종의 차이점을 들 수 있다. 한시와 현대시를 비교했을 때, 현대시에 나무가 소재로 등장하는 빈도는 1/3으로 줄어든 반면에 3배나 많은 다양한 수종이 등장하고 있다. 즉 한시의 소재로 언급된 수종이 35종류인데 비하여 현대시의 소재로 이용된 수종

사진 5-14. 강릉시 초당동 허난설헌 생가 주변의 소나무 숲

은 95종으로 3배나 많았다.

현대시에 이렇게 다양한 수종이 시의 소재로 이용되고 있는 이유는 자연계에 대한 과학 기술의 발달로 나무에 대한 보편화된 지식이 확장되었기 때문이라 생각된다. 옛날과 비교하여 월등히 다양한 종류의 나무들이 시의 소재로 활용되고 있음에 비하여 그 빈도는 왜 1/3로 줄어들었을까? 그 이유는 가슴으로 체화된 지식보다는 머리로 얻은 지식을 시어로 활용하였기 때문이고, 자연과 유리된 삶을 영위하는 현대인이 획득할 수 있는 정서의 폭이나 의식의 깊이가 선조들과 비교하여 좁아지고 얕아졌기 때문이라고 생각할 수 있다.

과거와 현대의 한국 문학에 일관된 하나의 흐름은 소나무가 작품의 소재로 가장 빈번하게 사용되고 있는 점이다. 이것은 한민족의 문화가 나무와 관련지어 소나무 문화라고 일컫는 예처럼 소나무가 한민족의 정서나 의식과 떼려야 뗄 수 없는 밀접한 관련을 맺고 있기 때문으로 유추할 수 있다.

표 5-7. 한국 문학의 각 장르에 소재로 등장한 수종과 출현빈도 그리고 가장 빈번하게 등장한 상위 5수종

장르별		한 시	시 조	민 담	현대시	대하소설
창작시대		고조선~조선 말	고려 말~1920	현대	현대	현대
조사대상		1,810	1,420	684	7,618	
나무의 출현빈도		18.7%	12.5%	6.7%	5.8%	
등장수종의 종류		35수종	20수종	10수종	95수종	35수종
가장 빈번하게 등장한 수종	1위	버드나무	소나무	배나무	소나무	소나무
	2위	소나무	대나무	참나무	진달래	느티나무
	3위	복숭아나무	매화나무	복숭아나무	버드나무	잣나무
	4위	오동나무	복숭아나무	버드나무	감나무	전나무
	5위	단풍나무	배나무	소나무	대나무	버드나무

제 6 장

음악에 나타난 나무와 숲

제 1 절

노랫말에 나타난 나무와 숲

노래는 예로부터 우리 삶의 일부였다. 그러한 흔적은 부여의 영고(迎鼓), 고구려의 동맹(同盟), 예의 무천(舞天), 마한의 노래에서 찾을 수 있다. 옛 조상들은 하늘에 제사 지내는 제천의식을 춤과 노래로 거행하였다.

노래에 대한 흔적은 중앙집권적인 국가 체계를 갖춘 삼국 시대에 보다 구체적으로 찾을 수 있다. 고구려 유리왕(留璃王) 때의 황조가, 신라 유리왕(儒理王) 때의 도솔가 등은 물론이고 가야의 악사 우륵이 노래 · 춤 · 악기를 각각 따로 가르쳤다는 기록으로 옛 선조들의 삶이 노래와 밀접한 관련을 맺었음을 알 수 있다.

'노래'의 어원은 중세 국어자료에 '놀애'로 표기되어 있기에 '놀다(遊)'에서 유래되었을 것으로 추측되며, 그 유래처럼 노래라는 말은 이미 연희(演戱)의 성격을 담고 있다. 오늘날 우리 주변에서 흔하게 접할 수 있는 대중가요 · 가곡 · 민요 · 판소리처럼 노래를 가리키는 말에는 모두 가(歌) · 악(樂) · 요(謠) · 곡(曲) · 성(聲) · 사(詞) · 타령 · 성악 · 소리 · 가락 등이 붙어 있는 것처럼 노래는 우리 문화의 중요한 한 부분이다.

노래란 곡조를 붙여내는 말소리를 말하며 흔히 '시에다 곡을 붙인 하나의 악곡 형식'이라고 엄밀하게 정의하기도 한다. 그래서 말소리 또는 시가 없으면 노래라고 할 수 없다. 문학적인 관점에서 예술적인 노랫말은 관념적인 표현이 많으며, 이러한 전통은 오늘날의 가곡에까지 이어져 오고 있다. 반면에 민요와 같은 통속적 노래의 경우, 그 노랫말은 은유와 환유의 방식을 통해서 현실을 구체적으로 묘사하고 있다. 이런 이유 때문에 민요나 대중가요와 같은 통속적 노래는 시대상을 강렬하게 반영한다.

노래는 음악적 성격에 따라 예술적 노래와 통속적 노래로 나눌 수 있다. 예술적 노래는 전문가에 의해서 주로 불리고, 통속적인 노래는 비전문가가 부르는 노래라 할 수 있다.

한편 노래는 유기체처럼 끊임없이 변화하고 새롭게 생성되기 때문에 흔히 생명을 지니고 있다고 한다. 그래서 노래는 문학과 마찬가지로 그 시대의 삶의 모습과 사고방식을 보여주는 문화의 창이라고 할 수 있다.

민요 · 가곡 · 가요 · 시조 · 판소리는 한국 음악 예술의 장르에 속하지만 그 바탕이 되는 노랫말은 또 다른 장르의 한국 문학이라고 할 수 있다. 그래서 우리 조상들의 정서나 문화 속에 용해된 선조들의 수목관은 노랫말을 통해서 간접적으로 유추할 수 있다.

흔히 문학은 시대정신의 산물이요, 사회상의 반영이라고 하며, 작가가 생존하였던 그 당시의 시대상과 사회상을 잘 반영한다고 한다. 노랫말 역시 문학의 또 다른 장르이기 때문에 마찬가지로 그 당시 시대상과 사회상을 반영한다고 할 수 있다.

이 글에서는 대중가요 · 가곡 · 민요 · 판소리의 노랫말에 나타난 나무의 종류와 빈도를 살펴보고 우리 조상들이 나무에 대해서 가졌을 시대별 정서를 유추해 보고자 한다.

1. 대중가요

대중가요란 서민대중들이 즐겨 부르는 세속적인 노래를 말하며, 대중성, 오락성, 통속성, 상업성에 기초를 둔 가요라는 점에서 흔히 유행가라고도 불린다. 예술가곡과 대중가요의 차이점은 예술가곡이 예술성과 심미성에 가치를 두는 반면에 대중가요는 감각적인 대중성에 가치를 두는 것이다.

대중가요는 서양 음악이 도입되던 시절부터 서민들에게 즐겨 불리던 세속적인 노래로, 우리의 민요는 대중가요로 분류하지 않는다.

대중가요는 개화 이후 100여 년간 변천해 온 대중문화의 중요한 한 장르로서 한 시대를 은연중에 나타내는 거울과 같은 존재이며, 그 시대의 대중가요는 그 시

표 6-1. 시기별 대중가요 속에 출현한 수종과 출현횟수

시 기	출현횟수	수종명
구한말~1945	10회	버드나무
	3회	소나무
	2회	동백, 진달래, 오동나무
	1회	무궁화, 아카시나무, 단풍, 개나리, 철쭉,
	총 100곡 중 23회 언급	
1946~1953	5회	버드나무
	3회	복사나무
	1회	무궁화, 뽕나무, 동백나무, 진달래, 포플러, 숲
	총 52곡 중 14회 언급	
1954~1959	5회	버드나무
	2회	아카시나무, 나무(수종구별 없음)
	1회	뽕나무, 청포도, 단풍나무, 개나리, 진달래, 플러터너스, 동백나무
	총 82곡 중 18회 언급	
1960~1969	6회	버드나무
	3회	나무
	2회	동백나무, 진달래, 포플러
	1회	마로니에, 복사, 능금, 밀감, 개나리, 단풍나무
	총 210곡 중 21회 언급	
1970~1979	5회	나무
	3회	버드나무, 복사
	2회	숲, 진달래
	1회	소나무, 청포도, 마로니에, 은행나무, 단풍나무, 라일락, 동백나무, 탱자나무, 앵두나무, 오동나무
	총 298곡 중 25회	
1980~1990	3회	나무, 단풍나무
	2회	소나무, 목련
	1회	살구나무, 무궁화, 라일락, 진달래, 무화과 숲
	총 405곡 중 16회 언급	

(권외순, 1996)

사진 6-1. 노랫말에 가장 빈번하게 등장하는 버드나무

사진 6-2. 무궁화와 개나리도 해방 이후부터 대중가요 속에 나타났다.

대정신이나 그 시대 삶의 정서를 가장 잘 담아내는 존재라 할 수 있다(정두수, 1989). 또한 대중가요는 인간의 정서를 표현하는 문학 예술의 여러 장르 중에 일반인들에게 가장 밀접하게, 그리고 가깝게 다가갈 수 있는 분야이다. 대중가요는 1896년 '새야 새야 파랑새야'를 그 모태로 시작되었으며, 역사의 발전과 함께 창가, 유행창가, 신식노래, 유행가, 대중가요 등의 명칭으로 불려왔다.

서민들의 정서를 대변하고 시대상을 반영하는 대중가요는 이러한 이유로 나무나 숲에 대한 그 당시의 문화 인식을 엿볼 수 있는 한 수단이 될 수도 있다. 시나 한시, 그리고 소설과 같은 문학의 여러 장르 속에 나무나 숲이 어떤 형태로 형상화되고 있는가를 파악하여 그 시대 사람들의 나무나 숲에 대한 문화 인식을 엿볼 수 있듯이, 대중가요 역시 문화의 한 장르로서 나무나 숲의 가치를 유추해 볼 수 있는 간접적인 통로라고 할 수 있다.

권외순(1994)은 1896년부터 1990년까지의 대중가요 1,145곡를 6개의 시대로 분류하여 각 시대별로 어떤 나무가 출현하며, 각 나무들은 어떤 형태로 표현되고 있고, 각 시기별로 나타나는 나무의 의미는 무엇인지를 파악하였다.

구한말부터 1990년까지의 대중가요 총 1,145곡의 가사 중에 나무가 언급된 것은

표 6-2. **대중가요의 가사 속에 나타난 수종과 출현횟수**

순위	출현횟수	수종
1	29회	버드나무
2	9회	진달래
3	7회	복사나무, 동백나무, 단풍나무
4	6회	소나무
5	3회	오동나무, 무궁화, 아카시나무, 개나리
6	2회	뽕나무, 포플러, 라일락, 마로니에
7	1회	능금, 밀감, 은행나무, 탱자나무, 앵두나무, 살구나무, 무화과, 플라타너스, 청포도, 철쭉

(권외순, 1996)

117회로 전체의 약 10% 정도였다. 시대별로 가사 속에 나무가 언급된 비율은 광복 전까지가 23%, 광복 이후 한국 전쟁의 휴전까지 27%, 한국 전쟁 이후 1959년도까지 22%, 1960년부터 1969년까지 10%, 1970년부터 1979년까지 약 8%, 1980년부터 1990년까지 약 4%였다.

흥미로운 사실은 구한말에서 1959년까지의 60여 년 동안은 대중가요의 가사 속에 나오는 나무의 비율이 비슷한 반면에 1960년대 이후부터 그 비율이 급격하게 줄어든다는 것이다. 이 시점은 정부가 제1차 경제개발계획을 실행에 옮긴 때였으며, 환경이나 자연보다는 경제발전이 더욱 중요한 시기였다. 따라서 서민의 정서를 가장 먼저 반영한 대중가요에서도 목가적이며, 서정적인 가사보다는 경제 발전을 기원하는 건설의 당위성이 우선적인 가치로 담겨질 수밖에 없었을 것으로 상상할 수 있다(권외순, 1994).

대중가요의 가사 속에 나무가 언급되는 비율이 1990년대로 가까워질수록 더욱 낮아지는 이와 같은 추세는 대량 생산, 대량 소비의 현대 물질문명과 소비문화를 반영하는 하나의 지표라고 할 수 있다. 이와 유사한 내용은 조선 시대까지의 한시와 구한말부터 1990년대까지의 현대시의 소재로 사용된 나무에서 찾을 수 있음을 앞 절에서 살펴보았다.

사진 6-3. 동백나무도 버드나무와 진달래에 이어 대중가요 속에 빈번하게 나타났다.

구한말부터 1990년까지의 대중가요에는 버드나무가 가장 많이 언급되었다. 특히 구한말부터 산업화가 본격화된 1970년대까지도 버드나무는 대중가요의 가사에 가장 빈번하게 나타나는 수종이었다.

김외순은 버드나무가 대중가요의 가사 속에 가장 높은 빈도로 출현하는 이유를 향수와 연관지어 해석하였다. 즉 대중가요의 주요한 주제는 고향에 대한 향수이며, 떠나온 시골 마을 시냇가의 버드나무는 고향을 연상케 해 주는 대표적인 소재인 것이다.

그러나 1980년대 이후 조사된 대중가요의 가사에서는 버드나무를 찾을 수 없다. 이와 같은 결과는 산업화의 여파로 누구나 쉽게 볼 수 있던 고향의 버드나무가 자취를 감추고 있기 때문일 수도 있고, 빠르게 변화하는 현대 사회의 속성상 버드나무가 더 이상 잃어버린 고향의 정서를 반영할 수 없기 때문일 수도 있다.

고향의 향수를 상징하기 위해서 버드나무가 가사로 사용된 예는 다음과 같다.

… 고향 앞에 버드나무 올봄도 푸르련만 …

(타향살이, 1933)

… 내 고향 떠난 지가 몇 해이던가
동구 앞 언덕 위에 내가 심은 버들은
그 몇 번 푸른 잎이 피레졌을까…

(해 저문 황포강, 1941)

지난 100년 동안 대중가요의 가사 소재로 버드나무가 가장 빈번하게 사용된 것과 유사한 예는 우리의 옛 한시에서도 찾을 수 있다. 또한 구한말 이후 1990년대까지 총 7,618편의 현대시 속에도 버드나무는 소나무나 진달래에 이어 가장 빈번하게 언급된 세 종류의 나무 중 한 나무였다. 대중가요, 한시나 현대시 속에 버드나무가 이처럼 빈번하게 인용되고 있는 이유를 다시 한 번 주목할 필요가 있다.

한편 다양한 문학 장르에 언급된 나무들 중에 소나무가 가장 주요한 소재의 하나로 이용된 예와는 달리 대중가요의 가사에는 다른 나무들과 비교하여 소나무가 낮은 비율로 가사에 나타나고 있다. 이 결과는 최근에 산림청에서 한국인의 수목에 대한 인식을 조사한 결과 나무 중에서 소나무가 제일 먼저 연상된다는 결과와는 상이한 것이다.

대중가요의 가사에는 소나무가 버드나무, 진달래, 동백, 복사, 단풍나무 다음으로 나타나고 있다. 소나무가 이렇게 낮은 빈도로 대중가요에 나타나고 있는 이유는 대중가요가 사랑이나 향수와 같은 서민의 대중적이며 통속적인 정서를 대변하기 때문일 것이다. 이에 반하여 소나무 자체는 강인함, 지조, 절개를 상징하기 때문에 이와 같은 무겁고 신중한 소재는 오히려 대중가요의 가사로 덜 매력적이다.

사진 6-4. 한국 가곡 속에는 단풍(좌)과 목련(우)도 나타났다.

2. 한국 가곡

가곡이란 시를 노랫말로 하여 곡을 붙인 음악의 한 갈래를 말한다. 우리 아악의 가곡(歌曲)이 관현반주가 따르는 전통 성악곡인 반면에 가곡은 대중가요와 구별하여 흔히 예술가곡 또는 한국 가곡이라고도 부른다(이호로, 1988).

가곡은 대한제국 말기에 우리나라에 보급된 기독교의 찬송가와 창가(唱歌)로부터 시작되었다. 그러나 본격적인 한국가곡의 시발점은 김형준의 시에 홍난파가 1919년에 곡을 붙인 '봉선화' 였다(김점득, 1989).

정진선(1996)은 일반적으로 가장 많이 애창되고 있는 680여 곡의 가곡에 나오는 나무와 숲을 조사하였다. 구체적인 수종을 밝힌 가곡은 모두 85곡으로 전체 조사된 가곡의 12.5%였다. 그러나 구체적인 나무의 종류를 밝히지 않은 '숲' (10곡) 이나 '나무' (12곡)를 포함하면 전체 조사 가곡의 15.7%가 나무나 숲이 소재로 등장하였다고 보고하였다.

가곡에 등장한 나무의 종류는 모두 25종류였다. 가곡에 가장 빈번하게 등장한 수종은 버드나무(14회)였고, 소나무(8회)와 진달래(5회)가 그 다음을 이었다(표 6-3).

표 6-3. 한국 가곡에 나타난 수종과 출현횟수

순위	출현횟수	수종
1	14회	버드나무
2	8회	소나무
3	5회	진달래
4	4회	단풍나무, 복숭아나무, 개나리, 오동나무
5	3회	동백나무, 싸리나무
6	2회	은행나무, 목련, 아카시나무, 무궁화, 매화, 석류, 대나무
7	1회	앵두나무, 참나무, 배나무, 오리나무, 감나무, 가시나무, 살구나무, 포도나무, 라일락

(정진선, 1996)

소나무만이 가곡의 소재로 사용된 침엽수였고, 은행나무를 제외한 나머지 23종류의 나무들은 모두 활엽수나 관목류였다.

이들 수종 중 버드나무와 소나무가 나타난 가곡은 다음 표 6-4와 같다.

표 6 4. 버드나무와 소나무가 나타난 가곡의 작시 작곡자 및 출현 형태와 그 의미

가곡명	작시	작곡자	출현 형태 및 의미
꿈	피천득	이영자	버들잎 : 평화
남도타령	문도채	이용일	버들가지 : 평화로움
달밤	윤곤강	윤용하	버드나무 : 고요함, 평화
백합화	양명문	안익태	수양버들 : 평화로움, 고요함
자장가	김동환	이흥렬	버들 : 고요, 평화
고풍의상	조지훈	윤이상	버들 : 아름다움, 곡선의 미
구룩구룩비둘기야	박목월	하오주	버들나무 : 수호신, 국인
길손	정진업	조두남	버드나무 : 봄이 왔음을 의미
남촌	김동환	김규환	버들 : 활기
사비수-백마강-	이광수	기먹현	버들꽃 : 서러움
아! 가을인가	김수경	나운영	버들잎 : 옛모습, 가을의 상징
찢어진 과리	이희승	김세형	버들가지 : 우울을 없애는 원천
춘향골 남원	이단춘	김대현	수양버들 : 그리움, 처량함
추천	김상옥	김세형	버들 : 5~6월을 표현
노승	윤 향	윤상렬	청송 : 굳은 결심
마음	김광섭	나인용	청솔 : 절개
부끄러움	주요한	이흥렬	솔가지 : 자연물
백합화	양명문	안익태	솔밭 : 경건함, 비세속적
선구자	윤해영	조두남	솔 : 변함없이 곧은 의지
옛동산에 올라	이은상	홍난파	소나무 : 저항, 절개, 지조
한가윗날	김도성	윤용화	솔나무 : 외로움, 처량함
사수구름	김수월	백병동	솔숲 : 신성한 곳

(정진선, 1996)

3. 민요

민요란 민중들 사이에서 불리는 전통적인 노래를 말한다(김문헌, 1991). 대개 특정한 창작자가 없이 입에서 입으로 전해지며 민중의 생활 감정을 소박하게 반영한다. 그래서 민중의 소리이고 민족의 정서를 가장 잘 함축하고 있는 예술이라고 평가된다.

이은영(1996)은 〈민요집성〉(김갑태 외, 1981)과 〈한국의 민요집〉 1~4권(임동건, 1974)에 실린 민요 9천여 곡을 대상으로 등장한 나무의 종류와 빈도를 조사하였다.

9천여 곡의 민요에 나무 이름이 등장한 것은 모두 2,539회였고 나무들의 종류는 157종이었다. 157종의 나무들 중에는 오늘날 알 수 없는 70종류의 나무들도 나타나고 있다. 예를 들면 상나무, 노생나무, 가락나무, 기목나무, 아구나무, 눈군나무, 니나무, 기수나무, 지심나무, 진나무 등은 어떤 나무를 지칭하는지 알 수 없는 나무들이다. 느티나무는 경상도 지방에서 기목나무로도 불린다.

157종의 나무들 중 상위 10종의 출현빈도를 살펴보면 소나무가 가장 빈번하게 민요에 등장하였다. 민요에 등장한 2,539회의 나무 중 소나무가 359회나 등장하였다. 이 횟수는 전체 조사 민요 9천 수의 4%에 해당하며, 나무가 등장한 민요의

표 6-5. 민요에 가장 많이 나타난 10종의 나무와 출현횟수

순위	출현횟수	수종
1	359회	소나무
2	240회	대나무
3	207회	버드나무
4	161회	오동나무
5	154회	배나무
6	124회	밤나무
7	119회	뽕나무
8	110회	복숭아나무
9	108회	매화나무
10	86회	대추나무

(이은영, 1996)

사진 6-5. 대나무는 소나무에 이어 민요에 두 번째로 빈번하게 나타났으며, 매화도 9회나 언급되었다.

14.1%에 해당하는 수치였다. 소나무 다음으로 빈번하게 등장한 수종은 대나무(240회)와 버드나무(207회)로 다른 수종에 비하여 월등히 많이 민요에 등장하였다. 이들 수종을 이어서 오동나무, 베나무, 밤나무, 뽕나무, 복숭아나무, 매화나무 등이 161회에서 108회까지 등장하였으며, 대추나무는 86회 등장하였다.

이들 나무들이 등장하는 민요의 가락을 살펴보면 다음과 같다.

소나무가 나온 예: 제비원이 솔씨를 받아 이듬저듬 뿌렸더니
그야솔이 점점 장성하여 황장목이 되었구나

이 민요 자락에는 소나무의 물질적 유용성을 상징하는 황장목이 나타나고 있다. 왕족만이 사용할 수 있는 관곽재가 황장목이니 소나무의 목재로서의 가치를 가장 잘 나타내는 대목이라고 할 수 있다.

대나무가 나온 예: 서울이라 왕대밭에 금비둘기 알을 낳네

매란국죽(梅蘭菊竹)의 대나무는 소나무와 버드나무와 더불어 문인들이 시화에 가장 많이 애용하였던 소재였다.

버드나무가 나온 예: 천안삼거리 능수버들은
제멋에 지쳐 휘늘어졌구나

버드나무는 휘늘어진 나무의 수형 때문에 날씬한 여성의 멋을 상징하는 의미로 자주 사용되었다.

사진 6-6. 오동나무의 잎과 열매

오동나무가 나온 예:
딸아딸아 막내딸아 곱게먹고 곱게커라
오동나무 장롱에다 바리바리 실어주마

사내아이가 탄생하면 소나무를 심어 관곽재로 사용하고, 여아가 탄생하면 오동나무를 심어 시집갈 때 장롱을 만들어 주던 조상들의 여유를 이 민요에서 직접 확인할 수 있다.

배나무가 나온 예: 배꽃일레 배꽃일레 처녀손목 배꽃일레
배꽃같은 수건밑에 눈매고운 저처녀야

이 민요에 등장하는 배나무는 순결하고 청순한 처녀를 상징하며,

아기도령 병이들어 심금시아 배깍아라
심금시라 깍은배는 맛도좋고 연할네라

위의 민요는 사람의 배와 먹는 배가 동음이의어라는 단어의 특성을 살려서 활용하고 있다.

밤나무가 나온 예: 너도병대 나도병대 해가하해
모두다 총대를 메구서 간간들어 졌구나
헤헤아니 군밤이 헤헤아니 군밤이

민요에 나타난 밤나무는 근본을 상징하는 의미보다는 식용으로 이용하는 밤알맹이가 더 빈번하게 등장하였다.

뽕나무가 나온 예: 뽕따러 가세 뽕따러 가세
뽕도 딸겸 임도 볼겸 경사경사로
뽕따러 가세 뽕따러 가세

사진 6-7. 뽕나무의 잎과 열매

이 민요는 남녀의 사랑을 뽕나무에 비유하여 노래한 대표적인 것이라 할 수 있다.

복숭아나무와 대추나무의 예:

아나농부야 말들어 아야농부야 말들어
충청도 충복숭은 주지기지 열렸고
강원도 강대추는 아그대짜그대 열렸구나
에레야대야 풍년이로구나

복숭아나무는 목사나무, 도화, 복숭아 등으로 민요에 많이 나타나며, 행복과 부귀를 상징하는 의미로 사용되었으며, 다른 한편 여색을 상징하기 때문에 집안에 심어서는 안 된다는 믿음도 있었다. 또한 귀신을 쫓아내는 나무라 하여 제사상에 복숭아를 놓지 않았고, 임신과 생명의 탄생인 출산을 상징하기도 하였다.

대추나무는 열매가 알이 차고 많이 열리기 때문에 다산이나 풍년을 상징하였다.

이밖에도 너하고 나하고 살구나무, 방구뀌어 뽕나무, 입맞추어 쪽나무로 시작되는 동요에 나타나는 나무도 있으며, 오리간다 오리나무, 십리간다 십리나무처럼 말이 되는대로 나무의 이름을 붙인 경우도 많이 나타나고 있다. 구체적인 예는 나무노래나 나무타령에서 찾을 수 있다.

사진 6-8. 대추나무의 열매와 살구나무의 꽃

나무노래

가다보니 가죽나무
오다보니 오동나무
갓난애기 자작나무
거짓말 못해 참나무
꿩의사촌 닥나무
낮에 봐도 밤나무
너하고 나하고 살구나무
동지섣달 사시나무
따끔따끔 까시나무
바람솔솔 솔나무
방구뀌는 뽕나무
십리절반 오리나무
앵돌아져 앵두나무
입맞추자 쪽나무
칼로찔러 피나무
한자두자 잣나무

(편해문, 1997)

이 나무노래는 경상도 지방에서 수수께끼 노래의 하나로 아이들 사이에 불리는 동요이다.

나무타령

사진 6-9. 가래나무의 잎

무슨 나무 심을래
십리 절반 오리나무
열의 갑절 스무나무
내낮에도 밤나무
방귀 뀌어 뽕나무
오자마자 가래나무
깔고 앉아 구기자나무
거짓없어 참나무
그렇다고 치자나무
칼로 베어 피나무
네편 내편 양편나무
입맞추어 쪽나무
양반골에 상나무
너하고 나하고 살구나무
이나무 저나무 내밭두렁에 내나무…….

(이규태, 1993)

나무타령은 경기도 지방에서 불리는 동요이다.

나무노래

사진 6-10. 나무노래에 나타난 벚나무

산에 올라 산나무
들에 내려 배나무
봉화 굴에 홰나무
불에 붇여 향나무
불 밝혀라 등나무
용춤 추어 용나무
십리 절반 오리나무

사진 6-11. 나무노래에 나타난 계수나무

열의 갑절 스무나무
한 치라고 栢子나무
조선에 난 호도나무
남쪽에 난 동백나무
푸르러도 단풍나무
소년 시절 영감나무
평생 소녀 대추나무
사시 사철 사철나무
대낮에도 밤나무
4월 8일 느티나무
먹기어린 떡갈나무
휘느러져 버드나무
백양청양 黃腸나무
중기 중기 느릅나무
갈기 갈기 가락나무
칼로 베어 피나무
목에 걸려 가시나무
속 비고 대나무
악스런 아구나무
네편 내편 양편나무
씨름하여 저나무
홍도깨 박달나무
죽어도 살구나무
액마구리 복사나무
동풍에 모기나무
덜덜 떠는 사시나무
말라빠진 살대나무
오자마자 가야나무
빠르기 화살나무
전기선대 수기나무
하느님께 비자나무
절에 가서 기구나무
송낙 쓰고 상수리나무
월궁에 계수나무
왜지에 벚나무
굿노리 사당나무
새로 지은 옻나무
깔고 앉아 구기자나무
비단같은 전나무
버선 끝에 상모나무
오목 다리 오목나무
마주 섰다 은행나무
덥적 앉아 줄나무
입맞췄다 쪽나무입설 같은 영조나무
시집갈 때 가마해나무
방구뀌어 뽕나무
부끄러운 무환나무
우물가에 물푸레나무
자손 창성 석류나무
피리젓대 피나무
달구 달어 꿀나무

거짓없이 참나무
그렇다고 치자나무

(임동권, 1980)

나무노래는 민요로서 불리던 것인데, 노래 가사는 익살이 있고 운율이 있어서 흥을 자아내고 암송하기 쉽게 구성되어 있다.

사진 6-12. 자작나무의 이름은 껍질을 불붙이면 자작자작 소리를 내면서 타는 데서 유래되었다.

가자가자 갓나무

가자가자 갓나무
오자오자 옻나무
십리절반 오리나무
따끔따끔 가시나무
칼로 찔러 피나무
입맞춘다 쪽나무
방귀뽕뽕 뽕나무

바람솔솔 소나무
가다보니 가닥나무
오다보니 오동나무
귀신쫓는 봉숭나무
살살피는 살구나무
덜덜떠는 사시나무

(김숙경, 1993)

가자가자 갓나무는 충남 예산 지방의 전래 동요로서 나무의 특징을 연상시켜 자연스럽게 나무의 이름을 연상할 수 있도록 부르던 놀이노래이다.

4. 판소리

판소리는 민속악(民俗樂)의 한 갈래로서 소리를 하는 사람이 고수의 북장단에 맞추어 긴 서사적인 이야기를 소리(唱, 노래)와 아니리(白, 말)로 엮어 발림(몸짓)을 곁들이며 구연하는 민속 예술을 말한다(한국정신문화연구원, 1991). 판소리는 전통적으로 광대라고 불려진 하층 계급의 예능인들에 의하여 가창되었고 전승되어 왔다.

조선 숙종 말년에서 영조 초기에 걸쳐 충청도와 전라도를 중심으로 발달되어

사진 6-13. 동구 앞의 멋진 소나무

온 판소리는 열두 마당이 전해 내려왔으나 지금은 춘향가, 심청가, 흥부가, 적벽가, 수궁가와 신재효가 복원한 변강쇠가를 포함하여 여섯 마당만이 전해지고 있다.

김기경(1996)은 강한영(1982)이 쓴 '신재효의 판소리 여섯 마당집' 에 등장하는 나무를 조사하였다. 조사한 여섯 마당의 판소리에는 37종류의 나무들이 모두 176회 나타났다. 각 마당별로 나타난 나무의 종류와 등장횟수를 김기경의 조사 보고를 참고하여 살펴보면, 춘향가의 경우, 복숭아나무, 버드나무, 앵두나무, 대나무, 계수나무의 순으로 20종류의 나무들이 총 40회 등장하고 있으며, 직접 나무를 묘사하기보다는 비유적으로 어떤 상황을 묘사할 때 나무들이 사용되었다. 예를 들면, '녹음방초 여름되어, 옥창앵도 붉어가니' 는 계절을 나타내고, '옥창의 앵도화가 어지러히 떨어지고' 는 춘향을 비유하는 의미로 사용되었다. 그 밖에 봄을 나타내기 위해서 '이화일지 춘대우(梨花一枝 春帶雨)' 로, 가을을 나타내기 위해서는 '추우오동 엽락시(秋雨梧桐 葉落時)' 와 같은 구절이 나무와 함께 사용되었다. 그

밖에 변치 않는 춘향의 마음을 나타내는 가상의 나무 '상사수'도 등장하고 있었다.

흥부가의 경우, 버드나무, 복숭아나무, 대나무, 소나무, 매화나무의 순으로 17종류의 나무들이 총 31회 등장하고 있었다. '휘어진 버드나무 손으로 주르르 훑어다가 물에다 두둥실'이라는 구절처럼 버드나무는 흥부가에서 풍류적인 비유로 등장하고 있으며, '연지빰 앵두순'이라는 구절처럼 여인의 붉은 입술을 상징하여 앵두나무가 소재로 사용되기도 하였다.

이 밖에 대추나무와 오동나무 목재의 재질 특성을 나타내는 '대추나무 방망이로'와 '다른 나무 무겁다고 오동으로 정히 깍아'와 같은 구절이 나타나고 있다. 이 밖에 '도원의 남은 의리 천고의 유전하여'라는 구절에서 이상향을 상징하는 나무로 복숭아나무가 나타나고 있다.

수궁가의 경우, 계수나무, 오동나무, 상수리나무, 소나무, 매화나무 등과 같은 10종류의 나무들이 총 16회 등장하고 있으며, 유일하게 수중에서 벌어진 이야기로 꾸며져 있기 때문에 많은 종류의 나무들이 등장하지 않았다. '월궁 속의 계수나무 그늘 속의'라는 구절처럼 상상 속에 존재하는 달나라의 계수나무가 월궁에서도 등장하고 있으며, '죽림의 칠현들이'라는 구절처럼 절개를 나타내는 뜻으로 대나무가 등장하였다.

심청가의 경우, 버드나무, 대나무, 복숭아나무, 계수나무, 앵두나무의 순으로 13종류의 나무들이 총 31회 등장하고 있으며, 심청이 사는 황주 도화동에 신비한 별천지를 상징하는 복숭아나무가 등장한다. 그 밖에 앵도 역시 여인의 입술을 상징하여 사용되고 있었다.

적벽가의 경우, 오동나무, 복숭아나무, 소나무, 뽕나무, 매화나무의 순으로 14종류의 나무들이 총 19회 등장하고 있으며, 춘향가에 나온 상사수처럼 보배나무(寶樹)가 등장한다.

사진 6-14. 앵도나무와 감나무의 열매

사진 6-15. 잣송이가 열린 잣나무

변강쇠가의 경우, 버드나무, 오동나무, 복숭아나무, 소나무, 앵두나무 순으로 25종류의 나무들이 총 39회 등장하고 있었다. 앵도는 '앵도순 고운 입술'과 같이 미인의 입술을 상징하고, 오동은 '오동 야우 성긴비에 밤은 어찌 질었난고'와 같이 흥부가의 한 구절이 그대로 나타나며, 봄을 나타내는 나무로 도화가, 풍류를 나타낸 버드나무가 등장하고 있다. 특히 '오동나무 베자하니 순임금의 오현금, 살구나무 베자하니 공부자의 강단, 소나무 좋다마난 진시황의 오대부, 잣나무 좋다마난 한 고조의 덮은 그늘, 어주축수 애산춘, 홍도나무 사랑옵고, 위성조우 읍경진, 버들나무 좋을씨고, 밤나무 신주가음, 전나무 돛대, 재오시목과 산유자 유목검팽, 목물방 긴한 문목, 화목되기 아깝도다'란 구절은 적벽가에도 등장하는 구절이었다.

조사된 여섯 마당의 판소리 중 변강쇠가에 가장 많은 종류의 나무들이 등장하였고, 수궁가에는 가장 적은 종류의 나무들이 등장하였다. 변강쇠가가 수궁가보다 등장하는 나무의 종류나 등장횟수가 두 배 이상 많은 이유는 두 판소리 마당의 배경이 각각 다르기 때문이라고 유추할 수 있다. 즉 변강쇠가의 배경은 다양한 종류의 나무들이 자라는 산(지리산)인 반면 수궁가는 용왕이 사는 바다가 배경이기 때

표 6-6. 판소리 6마당에 나타난 수종과 출현횟수

순위	출현횟수	수종
1	20회	버드나무
2	16회	오동나무
3	14회	복숭아나무
4	13회	계수나무
5	12회	앵두나무
6	11회	소나무, 벚나무
7	8회	대나무
8	6회	매화나무
9	5회	잣나무, 가시나무
10	4회	뽕나무
11	3회	귤나무, 대추나무, 살구나무
12	2회	단풍나무, 은행나무, 철쭉, 유자나무, 탱자나무, 닥나무, 쥐똥나무
13	1회	수유, 자단, 호두나무, 칠백나무, 느릅나무, 장작나무, 진달래, 감나무, 갈퀴나무, 살구나무, 밤나무, 참나무, 용나무, 석류

(김기경, 1996)

문에 등장하는 나무의 종류가 그만큼 적었을 것이다.

조사한 여섯 마당의 판소리에 등장하는 37종류의 나무들 중에 버드나무가 20회로 가장 많이 등장하였으며, 그 다음으로 오동나무(16회), 복숭아나무(14회), 계수나무(13회), 앵두나무(12회) 등의 순서로 출현하였다.

모두 37종류의 나무 중에 침엽수는 소나무(11회)와 잣나무(5회) 두 수종이었고, 은행나무를 제외한 나머지 34종류는 모두 활엽수였다. 37종류의 나무들 중에, 용나무, 갈퀴나무, 칠백나무, 자단, 장작나무 등은 오늘날의 어떤 수종을 지칭하는지 알 수 없는 나무들이다.

5. 장르별 비교

민요, 가곡, 가요 그리고 판소리는 한국 음악 예술의 장르에 속하지만 그 바탕이 되는 내용은 또 다른 장르의 한국 문학이라고 할 수 있다. 그래서 이들 4장르의 음악 예술에 나오는 나무의 종류와 출현빈도는 문학의 장르와 크게 다르지 않았다.

나무가 우리 음악 예술의 소재로 어떻게 출현하고 있는가를 살펴보기 위해서 가요, 가곡, 민요, 여섯 마당 판소리에 등장하는 나무의 종류와 출현빈도를 비교 분석하였다. 조사된 4장르의 창작 시기는 가요의 경우 1896년부터 현재까지가 그 시대적 배경이고, 한국 가곡의 경우 1920년대부터 현재까지, 민요의 경우 삼국 시대부터 현재까지 그리고 판소리의 경우 조선 영조 이후 근세까지가 시대적 배경이었다.

가. 장르별 나무의 출현빈도

한국 음악 예술의 각기 다른 4장르에 나타난 나무의 종류와 출현빈도는 서로 달랐다. 서로 비교할 수 있는 한국 음악 예술의 3장르 중 민요에 등장하는 나무의 출현빈도(약 22%)가 가요(10.2%)나 가곡(12.5%)에 등장하는 나무의 출현빈도보다 2배나 높았다.

민요에 등장하는 나무의 빈도가 가요나 가곡보다 2배나 높은 이유는 각기 다른 문학 장르의 예처럼 이들 작품이 창작된 시대적 배경을 그 특성으로 들 수 있다. 민요는 1,000년 이상의 장구한 맥을 이어온 민속 음악의 성격을 가진 반면에 가요나 가곡은 근대 100년 이내에 창작되었다. 문학과 마찬가지로 민요는 농경 사회를 대표하는 민중의 음악 장르라고 한다면 가요는 산업 사회를 대표하는 민중의 음악이라 할 수 있다.

농경 사회에서 주로 창작된 민요가 현대에 창작된 가요나 가곡과 비교하여 2배나 높은 빈도로 나무들이 작품의 소재로 등장하는 이유도 각기 다른 장르의 문학에서처럼 농경 사회와 산업 사회의 각기 다른 생활방식에서 찾을 수 있다. 즉 삶을 영위하는 농경 사회의 생활양식은 자연과 밀접한 유대를 맺고 살아야만 했기 때문에 그러한 삶이 반영된 문학이나 음악에는 나무를 위시한 자연물의 소재가 의식, 무의식적으로 보다 널리 애용되었을 것이다.

사진 6-16. 수양버드나무는 인가 주변에서 가장 흔하게 볼 수 있는 나무 중 하나였다.

자연과 조화로운 삶을 영위했던 조상들은 자연과 화합하면서 살아가는 데 필요한 지혜, 정서, 교감의 가치를 인식하였을 것이고 그러한 인식은 우리의 정신을 지배하는 정서가 음악 예술로 어렵지 않게 승화되었을 것이다.

나. 징르별 출현수종의 종류

조사된 우리 음악 예술의 4장르 중, 민요에 가장 많은 종류의 나무들이 등장하였다. 그 다음으로 판소리 여섯 마당(37종), 가곡(25종), 가요(24종) 순으로 나무가 등장하였다.

음악 예술의 각 장르에 가장 빈번하게 등장한 상위 5수종도 문학에서와 마찬가지로 모두 우리 고유의 수종이었다.

민요에 157종이나 되는 많은 종류의 나무들이 나타난 이유는 비록 오늘날에는

표 6-7. 한국 음악의 각 장르에 소재로 등장한 수종과 출현빈도 그리고 빈번하게 등장한 상위 5수종

장르별		대중가요	가곡	민요	판소리
창작시대		1896~현재	1920~현재	삼국 시대~현재	조선 영조 이후
조사대상		1,145곡	약 689곡	약 9,000수	6마당
나무의 출현빈도		10.2%	12.5%	약 22%	-
등장수종의 종류		24수종	25수종	157수종	37수종
가장 빈번하게 등장한 수종	1위	버드나무	버드나무	소나무	버드나무
	2위	진달래	소나무	대나무	오동나무
	3위	복숭아나무	진달래	버드나무	복숭아나무
	4위	동백나무(3)	복숭아나무	오동나무	계수나무
	5위	단풍나무(3)	단풍나무(4) 개나리(4) 오동나무(4)	배나무	앵두나무

수종을 구별할 수 없는 70종의 나무들이 포함되어 있을지라도 9천여 수에 이르는 방대한 민요를 조사했기 때문에 얻어진 결과라 할 수 있다.

음악 예술에 가장 빈번하게 등장한 수종은 버드나무와 복숭아나무였다. 그 다음으로 오동나무, 진달래가 소나무와 함께 빈번하게 등장한 수종이었다. 문학에서 보편적인 소재로 가장 빈번하게 등장한 소나무가 음악 예술에서는 버드나무, 복숭아나무, 오동나무, 진달래 다음 순으로 등장하고 있었다. 다른 문학 예술의 장르에 소나무가 빈번하게 나타나는 현상과는 달리 음악 예술의 소재에 낮은 순위로 나타나는 이유는 소나무의 상징적 의미가 강인한 절개, 지조, 지사를 뜻하는 다소 무거운 의미를 지니고 있기 때문으로 해석할 수 있다.

가요, 가곡, 민요 그리고 판소리는 그 특성상 문학적 배경을 함께 보유하고 있는 예술 장르이다. 그렇기 때문에 문학의 다양한 장르에서 나무가 등장하고 있는 경향과 크게 다르지 않음을 알 수 있다. 즉 시대적 배경이 오래될수록 나무가 보다 빈번하게 소재로 등장하고 있는 사실이 이와 같은 경향을 대변하는 것이다.

지금까지 한민족의 정서 속에 숲이나 나무들이 어떻게 투영되었는지를 우리 조상들의 문학과 음악 예술 작품을 통해서 알아보았다. 우리 선조들은 인간을 포함한 천지 만물의 소재들 중 다른 어떠한 소재보다 나무나 숲을 문학 예술의 소재로 빈번하게 애용하였음을 여러 종류의 기록으로 알 수 있었고, 숲과 나무들이 우리 생활과 동떨어져 멀리 있는 객체가 아니고 우리와 함께 언제나 살아 숨쉬면서 우리들 주변에 있어 왔다는 사실을 다시 한 번 인식할 수 있었다. 문학 작품 속에, 음악 작품 속에, 옛 그림 속에, 속담 속에, 옛 지명 속에 그리고 우리의 언어생활 속에 용해되어 있는 나무나 숲의 역할을 찾고 정리하여 보고하는 것은 숲과 관련된 조상들의 문화적 삶의 족적을 더듬어 볼 수 있는 일이며, 나무나 숲에 대한 문화 인식을 엿볼 수 있는 일이기에 하찮게 여기기보다는 보다 적극적으로 조사 정리해야 할 일임을 확인할 수 있다.

제 2 절

서양 음악 예술 속에 나타난 숲(김기원)

인간이 할 수 있는 경험이나 느끼는 감정을 표현하는 행위는 본능적인 것이다. 표현된 것이 구체적인 것이든 추상적인 것이든 그것들은 다양한 수단을 통해서 규격화된다. 이러한 인간의 경험과 감정을 일정한 형식과 재료를 빌어 표현하는 행위가 예술이다. 예술은 여러 갈래로 나눌 수 있는데 건축, 회화, 무용, 음악 등은 대표적인 예술의 한 분야들이다. 또한, 예술은 한 분야 내에서도 그 예술 행위에 따라 여러 가지로 구분된다. 음악 예술에 있어서는 작곡, 작품, 기악, 음향, 제작 등 분야가 여러 갈래이다.

자연은 인간의 심상을 미적으로 표현하고자 하는 예술 행위에 대하여 지대한 영향을 주어 왔다. 숲이 음악 예술의 형성에 미친 영향은 다양하다. 그 가운데에서도 숲이 음악 예술과 밀접하게 관련되는 부분은 크게 세 분야이다. 첫째는 작곡자로 하여금 작품 구상에 대한 영감(靈感)을 주고받는 부분이며, 둘째는 숲의 여러 구성요소가 직 · 간접적으로 작품의 멜로디를 구성하거나 혹은 작품 전체의 분위기를 대변해 주고 있는 부분이며, 셋째는 작품을 연주하는 수단인 악기와 관련한 부분이다.

음악의 역사를 인류의 출현과 동시로 생각해도 좋다면 음악 예술의 분야는 시공적으로 대단히 광범위하다. 음악에 대한 짧은 지식으로 본 주제를 전문적으로 상세하게 관찰한다는 것은 대단히 무리가 아닐 수 없다. 또한 글의 성격상 가볍고 흥미롭게 읽을 수 있도록 방향을 맞춰 쓰는 것이 좋을 듯하여 전문적인 기술은 피하고, 되도록 숲과 연관되어 있는 음악 예술의 제 분야에 대한 뒷 이야기들을 많이 찾아 기술하고자 시도하였다. 그렇게 하는 것이 결국 음악 예술에 미친 숲의 중요성을 부각시키는 데에 더욱 효과가 있을 것이다. 중심 내용들은 숲과 관련된 음악가, 작품, 그들의 숨은 이야기 그리고 악기들에 대한 것들이다.

1. 음악의 유래

음악(音樂)이란 단어는 동양에서는 원래 악(樂)이란 글자에서 출발한다. 중국의 상(商)나라와 주(周)나라(기원전 20세기～기원후 4세기) 시대의 한문에서는 이 악이란 글자가 제사와 연관이 있음을 알 수 있지만, 또한 나무와 깊은 관계가 있다는 것을 알 수 있게 한다. 즉, 악은 나무 위에 2개의 요(채) 즉 기고(騎鼓)가 백(白), 즉 장구치다라는 의미의 글자를 끼고 타고 있는 격이 되는데, 이것은 악기인 종(鐘)이나 경(磬)으로 해석할 수 있다. 이런 의미에서 보면 악의 본 뜻은 기악(器樂)이라고 볼 수 있겠다(음악대사전, dtv-Atlas). 결국, 악은 나무라는 대(臺) 위에 종이나 경을 올려놓고 연주하는 것으로 추측할 수 있다. 한편, 악이 가진 여러 가지 의미 중에는 '즐거움'이란 뜻도 있는데 이는 인간의 정서에 영향을 주었음을 알 수 있게 한다. 악이란 단어가 동양에서 언제부터 음악이란 단어로 일반화되었는지는 정확히 알 수 없으나 서양 음악이 일반화된 시기와 거의 같다(dtv-Atlas).

고대 이집트에서는 음악을 의미하는 히(hy)라는 단어가 있는데 이는 원래 즐거움을 뜻하며, 이집트 상형 문자에서는 꽃을 피운 향기로운 연꽃으로 표현한다고 한다. 한편, 고대 인도에서는 음악을 산스크리트 어로 삼기타(samgita)로 표현했는데 성악, 기악, 무용을 포함하고 있었다고 한다.

유럽에서의 음악(라틴어 musica)의 어원은 무사(mousa), 복수형은 무사이(mousai), 즉 뮤즈(muse)에서 유래한다. 그리스어인 무지케(musike)는 시, 음악, 무용을 포괄하는 무사이의 종합 예술이라는 넓은 의미로 사용되다가 나중에는 음악에만 한하는 좁은 뜻으로 변화되었다.

음악의 어원에서부터 관찰할 수 있는 공통점은 동양에서나 서양에서나 그것이 숲과 밀접한 관계에 있다는 점이다. 앞서 살핀 종은 중국의 아악기(雅樂器: 궁정용 고전음악을 연주할 때 쓰는 악기)로서 원래는 주나라 시대부터 쓰인 청동제 타

그림 6-17. 뮤즈는 제우스의 딸로서 음악의 신이다.

악기이며 오늘날 편종으로 되었다. 경은 석부(石部) 타악기의 하나로서 경석(磬石)으로 만들어진 것으로 추측한다. 경석은 안산암의 일종으로 짙은 검정색이 나며, 석질이 매우 단단하여 정으로 치면 맑은 음향을 낸다. 결국, 음악을 의미하는 악을 구성하고 있는 종이나 경을 만드는 재료인 청동과 경석의 출처 그리고 이들 악기를 올려 놓고 연주한 대(臺: 나무)의 출처가 숲이라고 볼 때 숲은 음악의 어원적 형성에서부터 결정적인 역할을 한 것이다.

음악의 유래에 있어서 숲과 관련하여 더욱 흥미로운 것은 서양음악에 있어서 어원적 근거가 되고 있는 뮤즈라는 단어에 있다. 뮤즈는 그리스 신화에 나오는 제우스 신의 딸로서 시, 음악, 무용 등을 주관하는 9여신이다. 뮤즈의 합창 지도자인 아폴론(음악과 시의 신)이 리라를 타면서 연회장에 모인 신들을 즐겁게 해주면 뮤즈의 여신들이 노래를 불러 흥을 돋우었다. 연회가 끝나면 으레 거처로 돌아가곤 하였는데 그들의 거처는 다름 아닌 헬리콘 산과 파르낫소 산의 숲이었다. 음악의 신들은 이처럼 숲에 머물면서 숲의 정기 속에서 음악 예술을 다듬고 품으면서 살았던 것이다.

2. 음악 예술의 구성

음악(音樂, music-英, Musik-獨, musica-伊)은 소리(音)로 인간의 사상, 감정, 영감 등을 표현하는 예술이다. 소리는 시간에 관계하기 때문에 음악을 시간적 예술이라고 할 수 있다. 음악 예술은 건축이나 회화, 조각 등의 조형 예술처럼 시간적으로 공간적으로 계속해서 그 형태가 남아 있지 않고, 악기의 연주 또는 사람의 가창과 동시에 표현(구성)되며, 연주와 가창이 없어지면 음악적 형태가 바로 없어지는 시간 예술이다.

음악 예술의 형식은 두 가지 측면에서 다뤄진다. 하나는 한 작품 내에서 부분과 전체의 관계를 말할 때 쓰이는 형식이고, 다른 하나는 작곡의 모델이 되는 모범적인 여러 가지 '형식(모델적 형식)' 이다. 그러나 양자는 서로 상반된 내용을 말하는 것이 아니라 내포와 외연의 관계에 놓여 있다.

전자인 부분과 전체의 관계를 말하는 형식은 음악 이전의 음재료(音材料), 형식적 규범으로서의 구성 원칙들 그리고 음악적 구성을 추진시키는 아이디어 등 3요소로 결합되어 있다. 음재료는 소리와 악기에, 구성 원칙은 작곡 이론에, 그리고 아이디어는 작곡 작업을 추진시키는 내적인 힘과 곡의 형상화 작업을 매개하여 주는 작곡자의 정신적 노력이다. 한편, 형식화된 음악 즉 작곡된 음악을 구성하는 두 가지 중요한 요소는 음향적 재료와 작곡가의 악상(아이디어)이다(dtv-Atlas).

모델적 형식은 모범적인 작품들을 추상화시켜 만든 것으로 음악의 구조적 상관성을 파악한다. 이것은 악종(樂種: 실내악, 성악 등의 곡의 종류)이나 음악 양식의 개념과 결부되어 있다. 작품을 소나타 형식, 론도 형식 등으로 구분하는 것은 여기에는 바탕을 둔 분류이다.

이제, 숲이 음향적 재료로서 그리고 작곡가의 음악적 아이디어 제공에 어떤 역할을 하고 있나 살펴보며, 숲과 연관되어 작곡된 작품들을 위에 언급한 여러 가지 모델적 형식에 맞춰 관찰하기로 한다. 소개될 작품이 많은 관계로 인하여 가곡(歌曲 :성악곡)은 제외하였지만 이에 대하여서는 다음 기회에 다른 주제로 관찰하여 다뤄보고자 한다.

3. 음향적 재료로서의 숲

음악 예술의 형성과 존재를 가능하게 하는 것은 소리다. 또한 소리인 음은 도구인 악기 없이는 그의 형성과 존재가 불가능하다. 음향적 재료인 소리와 악기의 시초는 자연이며 숲에서 출발한다. 여기서 우리는 먼저 음향적 재료로서의 소리가 되는 숲을 관찰하고, 이어서 악기의 제작 재료로서의 숲과 나무를 살펴보기로 한다.

1) 소리로서의 숲

숲 속에는 무진장한 음향적 재료가 숨쉰다. 수를 헤아릴 수 없는 여러 가지 종류의 새 울음소리, 개울물소리, 바람이 나뭇잎 스쳐가는 소리 등, 사실 따지고 보면 이들 음향적 재료로서의 자연의 소리 자체가 하나의 완성된 음악곡이라 평가할 수도 있겠다. 채근담 후집 제64에는 '임간송운 석상천성 정리청래 식천지 자연명(林間松韻 石上泉聲 靜裡廳來 識天地 自然鳴…)' 이라는 구절이 있다. 이는 숲 속의 송풍과 돌 틈을 달리는 물소리도 마음을 고요히 하고 들으면 천지자연의 음악이라는 뜻이니, 이것은 숲이 이미 자연적으로 완성된 하나의 음악 작품임을 대변하는 것이라 말할 수 있다.

어쨌든 숲 속에는 자연의 소리(자연음)가 있다. 이 자연음에서 음악 예술이 태동하였으며 음악 작품을 구성하였다. 음악 작품 중에는 숲 속에 있는 새소리나 물흐름 소리, 바람 소리 등을 직접 악기로 사용한 예가 허다하다. 작품의 주제나 모티브 등을 위해서 빈번하게 사용되고 있는 숲 속의 음향적 재료는 새의 울음소리이다. 대표적인 것으로는 뻐꾸기, 나이팅게일[1], 메추라기, 종달새, 제비, 까치, 까마귀, 불새 등이다. 비생물적 음향 재료로서는 물소리와 바람 소리(특히 폭풍)가 많이 도입되고 있다.

음악 예술에 있어서 작품에 이러한 자연의 소리를 도입하는 방법인 자연회화법(自然繪畵法) 혹은 자연묘사법(自然描寫法: Naturmalerei)은 바로크 시대의 비발디(Vivaldi, A.: 1678~1741)에서부터 시작하여 고전 시대의 헨델(Haendel, G. F.: 1685~1759)과 하이든(Haydn, F. J.: 1732~1809)에게서 완성되는 듯하다. 슈미트-

1) 밤꾀꼬리라고도 하는데 유럽산 지빠귀과의 작은 새로 밤에 절묘한 목소리로 아름답게 운다. 특히, 아름다운 목소리를 지닌 여가수를 나이팅게일(nightingale, Nachtigall)이라고 부르기도 한다.

사진 6-18. 숲은 자연의 소리를 담고 있는 악기이다.

포트(Schmidt-Vogt, 1955)의 지적이 아니라도, 하이든은 그의 작품에 음악적 재료(musikalische Mittel)로서 시냇물 흐르는 소리, 나이팅게일, 나뭇잎 소리를 아주 잘 기술하였다. 특히, 1740년에 창작된 오라토리오[2] L' allegro, il pensieroso ed il moderato에는 이와 같은 그의 자연 묘사가 잘 나타나 있다. 자연의 소리를 음향적 재료로 도입하여 작곡된 작품들 중에서 감상할 만한 곡들을 표 6-8에 소개한다.

악기 재료로서의 숲-악기의 분류와 목제 악기: 성악(聲樂: vocalmusic)을 제외한 음악 연주의 수단이 되는 악기는 공기울림악기(Aerophone), 몸울림악기(Idiophone), 막울림악기(Membranophone), 현울림악기(Chordphone), 기계식-전자악기(Mecha-nisch-Elektrische Instrumente) 등 다섯 그룹으로 분류한다(Diagram Group, dtv-Atlas). 공기울림악기는 공기의 진동으로 소리내고, 몸울림악기는 악기

2) 오라토리오(Oratorio)는 성담곡(聖譚曲)이라고도 하는데 성서의 내용을 독창, 합창, 오케스트라를 위해 꾸며서 무대 연기 없이 음악회 방식으로 공연된다. 하루 저녁의 음악회를 한 개의 작품으로 채울 수 있는 길이를 가진 것이 보통이다(dtv-Atlas).

자체의 진동으로 음이나 소음을 내며, 막울림악기는 악기의 몸통에 씌운 막을 치거나 마찰시킨 진동으로 소리를 낸다. 현울림악기는 줄을 진동시켜 소리내며, 기계식-전자악기는 기존의 악기 소리를 전기의 힘으로 확대시키거나 완전히 새로운 전자식 악기로 소리를 낸다. 각 그룹에 속하는 악기를 금속제 및 목제로 구분하여 분류하면 다음과 같다(표 6-8).

2) 목재의 음향적 특성

악기의 재료로서 목재가 이용된 시기는 음악의 역사와 동시이다. 그렇다고 해서 이것이 악기의 원시성을 말하는 것은 결코 아니다. 이것은 오히려 악기 재료로서의 목재의 음향적 특성이 탁월하다는 의미로 해석할 수 있다.

목재는 몸울림악기인 마림바나 실로폰에서는 발음체로, 현울림악기인 바이올린이나 피아노에서는 향판(響板)으로, 그리고 공기울림악기인 클라리넷에서는 공명판(共鳴板)으로 사용된다. 이처럼 목재는 악기마다 용도는 다양하지만 모두 진동에 의한 음의 방사(放射)와 관련되어 있으며, 목재의 음향적 특성이라고 하는 것은 결국은 음에 관련하는 진동 특성이다(Okano Takeshi, 1992). 목재의 이런 특성을 감안하여 피아노의 향판을 선별할 때는, 섬유 방향의 음향 속도가 크다는 점, 작은 진동에도 발음될 수 있도록 가벼워야 하는 점, 탄력성이 있고 휨과 늘어남이

사진 6-19. 바이올린이나 피아노를 제작하는 데 사용되는 독일가문비나무

표 6-8. **음향적 재료인 소리로서 숲이 도입된 음악작품**

시대구분	작곡가	작품	음향적 재료
바로크	Vivaldi, Antonio (1678 ~1770)	Four concerto grosso the four seasons op.8	봄의 새들의 노래, 특히 여름의 뻐꾸기 울음소리
고 전	Haendel, G. F. (1685 ~1759)	L' allegro, il pensie- roso ed il moderato	나이팅게일, 나뭇잎 소리 시냇물 소리
		Concerto for Organ & Orchestra "the Cuckoo and the Nightingale"	뻐꾸기와 나이팅게일을 본 딴 대화풍 부분은 절품(제2악장 Allegro)
	Haydn, F. J.	Symphony "Toy" (1732 ~1809)	뻐꾸기와 나이팅게일 (제1악장 제1주제)
		String Quartet "Vogel Quartet" in C major	새(Vogel)의 울음소리를 절묘하게 도입
		String Quartet "Lerchen" in C major	달새(Lerchen)의 지저귐이 제1악장의 주제
	Beethoven, Ludwig van (1770 ~1827)	Symphony No.6 "Pastorale"	나이팅게일, 메추라기, 빼꾸기 소리(제2악장)
		Sonata for Piano no.15 "Pastral"	숲 속의 나뭇잎 흔들리는 소리(제4악장)
낭 만	Weber, Carl Maria von (1786 ~1826)	"Konzertstueck" for Piano and Orchestra	숲의 물결소리(제4악장을 작곡가 스스로 표현)
	Rossini, G. A. (1792 ~1868)	Opera La gazza ladra Overture	도둑까치(La gazza ladra) 를 표현함
국 민	Schumann, R. A. (1810 ~1856)	Symphony no.1 "Spring"	'나비가 날아 모두가 봄 다와 집니다' (작곡가)
	Chopin, F. F.	Mazurkas no. 19 (1810~1849) Preludes op.28	시 "빼꾹새"를 표현함 시내의 노래(제3번) 나뭇잎의 노래(제5번)
	Liszt, F. (1811-1886)	Symphonic poem, no.6 "Mazeppa"	황야의 새 울음소리
	Smetana, B. (1824 ~1884)	"the Moldau"	나무에서 떨어지는 물소리가 강물이 됨을 표현
후기낭만 **후기국민**	Strauss, Joseph (1827 - 1870)	"Dorfschwalben aus Oesterreich	알프스를 날아다니는 마을 제비를 표현

시대구분	작곡가	작품	음향적 재료
인 상	Saint-Saens, C. C (1835~1921)	Le Carnaval des Animaux	캥거루(제6곡), 숲속의 뻐꾹새(제9곡)
	Strauss, R. (1864~1949)	Eine Alpensinfonie	특히 시냇가의 정경과 숲속의 폭포를 잘 묘사
	Ravel, M. J. (1875~1962)	Miroirs	나방이(제1곡) 슬픈 새(제2곡)
현 대	Stravinsky, I. F. (1882~1971)	Song of Nightingale (Symphonic poem)	나이팅게일의 노래
		L' Oiseau de feu Ballet	불새와 왕자 이야기

자유로운 점 그리고 접합된 각각의 재질은 균일해야 하는 점 등의 조건을 만족시켜야 한다. 이런 조건을 만족시키기 위한 기본 전제는, 목재에 결점이 없을 것, 연륜은 4~8개/cm, 장년기의 성숙재로 충분히 건조되고 말린 것, 악기 1대에 쓰이는 목재에 대해서는 연륜수, 색조, 절삭 방향을 동일하게 할 것 등이다(Okano Takeshi, 1992 재인용).

사진 6-20. 전나무의 목재도 악기의 재료로 사용된다.

악기의 황제라 불리는 파이프오르간의 대부분은 아연과 납의 합금으로 된 파이프를 제외하고는 거의 모두 목재로 구성되어 있다. 또한, 악기의 여왕이라고 하는 바이올린의 구조에 있어서도 현과 활을 제외한 나머지 부품은 모두 나무로 되어 있다. 목재의 음향적 특성을 백분 이용한 악기들이다.

바이올린에 사용하는 부품들은 모두 한 가지 종류의 나무를 사용하는 것이 아니고 거의 대부분 다른 종류의 나무를 사용한다. 몸통의 앞판과 옆판은 대개 소나무와 전나무를 사용하고, 뒤판은 단풍나무를 사용하며 목 부분의 지

표 6-9. **악기그룹별 목제 · 금속제 악기의 구분**

악기그룹	악기의 제작 재료에 따른 구분	
	목제 악기	금속제 악기
공기울림	목관: 플루트, 피콜로, 오보에, 클라리넷, 잉글리쉬호른, 파곳, 색소폰. 일부 목제 오르간, 풍금, 하모니카, 멜로디카, 아코디언	금관: 각종 자연호른(Natur-horn) 호른, 발트호른, 튜바, 트럼펫, 트럼본
몸 울 림	딱딱이, 캐스터네츠, 실로폰, 마림바폰	심벌즈, 글로켄슈필, 종, 첼레스타, 시스트룸, 슈필도제, 노래톱, 경, 트라이앵글
막 울 림	각종 목제 북, 봉고, 마찰북(숲속의 귀신)	팀파니, 각종 금속제 북
현 울 림	현울림악기의 대부분은 현과 부속장치를 제외하고는 악기 전체가 거의 목제 가야금, 금(중국), 고토(일본), 기타, 하프, 클라비코드, 쳄발로, 피아노, 바이올린, 비올라, 비올린첼로, 콘트라베이스, 만돌린, 류트	

판은 검은 박달나무를 사용하고 있다. 이들 부품들에 의해 구성된 바이올린의 형태를 좀 더 자세하게 보자. 외형은 굽어 있는데 이는 휘어서 제작된 것이 아니고 나무 자체를 그 모양대로 볼록하게 깎은 것이다. 또한 앞판은 세로로 자른 판자로 뒤판은 가로로 자른 판자로 만든다. 이것은 물론 소리의 공명과 나무결의 음향적인 역학 관계를 고려해야 하기 때문이다. 이를 위해서 건조 단계부터 조심스럽게 다뤄지지 않으면 안 된다. 각각의 세부 구조들은 악기가 받아야 하는 장력과 압력을 잘 견디도록 설계되어 있다. 아마티-스트라디바리-과르네리로 이어지는 인맥은 바이올린의 명장인들이다. 이들이 만든 악기는 명기로 되어 있고 대단히 귀해서 수억 또는 부르는 게 값으로 되어 있다. 나무와 숲이 창조하는 또 다른 진면목이다. 악기용 목재로 이용되는 나무들을 다음 표 6-10에 소개한다.

3) 음악에서 선호한 목제 악기

우주와 자연의 가장 내면적인 본질로서의 음악을 체험한 낭만주의에 있어서

표 6-10. 악기용 목재의 주요 수종명

악기명	부품명	주요 수종명
바이올린	앞판	독일가문비, Picea sitahensis, 소나무, 전나무
	뒤판	단풍나무, 플라타너스
피아노	향판, 향봉	독일가문비, sitka spruce, red spruce
	끼운木	단풍나무, 회양목, 고로쇠나무
클래식기타	앞판	독일가문비, sitka spruce, western red cedar, red spruce
	뒤판	African mahogany, 단풍나무
실로폰	음판	African padauk
리코더	목판	흑단(ebony)
비파	앞판	오동나무

(이화형외, 목재물리 및 역학, 1989, p.155)

음색은 자연과 가장 가까운 소리들을 선호했다. 그래서 발트호른은 사냥과 성(城)과 기사도를, 플루트는 그리스의 숲 들 목양의 신인 판(Pan), 전원, 목동들의 낙원을 그리고 클라리넷은 샬마이(목동의 피리)를 표현하였다. 특히, 산림 모티브나 사냥 모티브 등 숲과 관련된 내용을 표현하는 데 가장 선호했던 악기는 발트호른(Waldhorn: 숲의 호른)이다. 그 이유는 이 악기가 숲의 분위기에 가장 잘 어울리는 악기이기 때문일 것이다.

4. 악상의 샘터로서의 숲

작곡가는 일상에서 얻은 또는 직접 창작 과정에서 얻은 악상(樂想)을 작곡이라는 창작적 노력을 통하여 음악 예술로 승화시킨다. 멋진 악상은 명곡을 창작할 수 있게 하는 계기를 마련한다. 음악가와 그들의 작품을 관찰해 볼 때, 자연과 숲에서 얻은 악상으로 불후의 명곡을 작곡한 예가 이루 헤아릴 수 없이 많음을 알 수 있다. 바로크 시대의 비발디에서부터 시작하여 하이든, 베토벤, 슈트라우스, 레스피기, 쇼스타코비치에 이르기까지 많은 음악가들이 숲과의 교감을 통해서 얻은 음악적 영감을 음악 예술로 승화시켰다. 이들은 때로 자연 전체를, 혹은 특정한 산이나 숲을, 또는 한그루의 나무나 초본 식물을 대상으로 얻은 악상(樂想)을 주제나 모티브로 삼아 교향곡이나 교향시, 오페라, 가곡 등에 이르기까지 음악의 여러 형식에 맞춰 작곡하였다. 지면 관계상 대표적 음악가와 작품만을 기술하고 나머지 해당 작품들은 표로 소개하고자 한다(본인의 고전 음악 감상 능력의 부족함을 보충하기 위하여 삼호출판사의 《명곡해설》(1992)이 많이 참조되었음을 밝혀 둔다).

사진 6-21. 오스트리아 빈의 궁전 정원

5. 헨델-하이든-베토벤, 음악 예술 표현의 감각성과 관념성

슈미트-포트(Schmidt-Vogt)가 앞서 지적한 것처럼 하이든은 자연묘사법을 도입하여 숲의 정경을 실감나게 표현하고 있다. 그는 또한 숲에서 얻은 영감을 그의 오페라 크세르크세스의 아리아 라르고에서 다음과 같이 묘사하고 있다: 아름답게 들어찬 나무 그늘. 그 사랑스러움은, 천둥이 몰아치고 폭풍우가 몰아쳐도 나무 그늘처럼 아늑하도다. 무성한 나무 그늘이여, 내 영혼이 쉬는 곳. 뻗어가는 가지와 줄기는 비할 데가 없노나. 무성한 나무 그늘, 내 영혼의 안식처여.

숲의 음악 예술적 가치 표현에 있어서 헨델이나 하이든은, 작품 내에 직접 새 울음소리, 나뭇잎 소리, 시냇물 소리 등을 끌어들여 숲을 주로 '감각적 사생화(感覺的 寫生畵)' 로 표현하고 있는 것 같다. 이에 반하여 베토벤은, 자연을 소재로 창작한 그의 작품들을 관찰해 볼 적에, 전기한 헨델이나 하이든과 같은 그런 식이 '자연 묘사' 의 예는 거의 없는 것으로 보아서, 주로 '관념적(觀念的)이고 정서적

사진 6-22. 베토벤과 그가 오스트리아 빈 숲 근처에 살았던 집

(情緒的)인 사생화' 로 숲의 음악 예술적 가치를 표현하고 있다고 생각한다.

베토벤은 자신의 교향곡 제6번 전원(Pastorale)에다 '특징 있는 교향곡, 전원생활의 추억' 이라고 적고 있다. 이러한 이유를 후세 사람들은, 이 곡을 작곡할 시기가 그가 귓병으로 고통을 받아 자주 비인 근교의 숲이 울창한 하일리겐슈타트로 요양 가서 자연에 묻혀 그 생활을 즐긴 시기였기 때문이라고 추측하고 있다. 그는 거의 매일같이 모자도 쓰지 않고 혼자서 전원을 산책하였는데, 그는 그때의 감상을 다음과 같이 적었다: 전능하신 신이시여, 숲 속에서 나는 행복합니다. 여기서 나무들은 모두 당신의 말을 합니다. 아, 신이여, 이 곳은 얼마나 장엄합니까? 숲 속 언덕 위의 이 정적이여, 당신을 받들기 위한 이 정적이여(삼호출판, 1992).

베토벤이 독일 태생의 예술가인데도 불구하고 오스트리아로 와서 비인 숲 속으로부터 영감을 받아 전원과 같은 대작을 남긴 사연은 무엇일까? 200년 전인 1792년 베토벤이 하이든에게서 사사(師事)하기 위해 두 번째로 비인을 방문했을 때다. 그 당시 유명한 음악예술 애호가였던 비인 출신의 페르디난드 그라프 발트슈타인(Ferdi-nand Graf Waldstein)은 베토벤에게 다음과 같이 말했다: "모차르트의 정령이 아직도 그의 죽음을 슬퍼하고 있소. 하이든에게서 안식처를 찾았지만 아직 활동은 하지 않고 있는데, 아마도 하이든을 통해 다시 한 번 소원을 이루려나 보오. 지체하지 말고 하이든에게서 모차르트의 혼을 앗아 오시오, 지체하지 말고."

천재성을 다 이루지 못하고 1791년 겨울 요절한 모차르트의 혼이, 여전히 그의 죽음을 애통해 하다가 하이든에게서 안식처를 발견하고 모차르트한테 이루지 못한 천부적 자질을 그를 통해서 성취하려 시도하니, 활동을 개시하기 전에 모차르트의 혼(천재성)을 얼른 하이든에게서 빼앗아 오라는 내용이다(맹순영, 1992). 베토벤이 다시 스승 하이든에게서 모차르트의 혼을 넘겨받았는지는 모르지만, 결국 명작들을 창작하게 되는데, 이는 베토벤의 음악적 재질과 숲에서 얻은 정신적 안정 그리고 영감에 의한 것이 아닌가 생각된다.

6. 음악 예술의 창작 모티브 – 산과 숲과 나무

산을 대상으로 작곡한, 특히 산을 표제로 붙이거나 산의 정경을 묘사한 음악가로서 국민파 음악가 리스트(Bergsymphonie no.1: 산악교향곡), 후기 낭만파 음악가 프랑스인 댕디(Symphonie sur un Chant montagnard francais: 프랑스 山사람의 노래에 의한 교향곡), 인상파 음악가 리하르트 슈트라우스(Eine Alpensinfonie: 알프스 교향곡), 현대 음악가 그로페(Grand canyon suite: 그랜드캐니언조곡), 코프란드(Appalachian Spring: 아팔라치아의 봄) 등을 꼽을 수 있다.

슈트라우스가 작곡한 알프스 교향곡(Eine Alpensinfonie)을 듣고 있으면, 인간

사진 6-23. 요한 슈트라우스와 그의 악보

이 음악 예술을 통해서 자연을 이처럼 아름답게 표현할 수 있을까라는 의구심을 자아내게 한다. 작곡자는 장대한 악기 사용으로 대단히 섬세하고 명쾌하게 오케스트레이션하여 뛰어난 수법으로 숲의 정경을 묘사하고 있다. 알프스 교향곡의 구성은 다음과 같다: 밤 – 해돋이 – 등반 – 숲으로 들어가다 – 시냇가의 아름다움 – 폭포에서 – 환각 – 꽃에 덮인 목장 – 목장의 언덕 – 숲 속에서 방황 – 빙하 위에서 – 위험한 순간 정상 – 환영(幻影) – 안개가 끼다 – 해는 점점 지고 – 슬픈 노래 – 폭풍 전의 적막 – 뇌우 – 하산 – 일몰 – 밤. 한편, 슈트라우스는 이 곡이 초연되었을 때 "이제야 비로써 관현악법을 배웠다."라고 실토했는데(성음 DECCA, SXL 6752), 이는 '작곡자 스스로가 곡에 대하여 대단히 만족하고 있으며 알프스의 정경을 그만큼 잘 표현했다.' 라는 의미로 이해해야 할 것이다.

나무나 풀, 꽃, 새 등 시를 구성하는 개별 요소를 주제 삼아 표현한 작가와 작품 중에는 주로 가곡이 많다. 가곡이외의 작품에 대한 예술가들은 로시니, 슈만, 요한 슈트라우스, 요셉 슈트라우스, 생상스, 차이코프스키, 레스피기, 스트라빈스키 등이다. 로마의 소나무(Pini di Roma)는 레스피기의 작품이다. 레스피기는 아름다운 가락과 환상적인 음악적 향기로 풍경을 묘사하는 방법이 능수능란한 작곡자로 알려지고 있다. 천 년의 역사를 자랑하는 고도 로마, 여기저기 늘어선 유적과 검푸른 초록의 근엄한 자태를 내보이며 우뚝우뚝 서 있는 소나무. 언제 어디서 보나 그 빛깔만 보아도 믿음직스럽다. 1924년에 초연된 이 곡은 교향시로서 4부분으로 되어 있다: 제1부 보르게제 장(莊)의 소나무, 제2부 카타콤(지하묘지)의 소나무, 제3부 지아니콜로의 소나무, 제4부 아피아 거리의 소나무. 후에 레스피기는 '소나무' 라는 별장에서 타계했는데 이를 보아도 소나무와 매우 밀접한 작곡가이다.

숲(Wald; Forst; Forest)을 표제로 하여 창작한 대표적인 음악가로는 요한 슈트라우스, 차이코프스키, 쇼스타코비치 등이 있다. 요한 슈트라우스에 있어서 숲은 낭만과 환희와 사랑 그 모든 것이었다. 그의 작품 '비인 숲 속의 이야기(Geschichten aus dem Wiener Wald)' 는 숲을 가장 정열적이고 희망적이고 생동감이 넘치게 표현한 작품이 아닌가 생각된다.

'음악 예술에 있어서 이데올로기가 없는 작품은 있을 수 없다.' 라고 말한 러시아 태생의 드미트리 쇼스타코비치. 그런 그도 한 때 공산당 중앙위원으로부터 반성과 자기비판을 요구 받았는데, 숲의 노래(Song of the Forest)로 복귀하여 결국엔 스탈린상을 수상한다. 숲의 노래는 오라토리오로서 도루마토스키의 시를 소재로

하여 1949년에 완성되었으며 그 해 11월 26일 모스크바 음악원에서 초연되었다. 쇼스타코비치는 이 곡의 창작 동기를 다음과 같이 기록하고 있다: 나는 북쪽 지방에서 성장하였다. 그 곳은 울창하고 멋진 삼림과 황야. 잎은 푸르고 숲의 향기는 황홀하다. 숲의 신비한 음악은 나를 도취시켰다. 정부의 삼림개조 계획은 이전부터 나의 염원을 테마로 해서 '숲의 노래'를 창작케 한 동기가 되었다.

1) 숲과 사냥과 음악

악곡(樂曲)의 모티브가 되었던 또 다른 소재 중엔 역시 사냥이 있다. 숲 속에서의 사냥 장면이 창작에 영향을 주게 된 이유로는, 사냥 중의 각종 신호 소리, 숲 속에서 울리는 총성에 의한, 혹은 사냥꾼들의 떠드는 소리들에 의한 메아리가 숲의 분위기를 입체적으로 묘하게 잘 나타내 주는 음악적인 효과를 갖게 되기 때문이 아닌가 생각된다. 숲 속에서의 신호를 위해서는 대부분 발트호른(숲 호른: Waldhorn)이 사용되었는데, 이것은 호른의 묵직한 음색(音色)이 숲의 분위기에 썩 잘 어울리기 때문이다. 사냥 중의 이 발트호른을 사냥호른(Jagdhorn)으로 부르기

| 사진 6-24. 봄숲의 색이 만들어 내는 향연은 하나의 화음과 다르지 않다.

도 한다. 어찌되었든 많은 음악가들이 사냥을 주제로 작곡하거나 혹은 작품 중에 사냥과 관련된 내용을 많이 삽입하게 되었는데, 헨델의 오페라 율리우스 시저(Julius Caesar) 중에는 이리사냥 아리아(Jagdarie)가 나온다. 하이든의 오라토리오 사계(die Jahreszeiten), 기타 합창곡 중에도 많은 흔적이 보인다. 베버의 마탄의 사수(Freischuetz) 중 사냥꾼의 합창은 널리 알려진 것 중의 하나이다.

숲과 자연으로부터 악상을 얻어 작곡된 작품들을 다음에 표 6-11에서 소개하고자 한다.

표 6-11. 숲과 자연이 창작 모티브(동기)가 된 음악작품

시대구분	작곡가	작품	감상 내용
바로크	Corelli, A. (1653~1713)	Pastorale-Largo in "Christmas Concerto"	시칠리 섬 목동의 성탄 축하와 들판의 천사의 춤
	Vivaldi, Antonio (1678~1770)	Four concerto grosso the four seasons op. 8	숲과 자연의 4계절의 서정을 표현
고 전	Hä ndel, G. F. (1685~1759)	Suite no. 5 in E major "Aria & Variation"	시골의 대장간 주변의 풍경 표현
		Serse - Largo	숲과 나무의 은혜로움
		Julius Casar(Opera)	사냥 아리아
	Haydn, F. J. (1732~1809)	Oratorium "Die Jahreszeiten"	여름에 대한 묘사 일품
		String Quartet "Vogel Quartet" in C major	새(Vogel) 울음소리를 절묘하게 도입
		String Quartet "Lerchen" in C major	종달새(Lerchen)의 지저귐이 제1악장의 주제
	Stamitz, C. (1745~1801)	Jagdsinfonie	사냥 심포니
	Beethoven, Ludwig van (1770~1827)	Symphony no. 6 "Pastorale"	전원 풍경을 표현
		Sonata for Piano no. 15 "Pastral"	특히 제4악장에서 전원을 특징적으로 묘사
		Sonata for Violin and Piano no. 5 "Spring"	산천초목이 화답하며 생동하는 봄을 묘사
낭 만	Weber, Carl Maria von (1786~1826)	"Konzertstueck" for Piano and Orchestra	숲에 대한 서정적 피아노 협주곡
		Opera "Der Freischuetz"	호른 연주, 사냥꾼 합창

시대구분	작곡가	작품	감상 내용
	Berlioz, L. H. (1803 ~ 1869)	Symphony Fantastique	제3장들의 풍경
	Mendelssohn-B. J. (1809 ~ 1847)	"Fingalshoele" Overture	스코틀랜드의 헤브리데스 群島의 絕景 묘사
국 민	Schumann, R. A. (1810 ~ 1856)	Symphony no. 1 "Spring"	봄의 정경을 교향곡으로 작곡
	Chopin, F. F. (1810 ~ 1849)	Ballad no. 2	호수와 숲 등을 묘사
		Preludes op. 28 no. 3, 5	시내와 숲의 정경
	Liszt, F. (1811 ~ 1886)	Bergsymphony no. 1	'산 위에서 듣다'
	Raff, J. J. (1822 ~ 1882)	Sinfonie "Im Walde"	제3부: 숲의 요정의 춤
	Frank Cesar (1822 ~ 1890)	"Pastorale" Organ	온화한 목가풍경을 오르간의 음색으로 감상
	Smetana, B. (1824 ~ 1884)	"the Moldau"	스마바 숲, 숲 주변의 강 줄기, 프라하 등을 표현
후기 낭만 후기 국민	Bruckner, A. (1824 ~ 1896)	Symphony no. 4 Eb "Die Romantische"	일명 숲의 교향곡 (Wald-sinfonie).
	Strauss, J.(아들) (1825 ~ 1899)	"An der schnoenen blauen Donau"	도나우 강의 풍광과 생활 을 왈츠에 실어 묘사
		"Geschichten aus dem Wiener Wald" "Fruehlingsstimmen"	비너 발트(비인 숲)의 사랑 이야기 봄의 정경
	Saint-Saens, C. C. (1835 ~ 1921)	Le Carnaval des Ani-maux	동물의 사육제(6, 9곡)
	Mussorgsky, M. P. (1839 ~ 1881)	a night on bald mountain	민둥산의 밤의 두려움과 여명의 장면을 묘사
	Tchaikovsky, P. I. (1840 ~ 1893)	the swan lake the sleeping beauty	백조의 호수 잠자는 숲 속의 미녀
	Dvorak, A. (1841 ~ 1904)	Symphony no. 9 "from the new world"	잉글리시 호른의 단장의 멜로디는 노스탈자
	Grieg, E. H. (1843 ~ 1907)	Peer Gynt Suite Lyric Suite	곡의 일부를 통해 북극의 숲과 자연을 표현
	D'indy, P.M.T.V. (1851 ~ 1931)	Symph. sur un Chant montagnard francais	프랑스 비보레 산의 웅대 한 인상, 양치기 노래
	Mahler, G. (1860 ~ 1911)	Symphony no. 1, 3 Symphony no. 9	자연의 신비로움을 표현 주로 숲과 자연시 주제

시대구분	작곡가	작품	감상 내용
인 상	Strauss, R. (1864 ~ 1949)	Eine Alpensinfonie	하루 중에 자연과 숲을 경험하는 과정을 기술
	Glazunov, A. K. (1865 ~ 1936)	Ballet Suite "The Seasons"	사계절을 표현한 발레 모음곡
	Sibelius, J. (1865 ~ 1957)	Symphonic poem "Tapiola"	북극의 숲, 숲의 신, 숲의 요정, 원시의 꿈
	Roussel, A. (1869 ~ 1937)	Sympony No. 1. Le Poeme de la foret	"숲 속의 시": 숲 속의 정경
	Rakhmaninov, S. (1873 ~ 1943)	S. V. The Island of the Dead	사이프러스의 검푸른 숲을 플루트로 표현
	Ravel, M. J. (1875 ~ 1962)	Suite "Ma Mere L' Oye"	숲의 요정 공주와 야수가 된 왕자의 동화
	Respighi, O. (1879 ~ 1936)	Pini di Roma	특색있는 네 곳의 소나무를 작곡
현 대	Stravinsky, I. F. (1882 ~ 971)	Le Sacre du Printemps Ballet	발레 모음곡 봄의 제전 1. 대지에의 찬양
	Milhaud, D. (1892 ~ 1974)	La creation du Monde Ballet	제1, 2악장: 자연의 창조 과정을 묘사(발레음악)
	Grofe, F. (1892 ~ 1972)	Mississippi Suite Grand Canyon Suite	미시시피 강을 배경 그랜드캐니언 대협곡 정경
	Copland, A. (1900 ~)	Ballet Suite "Appalachian Spring"	봄이 오는 아팔라치아 산의 정경을 표현
	Shostakovich, D. D. (1906 ~ 1975)	Song of the Forest	러시아 산의 녹화과정을 오라토리오로 작곡

7. 자연의 음악성, 음악의 자연성

음악 예술을 구성하는 여러 가지 요소들, 이를테면 작곡가, 음향 재료로서의 소리, 작품, 그를 연주하는 수단인 악기 등은 숲, 혹은 자연과 불가분의 관계가 있음을 다시 강조할 필요도 없다. 숲과 자연을 떠난 음악 예술의 성립은 생각할 수 없다. 음악이 존재하려면 숲(=자연)이 있어야 한다. 이것을 정확히 말하자면, 숲이 있어야 음악 예술이 존재할 수 있다는 말이 된다. 전자는 '음악의 자연성' 을 말함이요, 후자는 '자연의 음악성' 을 의미한다. 자연(=숲)에 음악성이 있기 때문에 음악은 존재할 수 있으며, 음악에 자연성이 있기에 음악 예술이 가능한 것이다.

여기 숲의 음악성, 음악의 자연성을 확인할 수 있는 좋은 예가 있다.

비인 출신의 저명한 음악학자 빅토르 추커칸들(Victor Zuckerkandl)은 그의 에세이 '음악에 있어서 오스트리아다운 것'에서 조국 오스트리아는 어떠한 나라인가라는 질문에 다음과 같이 답변하고 있다: "오스트리아의 자연경관은 음악을 통해서 표현되고 있고, 음악을 통해서만이 자연경관을 감상하는 것을 배울 수 있으며 결국 오스트리아는 음(Ton)을 가지고 대답할 수 있다."(Kraus, 1989) 음악 예술을 떠난 오스트리아, 비인은 생각할 수 없다는 의미이다. 하이든 같은 거장이 있어서가 아니오, 모차르트와 같은 천재가 있어서도 아니다. 슈베르트나 슈트라우스나 브루크너 등의 음악적 시인이나 귀재들이 있어서는 더더욱 아니다. 그것은 바로 추커칸들이 말하는 것과 같이 그들을 잉태할 수 있게 해 준, 그리고 음악적 영감을 얻을 수 있게 해 준, 음 자체로 이뤄진 오스트리아의 아름다운 자연경관과 숲이 있기 때문이다. 즉 숲의 음악성, 음악의 자연성이다.

어지러워진 인간의 마음은 숲 속의 공기로 인하여 진정된다. 베도벤이 그랬고 슈트라우스가 그랬다. 거칠고 사나운 난파장의 음은 나무 조직 속에서 걸러지고 향판과 공명판을 통해서 조율된다. 바이올린 현의 기가 막히게 아름다운 멜로디도 나무로 된 공명 상자를 통하지 않고는 표현될 수가 없다. 성나고 분하고 격한 감정도 숲을 지나는 쇄락한 바람에 일거에 삭혀질 수 있고, 찢어지고 깨지고 날카로운 소리도 미로의 나무 결 속에서 조탁될 수 있다.

누에가 뽕 잎을 먹고 뽑아 낸 것이 인간 세상을 바꿔 놓은 비단 문화이다. 음악가가 숲의 정기를 받아 창조한 것이 음악 예술이요 음악 문화다. 아름답고 고운 나무 결 속에서부터 음이 조율되며, 깊고 울창한 숲 속으로부터 음악이 잉태된다. 숲은 음악 예술의 영혼이 숨쉬는 곳이다.

참고문헌

1. 맹순영. 1992. 오스트리아의 꿈. 월간음악 3월호: 90-95.
2. 미도문화사. 1977. 음악대사전. p 1597.
3. 삼호출판사 편집부. 1991. 명곡해설.
4. 삼호출판사 편집부. 1992. 클래식명곡해설.
5. 이화형 외. 1989. 목재물리 및 역학. 향문사.

6. 홍자성 저, 김구용 역. 1983. 채근담. 정음사.
7. Diagram Group. 1976. Musikinstrumente der Welt.
8. dtv, dtv-Atlas zur Musik(Bd. 1, 2) (홍정수, 조선우 편저. 1991. 음악춘추사.).
9. Kraus, G., 1989. Musik in Oesterreich. p.518.
10. Okano Takeshi. 1992. 목재의 음향적 성질. 삼림과학의 연구방향. 강원대 임과대학.
11. Schmidt -Vogt, H. 1955. das Waldthema in der Musik: Forstw. Cbl.

제 7 장

미술에 나타난 나무와 숲

우리나라는 국토의 7할 이상이 숲으로 이루어진 산악 국가이다. 선조들이 이 땅에 본격적으로 터 잡아 살기 시작한 것은 지금부터 약 8천 년 전이었다. 산이 많고 나무가 울창한 자연환경과 더불어 수천 년 살아 왔기 때문에 산과 숲 자체는 조상들의 삶의 터전이었다. 그런 까닭에 산과 나무는 우리의 사고 체계에 큰 영향을 끼쳤고 일찍부터 조형의 대상으로 형상화되어 회화적 흔적이나 옛 그림으로 나타나고 있다.

그림을 통해서 한국인의 나무에 대한 심성을 헤아려보는 이유는 한국인의 수목관을 엿볼 수 있기 때문이다. 한민족의 수목관을 구명하기 위한 이런 시도는 독일 프라이부르그 대학교 임과대학 볼츠 교수가 독일인의 전통적 산림관을 연구하고자 숲이 배경인 동화나 예술 작품을 분석하려한 시도와 유사하다.

咸興本宮松

제1절

문화유산 속의 나무그림

동양의 옛 그림은 서양의 풍경화와는 달리 산수화라고 일컫는다. 우리의 조상들은 예로부터 산과 물을 함께 그려 왔기 때문이다. 즉 산, 물 그리고 나무가 가장 중요한 그림의 요소로 자리 잡았다.

기록으로 남아 있는 우리 옛 그림에 가장 먼저 산이 나타난 것은 고구려 고분의 수렵도이다. 평남 강서군 강서면 덕흥리 고분 전실 동벽에 그려진 수렵도는 서기 408년의 고분 벽화로 알려져 있다. 이 그림에는 상형 문자 형태로 산의 모습이 형상화되어 있으며, 고사리 모양의 수목이 함께 그려진 이 수렵도를 통해서 선조들의 숲에 대한 정서의 단면을 엿볼 수 있다. 또한 평안남도 강서군 강서면 약수리 고분 전실 서벽에 그려진 수렵도에도 역시 산과 나무가 나타나고 있다. 이 벽

그림 7-1. 덕흥리 고구려 고분에 나타난 산과 나무

그림 7-2. 약수리 고구려 고분에 나타난 산과 나무

그림 7-3. 고구려 각저총의 세계수

화에서는 원근법이 사용되어 덕흥리 고분보다는 후기의 것으로 추정하고 있다.

고구려 고분의 벽화와는 달리 산과 물과 나무를 구체적으로 형상화시킨 회화적 흔적을 7세기경 백제 시대의 산수문전(山水文塼)에서 찾아볼 수 있다. 산수문전은 산수 문양을 얕은 부조형식으로 판형을 떠서 구워 만든 정방형 벽돌로 충남 부여군 규암면 외리의 옛 절터에서 출토되었다. 벽돌에 새겨진 문양은 초기 산수화의 시원적 양식을 반영하며, 토산의 능선에 소나무가 늘어서 있는 모습과 전면에 물이 흐르는 내용을 표현한 이 벽돌은 7세기 전 후경에 조성된 고구려 내리 1호분의 산악도 수목과 비슷한 형태를 담고 있다.

산수화 외에 나무와 관련된 가장 오래된 회화적 흔적은 청동기 시대의 유물에서 찾을 수 있다. 국립중앙박물관에 소장된 농경문청동기(農耕文青銅器)의 앞면에는 두 갈래로 갈라진 나뭇가지 위에 마주보듯 앉아 있는 모습의 두 마리의 새가 새겨져 있다. 다른 문화권에서 나타나는 세계수나 우주수의 새처럼 이 땅의 선조들이 2천여 년 전에 사용했던 청동기에 새겨진 나무와 새도 천계와 현세를 이어주는 하나의 매개물이었음을 상상할 수 있다.

천계와 현세, 또는 자연과 인간을 이어주는 연결고리 역할을 하는 나무는 동서양의 다양한 문화권에서 우주수나 세계수의 형태로 나타나고 있다.

| 그림 7-4. 백제의 산수문전에 나타난 산과 나무와 물

특히 각저총 현실 동벽의 씨름 그림에 나타난 나무는 고구려 고분 벽화 중에 가장 대표적인 세계수이다. 씨름 그림에는 네 마리의 새가 앉아 있는 붉은 갈색 줄기의 나무가 하늘로 솟아 있다. 천지 자연물 중에 유독 나무가 형상화되어 농경문청동기나 고구려 고분 벽화에 나타나는 이러한 예는 한민족의 수목관이 근원적으로 장구한 맥을 간직하고 있는 것을 시사한다.

나무에 대한 우리 민족의 심성은 이처럼 하루아침에 형성된 것이 아니라 수천 년을 두고 면면히 이어온 것이라 할 수 있다. 그래서 나무(우주수 또는 세계수)에 대한 뿌리 깊은 정서는 장욱진의 나무나 박수근의 나목 그리고 오늘날에는 손장섭의 큰나무나 김봉준의 당산나무 등으로 이어져 오고 있다.

제 2 절

전통 한국화 속의 소나무

1. 그림의 소재로 사랑받은 소나무

소나무는 우리 옛 그림에 가장 빈번하게 등장하는 수목 중 하나였다. '한국인의 경관 인식에 관한 연구'를 수행한 김경영은 동양화의 경우 경관 구성물의 출현 빈도가 산 91%, 물 73%, 소나무 53%, 잣나무 29%, 버드나무 17%, 대나무 15%, 복숭아나무 4%, 기타 활엽수 29%로 나무들 중에 소나무가 가장 빈번하게 출현하고 있다고 밝히고 있다. 이런 조사를 보더라도 소나무가 간직하고 있는 조형미나 예술적 상징성의 크기를 상상할 수 있다.

우리에게 가장 잘 알려진 소나무 그림으로 신라 시대 솔거의 노송도를 들 수 있다. 황룡사 벽에 그려진 솔거의 소나무 그림은 워낙 사실적이고 생동감이 있어서 새들이 앉으려다가 부딪혀 떨어졌다는 이야기가 전해질 뿐 그림은 존재하지 않는다. 기록으로 남아 있는 가장 오래된 소나무 그림은 6세기 고구려 진파리 1호분의 소나무 벽화를 들 수 있다.

2. 소나무의 조형미

우리는 굽은 소나무를 곧게 자란 나무에 비해서 못생겼다거나 아름답지 않다고 이야기하지 않는다. 우리 조형의 아름다움은 기계적이고 인위적인 직선보다는

그림 7-5. 고구려 진파리 고분벽화 속의 소나무

자연의 이치를 존중하는 곡선에 근거를 두고 있다. 이화여자대학교 미술대학 김영기 교수는 우리 조형 의식의 특징을 "자연 현상을 인간의 정신적 현상으로 고양시키는 것"이라고 정의하고 있다. 그는 한국인이 소나무의 외형보다 소나무에 부여된 내면적 의미를 더 좋아한다고 설명하면서 소나무는 "우리 마음속 깊은 곳에 내재된 맑고 깨끗하고, 강인하고 굽히지 않는 의식의 바탕"이라고 설명하고 있다. 그리고 이어 "조형 예술의 가장 보편적 특징 중 하나는 사물의 외부적인 특징들을 넘어서서 그 내면을 형상화하는 것"이라고 설명하고 있다. 바로 소나무의 외부형태보다 그것에 부여된 의미를 더 좋아하고 있는 것이라고 할 수 있다.

김 교수는 수직으로 뻗어나간 다른 나무들보다 오히려 꿈틀거리며 올라간 소나무의 선에서 생명의 운동과 팽창의 리듬을 더 잘 지각할 수 있으며, 그래서 굽이치며 성장하는 소나무를 통해서 외적 성장감뿐만 아니라 그 속을 흐르는 생명력에 대한 은유도 함께 느낄 수 있기 때문에 우리들이 굽은 소나무를 아름답게 본다고 결론을 내고 있다. 이것이 바로 우리들 대부분이 용트림하는 소나무를 아름답게 보는 이유일 것이다.

그림 7-6. 김정희의 세한도

3. 관념의 상징으로 형상화된 소나무

전통 한국화에 나타나는 소나무는 첫째, 지조와 절개의 표현, 둘째, 장수의 염원, 셋째, 탈속과 풍류를 상징하는 의미로 형상화한 것이라고 허균 소장은 주장하였다. 앞서 살펴본 것처럼, 지조와 절개의 표현은 추사 김정희의 세한도나 이인상의 설송도에서 극명하게 나타나 있으며, 장수의 염원은 도교의 영향으로 우리 삶 속에 녹아 있는 십장생도나 또는 강희안의 송석도에 그려진 소나무에서 찾을 수 있을 것이다. 바위 위에 한 그루 소나무가 서 있는 그림에서, 바위와 소나무는 장수를 상징하는 것으로 해석할 수 있다는 것이다. 지조와 절개, 장수의 염원를 상징하는 범주에 포함시키기 곤란한 그림도 없지 않다. 대표적으로 김수칠의 송계한담도나 이인상의 송하관폭도에서는 지조나 장수보다는 오히려 탈속이나 풍류의 상징으로 소나무를 활용했음을 알 수 있다.

동양화 속의 소나무는 실물 자체의 의미보다는 관념의 상징으로 형상화된 것

이라고 알려져 있다. 따라서 옛 그림에 나타나는 소나무는 유교적 윤리 규범의 상징이나 도교적 장생사상을 뜻하는 장수(長壽)의 상징물로 형상화된 것이 대부분이고, 자연 그대로의 소나무를 화폭에 담는 일은 드물었다. 그런 사례는 '새해에 뜻둔 모든 일을 이루라' 라는 의미를 간직한 소나무와 불로초를 함께 그린 '신년여의도(新年如意圖)' 에서도 찾을 수 있다. 소나무는 신년을 뜻하고, 불로초는 '생각한 대로 되다(如意)' 가 되어 새해인사용 그림이 되었음은 물론이다. 또한 소나무는 매화, 동백, 수선화와 함께 봄을 상징하는 대표적인 식물이거나 대나무, 매화와 함께 세한삼우로 상징되기도 한다. 세한삼우는 논어의 '익자삼우(益者三友) 손자삼우(損者三友)' 라는 구절을 연상시켜 나쁜 친구를 멀리하고 옳은 친구를 가까이 하라는 유교적 가치관을 상징하는 것일 수도 있다.

추사의 세한도(歲寒圖)나 이인상의 설송도에서는 소나무가 절의나 지조를 상징하는 유교적 가치관으로 형상화되었으며, 십장생도나 송학도(松鶴圖)의 소나무는 장생과 장수를 상징하는 도교적 가치관으로 형상화된 것이라 할 수 있다.

4. 조선 시대의 유명한 소나무 그림

조선 시대의 유명한 소나무 그림은 겸재 정선의 사직노송도, 능호관 이인상의 설송도, 송하관폭도와 검선도(劍僊圖), 단원 김홍도의 송하취생도(松下吹笙圖), 추사 김정희의 세한도 등을 들 수 있다. 산림학도의 관점에서 솔숲의 분위기를 가장 잘 나타낸 그림은 겸재의 금강전도나 만폭동도에서 찾을 수 있다. 금강산 일대에서 자라는 죽죽 뻗은 금강소나무를 사실적으로 묘사하고 있기 때문이다.

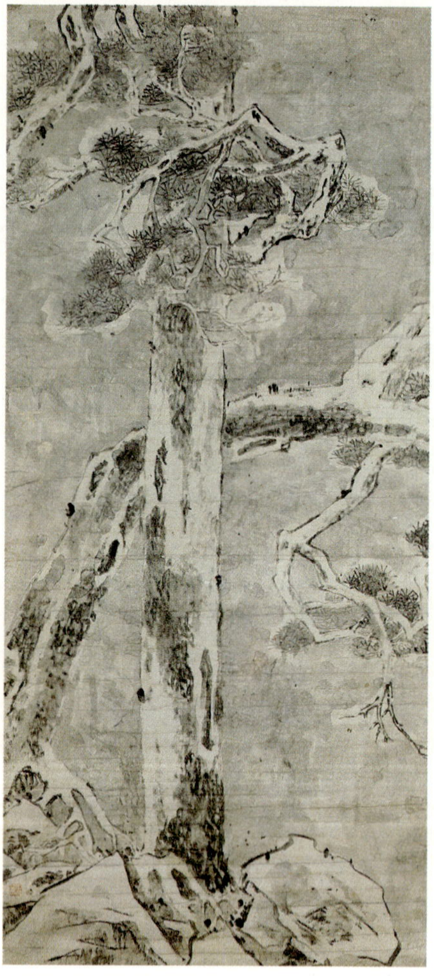

그림 7-7. 이인상의 설송도

그림 7-8. 정선의 사직노송도

5. 전통 한국화에 나타난 소나무의 생태

전통 한국화 속의 소나무는 과거의 산림 생태를 엿볼 수 있는 근거를 제공한다. 일반적으로 활엽수들은 토양이 비옥한 곳에서만 잘 자랄 수 있으며, 바위나 암반이 많은 척박한 입지는 활엽수들의 생육에 부적합하다고 할 수 있다. 그러나 소나무는 활엽수와 달리 척박한 장소에서도 살아갈 수 있는 생육 특성을 지니고 있다. 소나무의 이런 생육 특성은 조선 시대 산수화에 묘사된 소나무의 형태적 유형과 입지 특성을 산림학적 관점에서 분석한 연구(배상원, 2001; 김철영 2004, 2005)를 통해서도 확인할 수 있다.

수목의 형태와 입지에 대한 산림학적 조사 방법은 회화사적 방법으로 조선 시대의 산수화를 분석한 연구와는 다를 수밖에 없다. 그러나 조선 시대의 산수화에 묘사된 소나무의 입지와 생육 특성을 그림을 통해서 분석한 의도는 기록이 남아 있지 않은 조선 시대의 솔숲에 대한 생태학적 분석과 오늘날 조경 작업에 필요한 경관 미학적 응용을 생각할 때, 의미가 크다고 할 수 있다.

국립산림과학원의 배상원 박사는 과거의 소나무들이 자란 장소를 파악하고자 조선 시대의 산수화를 이용하여, 그림 속에 나타난 소나무의 입지와 생육 형태를 분석하였다. 배 박사가 조사 대상으로 삼은 산수화는, 수종(樹種) 구분이 불분명한 그림을 제외시켜 조선 초기부터 말기에 이르는 83점으로 작가나 작품명을 구체적으로 밝혀져 있지는 않다.

배 박사는 먼저 산수화에 묘사된 소나무의 생육 형태를 수간형(樹幹形)에 초점을 맞추어 살펴보았다. 그림에 묘사된 줄기의 형태가 곧거나 굽은 정도, 기울어지거나 불량한 형태인지 조사하여 정리하였다. 조사 대상의 조선 시대 산수화 83점 중 생육 형태를 확인할 수 있는 소나무는 모두 204그루였다. 소나무 줄기의 생장 형태 중 굽은 형태로 묘사된 것이 절반에 이르는 45%이었으며, 기울어진 형태와 곧은 형태로 묘사된 것이 각각 23%와 22%를 차지하였고, 불량한 형태로 묘사된 것이 11%에 달했다. 산악지의 소나무나 강기슭의 소나무 묘사에도 유사한 비율이 나타났다. 산수화 속에 묘사된 산악지에 자라는 소나무는 줄기가 굽은 형태(44%)나 기울어진 형태(26%)가 곧게 자라는 형태(18%)보다 월등히 많았다. 강기슭 역시 굽은 형태(53%)에 이어 곧은 형태(24%), 기울어진 형태(16%)로 산악지 그림으로 묘사된 줄기의 생육 형태와 비슷한 경향을 나타내었다.

이러한 조사 방법은 산림학적 관점에서 옛 소나무의 생육 형태를 파악하고자 한 연구로, 미술사적 관점에서 그림에 묘사된 소나무의 조형적 형태나 의미를 분석하고자 할 때는 다른 해석이 가능하다. 산수화에 묘사된 소나무 줄기 형태의 자연과학적 접근으로 유추할 수 있는 것 중 하나는 화인(畵人)이나 일반인들이 생각하는 소나무의 형태가 오늘날과 크게 다르지 않다는 것이다. 이와 같은 결과는 수천 년 동안 지속된 소나무의 과도한 벌채 때문에 접근이 용이한 인가 주변의 소나무가 줄기 형태는 굽은 것이 많았다는 사실을 다시 한 번 생각나게 한다. 조형적 관점에서 굽은 소나무의 형태가 곧은 소나무보다 활력과 에너지와 생동감을 묘사하는 데 뛰어나 그림에 더 많이 묘사될 수 있다는 것을 감안하더라도, 우리가 쉽게 떠올리는 소나무의 굽은 모습이 하루아침에 형성된 이미지가 아니라는 것을 다시 한 번 확인할 수 있다.

배상원 박사는 자신의 연구에서 산수화에 나타난 소나무의 생육 형태뿐만 아니라 생육 지역 또한 살펴보았다. 산수화에 묘사된 소나무의 생육 입지를 산악지, 구릉지, 하안(호수), 해안으로 분류한 후, 생육 입지 내 위치를 세분하여 산정, 산복, 산록, 계곡, 암벽 부분으로 구분하여 조사하였다. 조선 시대 산수화에 나타난 소나무의 생육 입지는 산악지(76%)가 가장 많았으며, 그 다음으로 하안(17%), 해안(3%), 구릉지역(2%) 순이었다. 산악지 중에서도 소나무들이 묘사된 곳은 주로 산정부(57%)가 절반 이상이었으며, 그 다음 순으로 빈번하게 묘사된 장소는 계곡부(17%), 암벽지(14%)였다. 산악지 중, 산복, 산록 등은 5% 이하로 나타났다.

산수화 속에 묘사된 소나무의 생육 형태는 한 그루만 자라는 단목형, 여러 그루가 모여 자라는 군상형, 그리고 숲을 형성하는 임분 형태로 나눌 수 있다. 조사 결과, 군상형(68%)이 숲의 형태를 띤 임분형(24%)이나 단목형(7%)보다 월등히 많은 것으로 나타났다.

조선 시대 산수화에 묘사된 소나무의 생육 특성은 김철영 박사의 연구로 확인할 수 있다. 김철영 박사는 조세걸, 권섭, 정선, 심사정, 강희언, 강세황 등 조선 후기 진경산수화가 22인(작자 미상 2인 포함)의 작품 230점 중, 소나무 숲이 묘사된 179점을 대상으로 소나무 숲의 특성과 입지적 특성을 분석하여 보고하였다. 김 박사는 조사 대상이 된 179점의 진경산수화에서 총 1,452개소의 소나무 숲이 묘사되어 있음을 확인하고, 이들 소나무 숲에 대한 입지적 조사를 시거리(근경, 중경, 원경), 수직 분포(산정, 산허리, 산기슭), 지형(능선, 계곡, 사면), 대지 조건(암반, 지반, 수변)으로 나누어 실시했다.

그의 연구 결과에 의하면, 진경산수화에 묘사된 소나무 숲이 자리 잡은 위치는 중경(51%)이 약 절반 정도, 그 다음에 근경(41%)이었으며 원경(8%)은 가장 적었다고 밝히고 있다. 그림 속에 묘사된 소나무의 수직적 분포는 산허리(38%)와 산기슭(36%)이 비슷하게 나타났고 산꼭대기(26%)에 묘사된 소나무는 상대적으로 작았다.

진경산수화에 묘사된 소나무 숲의 대지 조건은 6대 4의 비율로 지반(地盤)이 암반(巖盤)보다 더 많이 나타났다. 이러한 내용은 토양 조건이 양호한 곳에서도 잘 자랄 수 있을 뿐만 아니라 일반 식물이 생육하기 힘든 바위틈이나 암반 주변에서도 살아갈 수 있는 소나무의 생육 특성에 부합하는 결과라 할 수 있다.

암반에 위치한 소나무 숲은 대부분 능선부(82%)에 위치하는 것으로 묘사되었고, 계곡(11%)이나 사면(7%)에 위치하는 것으로 묘사된 그림은 많지 않았다. 암반 주변 또는 암반 위에서 자라고 있는 소나무나 소나무 숲을 묘사한 사례가 전체 비율의 40%에 이르는 것은 옛 화인들이 소나무와 바위 사이에 존재하는 조형적 의미뿐만 아니라 강인한 생명력을 지닌 소나무의 생태적 특성 또한 적절하게 묘사한 것으로 해석할 수 있다.

제 3 절

박수근의 그림에 나타난 나무의 의미

"살아생전에는 먹고 입고 잠자는 삶의 기본 요건도 해결하기 힘들게 가난했던 화가, 생전에 몇몇 외국인 이외에는 누구 하나 주목하지 않았던 화가, 우리 가난한 서민들의 삶을 한국적인 소박한 정서로 가장 잘 표현한 한국 현대 미술의 최고의 거장"으로 서술한 영남대 유홍준 교수의 '박수근 30주기 회고전 관람평(동아일보 1995년 5월 31일자)'을 읽고는 더 이상 게으름을 부릴 수가 없었다.

하긴 얼토당토 않게 내 강의를 듣는 2학년 학생들에게 이미 수일 전에 그의 회고전과 신목이나 서낭나무를 그린 손장섭 화백의 '큰나무' 작품전을 보고 그들의 그림에 나타난 나무의 의미가 무엇인지 생각해 보라는 과제를 내어준 입장에 더더욱 미루고만 있을 수 없었다. 그래서 수업이 없는 날 오후에 갤러리 현대를 찾았다.

박수근 화백의 그림을 직접 볼 수 있었던 것은 20년 전이었다. 가슴앓이로 힘겹던 학창시절, 그의 10주기 기념전(1975년 10월 10~25일)이 열렸던 문헌(文軒)화랑에서 처음 대했던 그의 그림은 뇌리에 각인되어 동공 마냥 내 가슴 한 구석에 줄곧 자리 잡고 있었다. 화강암의 표면 같은 마티에르에 흑(黑), 갈(褐), 회색(灰色)이 주조를 이루면서 굵고 우직스러운 선으로 평범한 서민들의 삶을 절제하여 표현한 그의 화풍은 누구도 흉내낼 수 없는 독특한 그만의 세계였다. 자신의 그림이 유화이지만 동양화라고 주장할 만큼 서양 형식에 맹종하지 않고 자기의 독특한 세계를 구축하여 가장 한국적인 그림을 그렸던 화가!

빈약한 내 서가의 많지 않은 화집들 중에 10주기 기념전에 함께 준비된 그의

그림 7-9. 고목과 여인(1964년작): 박수근의 걸작 중 하나로, 수명이 다했음직한 수백 년 생의 고목둥치에 새로운 생명을 상징하는 어린 두 가지가 달려 있는 것이 인상적이다.

화집이 자리를 잡고 있는 것을 보면, 그도 이중섭이나 장욱진처럼 한 시절 나의 젊은 영혼을 붙들어 맨 인물이었으리라. 20년이란 세월이 흐른 지금 그의 그림은 나에게 무엇으로 다가올까?

미국인 마거릿 밀러에 의해서 미국으로 소개된 그의 대표작 '나무와 여인'이 포스터로 제작되어 화랑 입구에서 손님을 맞고 있었고, 절구질하는 여인, 광주리를 이고 가는 여인, 길가의 행상들, 아기를 업은 소녀, 할아버지와 손자와 같은 서민들의 무던한 마음을 형상화시킨 그의 군더더기 없는 그림은 20여 년 전처럼 변함없이 여전했다.

그러나 20년 만에 그의 그림을 감상하러 온 객의 눈이 변한 것일까 아니면 직업의식은 속일 수 없는 것일까? 나무나 숲이 문화 요소로 문학과 예술 또는 우리의 삶(문화)에 어떻게 표출되고 있는가를 화두 마냥 붙잡고 있는 나의 경도된 관심은 왜 나무가 다른 어떤 소재보다도 중요한 구성 요소로서 그의 그림에 나타나고 있는가가 더욱 중요한 것이다. 20년 전에 그의 그림을 처음 대했을 때는 이렇지 않았으리라.

단순한 구도 속에 녹아 있는 고향 사람과 고향 풍정을 한국적 서정으로 표현한 그의 우직스러운 예술혼은 눈에 보이지 않고 왜 나무만이 먼저 눈에 들어왔을까? 그의 그림 속에 나타나는 나무는 어떤 의미가 있는 것일까? 나무가 가지고 있는 수많은 상징적 의미 중에 어떤 의미(아름다움)가 그를 움직여서 이렇게 가장 한국적인 그림으로 형상화시켰을까? 그는 나무로서 무엇을 말하려고 하는 것일까? 사념은 계속하여 이어졌다.

그림 7-10. 나무와 여인(1962년작): 박완서의 장편소설 '나목'의 배경으로 형상화되기도 한 박수근의 대표작으로 미국인 여기자 마거릿 밀러에 의해서 미국으로 소개되었다.

30주기 회고전에 전시된 그림에 나타나고 있는 나무는 대부분 광주리를 머리에 이고 가는 여인이나 아기를 업은 여인, 또는 소녀들과 함께 그려져 있었다. 아이를 업은 여인과 광주리를 이고 바쁜 걸음을 옮기는 여인 사이에는 겨울나무의 형상을 한 나목이 있는가 하면, 굵디굵은 둥치를 가진 고목의

한 귀퉁이에서 새로운 생명을 유지하고 있는 듯 잔가지를 달고 있는 나무가 있고, 굽어 휘어진 가지에 녹색의 솔잎을 엉성하게 달고 있는 소나무가 있기도 하였다. 10주기 기념전에 제작된 그의 화집에도 고목이라는 화제를 가진 순수한 나무 그림이나 그밖에 나무와 관련된 그림이 역시 여러 점 나타나고 있음을 새삼스럽게 발견할 수 있었다.

생명력, 풍요, 창조, 관용, 영속성, 강인함으로 상징되는 나무의 의미가 지난 수천 년 동안 인류의 가슴 속에 전해 내려와 수많은 문학, 예술에 형상화되어 나타나고 있는데, 박 화백의 그림 속에 나타나는 나무는 과연 무엇을 뜻하는 것일까? 왜 나무만이, 그것도 유난히 잎을 다 떨군 겨울나무(裸木)들이 유독 그의 그림 속에 많이 나타나는 것일까? 사념은 꼬리를 물고 이어졌지만, 명료한 해답을 찾을 수 없었다. 그림을 보는 옳은 눈을 가지지 못한 무지가 못내 부끄러웠음은 물론이다.

궁리 끝에, 용기를 내어 영남대의 유홍준 교수께 전화를 걸었다. 초면에 전화를 하게 된 용건을 간단히 설명하니, 그의 답은 간단명료하였다. "살아생전에는 먹고 입고 잠자는 삶의 기본 요건도 해결하기 힘들게 가난했던 화가의 삶을 나무의 강인한 생명력으로 형상화시킨 것이 아니겠는가"라는 것이 그의 설명이었다. 특히 그의 그림에 많이 나타나고 있는 벌거벗은 나무(裸木)의 의미는 힘겹게 겨울(그의 힘든 삶)을 이겨내면 왕성한 생명력으로 봄을 맞는 겨울나무처럼, 새 생명(보다 나은 삶과 그의 예술에 대한 대중의 이해)이 올 것이라는 것을 감지할 수 있는 상징일 수도 있다는 유 교수의 설명은 혼란스러운 생각을 명료하게 정리해 주는 맑은 소리였다.

동서 문화의 상징 속에 이렇게 나타나고 있는 나무의 의미를 글로서 정리한 것이 얼마 전인데, 왜 그것을 더 깊이 생각해 보지 못했을까? 유 교수의 이야기를 듣고 한편으로는 생각 깊지 못한 나의 아둔함이 부끄러웠고, 또 다른 한편 기뻤다.

'그래, 맞아! 나무에 녹아 있는 상징적 의미가 박수근 화백의 그림에도 살아 있는 것이야! 나무가 가지고 있는 상징적 의미가 문화의 전 영역에 녹아서 여전히 우리들 저변에 이렇게 살아 있는 것이야!'

멀리서 어렵게 찾을 필요 없이 관심만 기울이면 바로 우리들 주변에서 찾을 수 있다는 것을 깨닫는 과정이 쉽지 않았지만, 이제는 분명하게 그 실체를 이해할 수

▍**그림 7-11.** 나무가 있는 마을(1964년작): 어머니와 딸이 나목들이 서 있는 마을길을 지나 집으로 향하고 있다.

있었기에 쾌재를 불렀는지도 모른다.

문화의 이동 경로를 따라서 전파된 나무의 상징적 의미가 초등학교의 배움밖에 없었던 그에게 어떻게 나타났을까? 민족 정신이나 민족혼은 교육의 많고 적음에 기인하기보다는 오히려 그 민족이 뿌리박고 살아온 풍토로부터 삶의 과정을 통해서 자연스럽게 채득되는 것은 아닐까?

따라서 생명력, 영속성, 강인함과 같은 나무의 상징적 의미가 그의 피 속에 본능적 또는 원천적으로 녹아 있었던 것이리라. 가난하고 힘겨운 삶, 아무도 알아주지 않는 자신의 예술을 겨울을 이겨내는 나목의 생명력으로 형상화시켜 낸 그의 예술 의지! 유홍준 교수는 '엄숙하면서도 따뜻한 서민의 무던한 마음' 을 형상화시킨 이러한 그의 예술 의지를 '거기 그렇게 존재하고 있다는 존재론적 사실주의' 로 설명하고 있다.

덧붙여 소설가 박완서의 등단 작품, 《나목》의 마지막 부분이 박수근 화백의 그림을 잘 설명해 줄 것이라는 유교수의 이야기는 20여 년 전에 읽은 《나목》을 새삼 다시 찾아 읽도록 하였다.

소설 《나목》은 환도하기 이전의 6.25 동란 중의 서울을 무대로, 미군 피엑스에서 미군의 초상화를 주문 받는 점원인 이경(李炅)이라는 젊은 여성과 그녀가 받은

그림 7-12. 나무와 여인(1960년대): 나무 아래에서 정담을 다정하게 나누는 두 여인과 솔잎을 단 소나무가 절묘하게 어울린다.

주문 초상화를 그리는 환쟁이들 중에 가정이 있는 화가 옥희도씨가 주인공으로 등장한다. 전쟁 통에 두 오빠를 잃은 슬픔에 넋이 반쯤 나간 어머니와 함께 고가(古家)에서 어렵게 사는 주인공은 주변의 혐오스러운 사람들과는 무엇인가 달라 보이는 이 탈속한 화기를 사랑하게 된다. 두 사람의 정신적인 사랑은 짧을 수밖에 없었고, 종국에는 역시 피엑스에서 일하는 평범한 청년 황태수와 맺어져 가정을 가지게 된다. 그리고 중년이 된 주인공 내외가 옥희도씨의 유작전을 찾는 것으로 소설은 끝을 맺는다

6.25 동란 중 월남한 박 회백이 부두 노동자, 미군 부대 피엑스에서 초상화를 그려 주는 일로 생계를 유지했던 사실로 미루어 볼 때, 소설 《나목》에 등장하는 화

가 옥희도씨가 박 화백이라고 우리는 상상할 수 있다. 그리고 소설가 박완서 자신도 6.25 동란 중, 숙부와 오빠의 사망으로 생계를 위해서 미군 부대를 전전했다는 내력을 연보에 밝히고 있음에 비추어 볼 때, 작중의 주인공인 이경이라는 젊은 여성 역시 작가 박완서 자신일수도 있으리라. 이경(박완서)의 입을 빌려 옥희도(박수근)가 그린 나목에 대한 설명을 들어 보자.

> "… 나는 마치 화랑을 들어서기도 전에 입구를 통해 한 그루의 커다란 나목을 보았다.
>
> 나는 좌우에 걸린 그림들을 제쳐 놓고 빨려들 듯이 나무 앞으로 다가갔다.
>
> 나무 옆을 두 여인이, 아기를 업은 한 여인은 서성대고 짐을 인 한 여인은 총총히 지나가고 있었다. 내가 지난날, 어두운 단간방에서 본 한발 속의 고목(枯木), 그러나 지금의 나에겐 왠일인지 그게 고목이 아니라 나목(裸木)이었다. 그것은 비슷하면서도 아주 달랐다.
>
> 김장철 소스리 바람에 떠는 나목, 이제 막 마지막 낙엽을 끝낸 김장철 나목이기에 봄은 아직 멀건만 그의 수심에 봄에의 향기가 애닯도록 절실하다.
>
> 그러나 보채지 않고 늠름하게, 여러 가지들이 빈틈없이 완전한 조화를 이룬 채 서 있는 나무, 그 옆을 지나는 춥디추운 김장철 여인들.
>
> 여인들의 눈앞엔 겨울이 있고, 나목에겐 아직 멀지만 봄에의 믿음이 있다.
>
> 봄에의 믿음–나목을 저리도 의연하게 함이 바로 봄에의 믿음이리라.
>
> 나는 홀연히 옥희도씨가 바로 저 나목이었음을 안다. 그가 불우했던 시절, 온 민족이 암담했던 시절, 그 시절을 그는 바로 저 김장철의 나목처럼 살았음을 나는 알고 있다.
>
> 나는 또한 내가 그 나무 곁을 잠깐 스쳐간 여인이었을 뿐임을, 부질없이 피곤한 심신을 달랠 녹음을 기대하며 그 옆을 서성댄 철없는 여인이었을 뿐임을 깨닫는다.
>
> '나무와 여인' … 그 그림은 벌써 한 외국인의 소장으로 돼 있었다."
>
> (소설 《나목》의 끝부분에서)

소설가 박완서는 나무의 상징적 의미를 박수근의 '나무와 여인'을 빌려서 이렇게 기막히게 형상화시키고 있었다! 전쟁으로 인한 힘든 세월과 고단한 삶에 대한 이야기의 줄거리를 《나목》이라는 제목으로 앞으로 올 밝은 내일을 형상화시킨 것이다. 겨울을 묵묵히 이겨내면서 만물이 소생하는 생명의 계절 봄을 준비하는 겨울나무처럼. 소설에 언급되어 있는 '나무와 여인'은 포스터로 제작되어 화랑 입구에서 전시되어 있던 마거릿 밀러의 소장품임은 두말할 필요도 없고.

박완서의 장편 소설《나목》을 통해서, 박수근 화백의 그림에 나오는 나무의 의미가 온 민족이 암울했던 시절, 개인의 불우했던 시절을 의연하게 견디어 낼 수 있게 해준 봄에의 믿음(생명력, 강인함)으로 상징되어 이렇게 나타나고 있음을 알아보았다. 그리고 가장 한국적인 소재로 얻은 미적 보편성은 국경을 초월하여 인간의 영혼을 사로잡는다는 것을 박수근의 그림을 통해 우리는 또한 살펴보았다.

화가는 그리는 행위를 통해서 무엇을 말하고자 할까? 그림으로부터 우리들이 얻을 수 있는 것은 무엇일까? 이와 같은 물음은 바로 예술이란 무엇이며, 예술로부터 얻을 수 있는 것은 무엇인가의 답을 구하는 것과 다르지 않을 것이다. 즉 예술은 문명사회에 대한 비판적 시각을 표현하는 것일 뿐만 아니라, 상처 받은 인간의 영혼을 치유해 주거나 또는 새로운 희망을 제안하는 것은 아닐까?

참고문헌

1. 김철영. 2004. 우리의 소나무는 어디에 있을까. 배상원 편. 우리 겨레의 삶과 소나무. 숲과 문화 총서 12. 수문출판사.
2. 김철영. 2006. 산림경관구성을 위한 조선 후기 진경산수화에 묘사된 소나무 숲의 특징 분석. 국민대학교 대학원 박사학위 논문.
3. 박수근 작품집. 1975. 문헌화랑. p.121.
4. 박완서. 1981. 도둑맞은 가난. 민음사. p.387.
5. 배상원. 2001. 조선 시대 산수화와 나무-산수화에 나타난 소나무 입지와 형태. 송원섭 편. 숲과 미술. 숲과 문화 총서 9. 수문출판사.
6. 오광수. 1979. 한국현대미술사. 열화당.
7. 유홍준. 1995. 박수근 30주기 회고전 관람평. 동아일보 1995년 5월 31일자.

제 8 장

종교에 나타난 나무와 숲

제1절

기독교에 나타난 나무와 숲

기독교와 나무와 숲의 관계를 “성경이 제시하는 인간의 역사에는 세 개의 숲과 그 숲 속에 우뚝 서 있는 세 그루의 나무가 있다.”고 남대극 교수는 정리했다. 즉 ‘세 개의 숲은 에덴동산과 시온산과 새 예루살렘의 새 시온산을 뜻하고, 세 그루의 나무는 인류 역사의 시발점에서 인간을 타락시켜 죽게 한 선악과나무, 인류 역사의 중심점에 서서 인간이 당한 죽음의 저주를 제거하고 새로운 생명을 얻게 한 그리스도의 십자가 나무, 인류 역사의 종착점에서 십자가에 달려 돌아가신 분을 믿는 이들에게 주어질 생명나무’라고 해석할 수 있다고 하였다(남대극, 1999).

1. 성경의 생명수와 지혜수

성경에는 에덴의 정원 한가운데, 생명의 나무와 지혜의 나무가 자라고 있다고 전한다. 성경에서는 생명의 나무가 지혜의 나무 안에서 자란다고 서술되어 있으며, 바깥쪽에는 신으로부터 멀어진 비밀과 죽음을 가져온 금단의 열매가 있고, 내부에는 생명의 원천, 통합, 개방을 상징하는 열매가 자라고 있다고 말하고 있다.

성경 속에 나오는 신성한 나무가 가진 상징적 의미에 대하여, 학자에 따라서는 아담이 바깥쪽에 있는 나무의 과일을 맛보았을 때 오직 부끄러움을 느꼈지만, 생명의 나무와 지혜의 나무 열매를 함께 취했을 때는 매우 창조적 의지로 충만하게 되었다고 해석하기도 한다. 지혜의 나무나 생명의 나무와 관련된 성경의 부분을 옮겨 보면 아래와 같다.

지상에서 수증기가 차올라서 마침내 모든 지표면이 물로 차게 되었다. 하느님은 지상의 먼지로 인간을 만들고, 그의 콧구멍으로 생명의 숨결을 불어 넣어서 마침내 인간은 살아있는 영혼이 되었다.

하느님은 에덴의 동쪽에 동산을 만들고, 그가 만든 인간을 에덴의 동산에 살게 하였다. 하느님은 에덴의 동산에다 보기도 즐겁고, 먹기도 좋은 많은 나무들을 자라게 하였으며, 동산의 중앙에는 선악과 지혜의 나무와 생명의 나무를 자라게 하였다.

하느님은 그가 창조한 남자에게 에덴의 동산에서 자라는 나무들 중에서, 선악과를 제외한 어떤 나무의 열매도 자유롭게 먹을 수 있다고 말하였다. 그러나 선악과를 만일 먹으면 죽는다고 말했다.

남자 혼자서 사는 것은 좋지 않기 때문에, 하느님은 아담을 깊이 잠들게 한 후, 그의 갈비뼈 하나를 빼어내어 여자를 창조하였고 아담에게 데리고 왔다.

이브는 아담의 뼈와 살로 만들어졌고, 남자로부터 만들어졌기에 여자라고 불렸다.

아담과 이브는 모두 벌거벗었기에 부끄러움을 몰랐다.

뱀이 그 다음에 만들어졌다. 뱀은 이브에게 하느님이 에덴의 동산에서 자라는 모든 나무의 열매를 먹지 못하게 했는지 물었다.

에덴의 중앙에서 자라는 선악과를 제외한 어떤 나무의 열매도 먹을 수 있다고 이브가 말했다. 이브는 선악과를 만지거나 먹으면 죽게 된다는 하느님의 말씀도 전했다.

뱀은 이브에게 설사 선악과를 먹어도 죽지 않는다고 말했다. 하느님 자신도 그 사실을 알고 있으며, 만일 선악과를 먹으면 너의 눈을 뜨게 될 것이고, 선악을 알 수 있는 신이 될 것이라고 뱀은 말했다.

선악과가 달린 지식의 나무를 보았을 때 보기에 즐겁고 먹으면 보다 현명해진다는 욕망으로 이브는 선악과를 따 먹었으며, 그녀의 남편인 아담에게도 선악과를 따 주어 함께 먹었다.

마침내 아담과 이브는 눈을 뜨게 되었으며, 그들이 벌거벗은 몸으로 있는 것을 알게 되었기에 무화과의 잎을 따서 몸을 가렸다.

에덴의 동산을 가로질러 들려오는 하느님의 목소리에 아담과 이브는 에덴동산의 나무들 속에 몸을 숨겼다. 하느님은 아담에게 '왜 몸을 숨기는가' 라고 물었다. 아담은 당신의 목소리를 동산에서 들었을 때, 벌거숭이로 있는 자신이 두려웠기에 몸을 숨겼다고 말했다. 하느님은 "누가 너희가 벌거숭이라고 말했는가?" 하고 물었다. 또한 "먹지 말라고 한 선악과를 먹은 것이 아닌가?" 하고 물었다.

아담은 이브가 선악과를 따 와서 먹게 되었다고 말했다. 하느님은 누가 이브에게 선악과를 먹어도 된다고 말했는지를 물었기에, 이브는 뱀이 먹어도 좋다고 속였다고 말했다.

2. 성경의 선악과

유다이즘의 성경에는 아담이 선악과를 먹게 된 동기를 이렇게 설명한다. 즉 아담은 신에 대하여 알고 싶었기 때문에, 하느님의 명령을 어기면서도 선악과를 따 먹게 되었다는 것이다.

무엇에 대하여 알게 된다는 것은 그 무엇으로부터 분리된다는 것을 의미하기도 하고, 맹목적으로 납득할 수 있는 부분이 줄어든다는 것을 의미하기도 한다. 아담(인간) 그 자신은 전능한 하느님을 닮고 싶었기 때문에 선악과를 먹었던 것이라고 해석할 수 있다.

▎그림 8-1. 에덴의 동산에 있는 생명의 나무와 지혜의 나무(Lehner(1960)의 〈수목, 화초에 대한 전설과 상징〉에서 인용)

선악과를 먹은 다음에 아담 자신은 이미 천계(天界)인 에덴동산으로부터 멀어져 있다는 것을 깨닫게 되었다. 그리고 그 결과로 아담(인간)과 신이 따로따로 존재하게 된 셈이다. 즉 신은 천국에서, 아담은 다른 창조물들과 함께 이 지상에 남게 된 것이다(Shore, 1989).

사과는, 순결의 상실과 지혜의 발단으로서, 공공 낙원에서 아담이 먹은 금단의 열매로 믿어져 왔다. 금단의 열매인 사과를 먹음으로서 아담과 이브는 에덴의 동산으로부터 추방되었다고 전한다. 사과나무의 라틴명인 말루스(malus)가 악을 나타내는 어원인 이유는 이와 같은 배경에서 유래하였을 것이다. 그러나 이와 같은 전설은 제쳐두더라도, 많은 학자들은 고대 히브리어의 문헌에 사과에 대한 특별한 언급이 없었다고 주장한다. 즉 사과나무는 보다 북위권에서 자라는 것이 정상이며, 중동에는 잘 알려지지 않았다고 한다. 이와 같은 이유로, 아담과 이브가 선악과를 먹은 후 그들의 성기를 무화과 잎으로 가린 것으로 서술한 것을 봐서 학자들은 선악을 상징하는 지혜의 나무는 살구나 석류 또는 보다 더 실제적으로 무화과였을 것이라고 주장하기도 한다.

그림 8-2. 지혜의 나무. 뱀의 유혹으로 선악과를 상징하는 사과를 먹는 아담과 이브

제 2 절

불교에 나타난 나무와 숲

불교는 숲의 종교라 할 수 있다. 불교와 숲의 관계는 석가모니의 일생을 통해서도 엿볼 수 있다. 불경은 석가세존의 수도(修道), 정각(正覺), 성도(成道), 입적(入寂)의 모든 과정에 나무가 밀접한 관련을 맺고 있음을 밝히고 있다. 석가모니는 사라나무 숲에서 태어나고, 보리수 아래에서 정각과 득도의 과정을 거쳤으며, 입적도 역시 사라수 아래에서 진행되었다고 밝히고 있다. 이런 배경 때문에 불가에서는 석가모니와 관련을 맺은 나무들을 성수(聖樹), 각수(覺樹), 도수(道樹), 사유수(思惟樹), 불수(佛樹) 등으로 부르고, 총칭하는 집합명사로 보리수(菩提樹)라 부르기도 한다(권뇌택, 1970).

나무와 불교와의 밀접한 관계는 도량(道場)이라는 단어에서도 찾을 수 있다. 사찰과 유사한 의미를 지닌 도량은 석가모니가 보리수 아래에서 성도(成道)한 자리를 일컫는 보리도량(菩提道場)에서 유래되었다(동국불교미술인회, 2005). 이와 같은 사례는 불상이 건립되기 전, 석가모니의 서거 이후 500여 년 동안은 법륜(法輪), 인상(圓相)과 함께 보리수가 부처님을 상징하는 조형으로서 사용되었기 때문이다.

석가모니의 생애와 관련지어 이처럼 나무가 빈번하게 등장하는 이유는 석가모니의 탄생지인 인도의 비하르(Bihar) 지역이 열대 지방인 관계로 수도생활을 하는 수도자에게 폭염과 비바람을 피할 수 있는 안식처를 제공하는 데 나무와 숲이 중요한 역할을 수행하였기 때문이었을 것으로 추정할 수 있다. 이를 뒷받침할 수 있는 것은 고려대장경에 사라수(娑羅), 다라수(多羅樹), 제라가수(提羅迦樹), 다마라수(多摩羅樹), 파구라수(婆求羅樹), 담포수(湛葡樹), 아수가수(阿輸迦樹), 파아가라

수(婆阿迦羅樹), 부나마수(分那摩樹), 나마수(那摩樹), 나가수(那迦樹), 시리사수(尸利沙樹), 열구타수(涅劬陀樹), 아설타수(阿說迦樹), 파특차수(波勒叉樹), 우담바라수(優曇婆羅樹) 등 16종의 수목들이 언급되고 있는 사실에서도 엿볼 수 있다(권뇌택, 1970).

불경에 이처럼 다양한 명칭의 나무들이 소개되는 또 다른 이유는 승려들이 수도생활로 득도를 하게 되면, 자연스럽게 그 처소인 나무와 주변 숲은 성소(聖所)나 성지(聖地)가 되는 한편, 이들 장소를 오랫동안 보호와 숭배의 대상으로 삼았기 때문일 것이다. 그 구체적인 흔적은 밀린다왕문경(彌蘭陀王問經)의 '비유이야기에 관한 질문'에서 찾을 수 있다. 이 경전에는 수행자가 두타행(頭陀行)으로 번뇌를 떨치고자 원하면, '숲에 살고, 나무 아래에 앉는다'고 밝히고 있어서 숲과 나무는 불교와 불가분의 관계임을 밝히고 있다(불전간행회, 1997).

1. 석가모니의 탄생과 사라수

마하마야 왕비가 보디사트바(후에 석가모니 부처가 됨)를 잉태하여 열 달이 흘렀을 때, 왕비는 수드호다나 왕에게 친정에 가서 해산을 하고 싶다고 간청하였다. 그래서 왕은 왕비의 친정에 이르는 길을 편하게 고치게 하고, 왕비를 친정으로 보냈다. 카필라바투에서 왕비의 친정이 있는 데바다하 사이에는 사라나무들로 이루어진 룸비니 숲이 있었다. 왕비가 해산을 하기 위해서 친정으로 돌아가고자 여정을 시작했을 때, 룸비니 숲의 사라나무들은 뿌리에서 가지 끝에 이르기까지 수많은 꽃들로 만개해 있었으며, 오색의 벌과 다양한 깃을 가진 새들이 아름다운 노래를 부르고 있었다.

마하마야 왕비가 이 광경을 보자, 이 사라나무 숲에서 쉬어가고 싶은 생각이 불현듯 생겼다. 가지 하나를 잡고 싶은 마음에서 왕비는 거대한 사라나무에 다가갔다. 유순한 갈대처럼, 사라나무의 가지가 휘어져서 마하마야 왕비에게 다가왔고 마침내 그녀의 손에 들어 올만큼 가까워졌다. 그래서 왕비는 사라나무의 가지를 잡았다. 그 순간 그녀는 산기를 느끼기 시작했다. 주변의 하인들이 황급히 장막을 치고 출산을 준비하였다. 사라나무의 가지를 붙잡고 선 채로 마하마야 왕비는 석가모니를 출산하였다.

불교가 사라나무와 밀접한 관련을 맺게 되는 현상은 상징적 이입이라고 정의할 수 있다. 인도에서 신성한 나무로 예로부터 숭배되어 내려오던 사라나무의 상징적 의미가 불교에 새롭게 융화, 전이되어 신성한 나무로 되살아나는 현장을 위의 이야기로 알 수 있다.

이와 유사한 상징의 이입 현상을 속리산의 정이품 소나무에서 찾아 볼 수 있다(전영우, 1996). 세조 임금이 탄 가마가 이 소나무의 가지에 걸리지 않고 무사히 지나가도록 가지를 들어올렸다는 내용과 그에 상응하는 보답으로 정이품이라는 높은 벼슬을 내렸다는 전설은 우리의 민족수, 소나무를 보호하고 육성하기 위해서 시행한 조선 왕조의 송목금벌(松木禁伐)의 정책을 뒷받침하기 위해 발달된 나무 숭배의 상징이라고 할 수 있다. 이와 같은 추정을 뒷받침할 수 있는 것은 조선왕조실록이다.

그림 8-3. 사라나무의 가지를 붙잡고 석가모니를 출산하는 마하마야 왕비

근래에 CD-Rom으로 발행된 국역 조선왕조실록의 소나무와 관련된 내용을 컴퓨터로 조사해 보았더니, 소나무의 식재, 보호, 벌채, 송충이 구제 등의 기록이 7백여 회 이상 나타났다. 그러나 왕조실록에서 정이품 소나무와 관련된 사연은 어느 구석에서도 찾을 수 없었다. 이와 같은 사실을 미루어볼 때, 정이품 소나무와 관련된 이야기는 입에서 입으로 전해져 내려오고 있는 전설임을 알 수 있다.

정이품의 벼슬을 가진 소나무는 조선 정부가 소나무를 지키고 가꾸기 위해서 만들어 낸 상징이라고 추측할 수 있다. 다시 말하면, 왕권이라는 상징(정이품 벼슬)을 소나무에 이입시킴으로써 소나무를 지키고 보호하기 위한 조선 정부의 강력한 의지를 형상화시킨 것일 수도 있다.

두 번째 해석으로는 소나무 벌채에 대한 조선 정부의 엄격한 법 집행에 두려움을 느낀 일반 백성이 소나무를 벼슬을 가진 왕권의 상징으로 형상화한 것이라는 해석도 가능하다.

2. 불교의 지혜수

지혜의 나무를 상징하는 신성한 나무는 불교와도 밀접한 관련이 있는데, 그 이

그림 8-4. 두 그루의 사라나무 아래서 열반에 드는 석가모니(동국사의 쌍림열반도 일부)

그림 8-5. 부처가 앉는 의자 뒤에는 불교의 지혜수인 보리수가 있다.

유는 석가모니 부처가 사라수(또는 아소카; plaksha)로 이루어진 룸비니 숲에서 탄생하고, 우루벨라(Uruvela; 오늘날의 Bodh Gaya)의 보리수나무 밑에서 도를 얻게 되며, 사라수 밑에서 열반을 하게 된 인연 때문이다. 그러한 이유로, 옛날부터 불가에서는 이들 나무들을 신성한 나무로 숭배하고 있다. 즉 사라수는 생명의 나무로, 득도한 보리수 나무는 지혜(지식)의 나무로 치부하고 있는 것이다(Gupts, 1965).

불교에 나타나는 지혜의 나무에는, 다른 많은 우주수처럼, 현교와 밀교적인 배경을 모두 가지고 있다. 밀교적인 배경으로 나타나는 불교의 지혜의 나무는 영생의 양식인 신의 음식을 생산하는 신성한 나무로 나타나고 있다. 부처는 마라(Mara) 악마의 유혹을 물리친 후, 이 지혜의 나무 아래에서 도를 깨쳤다. 보석으로 만든 꽃들로 뒤덮여있는 부처의 지혜의 나무는 실제로는 세계수, 생명의 나무, 지혜와 지식의 나무의 한 연합이라고 알려져 있기도 하다(Randhawa, 1964).

불교의 현교적인 또는 물질적인 지혜의 나무는 천축 보리수(또는 보리수; pipal, Bo tree, bodhi tree)를 말한다. 30미터 이상의 높이로 자라는 이 웅장한 나무는 뒤에 석가모니 부처가 된 가우타마(Gautama)가 태어나기 전에도 인도에서는 신성한 나무로 여겼으며, 힌두교도들도 뱅갈 보리수를 역시 생명의 나무로 숭배하고 있음을 이미 앞에서 살펴보았다.

3. 사찰림의 역사성과 문화적 가치

사찰림은 '가람의 경내 풍치를 보존할 목적이나 또는 사찰 운영상 필요한 운영비 및 자재의 조달을 목적으로 사찰이 소유하고 있는 숲'을 말한다. 조선 시대에는 사찰림이란 용어가 없었다. 봉산(封山)이나 임야라는 용어가 사용되었고, 사찰림이란 용어는 1908년 삼림법이 제정 공포되어 이 땅의 모든 임야가 임적조사사업에 따라 국유림과 민유림으로 구분되고, 사찰 소유의 산림 규모가 파악되면서 사용되기 시작한 용어이다.

가. 사찰림의 역사성

불교 전래의 역사가 1,600여 년에 이르기 때문에 사찰림도 장구한 세월에 걸쳐 형성되었다. 사찰림은 불교가 전래된 신라 시대부터 사찰이 기존 민간신앙 대상지와 결합해서 오악 등의 성소, 성지, 영산에 자리 잡으면서 형성되기 시작했다. 조선 시대에는 사찰이 율목, 향탄, 송화봉산의 수호인무를 수행하면서 실질적으로 산림을 관리하게 되었다. 그 배경에는 사찰이 왕실의 선왕, 선후의 명복을 비는 원당(願堂 또는 願刹)을 자임하고, 왕실이 사찰에 부과된 승역과 공납의 의무를 면제해 주는 왕실과 사찰의 상호 보험적 관계를 무시할 수 없었던 이유가 있다(朴昞璇, 2006).

조선 시대에 있었던 약 1,500여 개의 사찰 중 140여 개의 사찰이 왕실의 원당으로 지정되었다는 최근의 연구 결과는 숭유억불의 시대에 불교가 존립할 수 있었던 기초가 되었을 뿐만 아니라 사찰림의 역사성을 파악할 수 있는 실마리를 제공해 준다(탁효정, 2004). 이들 왕실 원당 중 능침수호사찰이 19개, 태실수호사찰이 15개로 지정되었다는 최근 연구는 조선 시대 사찰의 산림 관리에 대한 새로운 시각뿐만 아니라 사찰림이 역사성을 간직한 독특한 숲임을 환기시킨다.

사찰림의 역사성은 내화수림대(耐火樹林帶)로 산불을 방지하기 위한 조상들의 전통 지혜가 응축된 남부 지방 사찰의 동백나무 숲(선운사, 화엄사, 백련사), 기생충에 고통받는 민초들에게 구충제인 비자(榧子)를 공급하기 위한 비자나무 숲(백양사, 내장사, 금탑사, 보림사, 선운사, 불갑사, 백련사, 구암사 등)에서 찾을 수 있다(사진 8-6)

이런 실질적인 산림 이용의 전통과 함께 사찰이 직접 숲을 관리했던 사례에서도 사찰림의 역사성을 찾을 수 있다. 바로 황장금산(黃腸禁山)과 율목봉산(栗木封山)과 향탄봉산(香炭封山)과 송화봉산(松花封山)이 그러한 흔적들이다(전영우, 2012).

조선 왕실은 의례용 임산물인 황장(왕족의 관곽재)과 율목(왕족과 양반의 위패)과 향탄(제향용 연료)의 원활한 조달에 특히 신경을 썼다. 그 흔적은 조선왕조실록을 통해서도 확인할 수 있다. 조선 왕실은 이들 의례용 임산물의 조달과 관련 있는 산림 시책으로 황장금산과 황장봉산, 율목봉산, 향탄봉산을 시행했고, 이들 봉산 중 일부의 관리 임무를 사찰에 부여했다.

사진 8-6. 선운사의 동백나무 숲(위)과 백양사의 비자나무 숲(아래)

먼저 황장금산의 사례를 살펴보자. 1871년에 편찬된 '관동읍지(關東邑誌)' 에는 '원주 구룡사 일대가 황장금산이라는 기록' 이 수록되어 있다. 이 내용은 구룡사 입구에 현존하는 조선 시대의 황장금표에 부응하는 내용으로 구룡사가 황장금산의 관리에 관여했음을 시사한다. 황장봉산의 경우, 정약용의 목민심서(牧民心書)에 실린 한시와 관련 내용을 통해서 백련사 일대의 소나무 숲이 황장(선재)봉산이었으며, 백련사가 황장봉산의 보호와 관리 업무를 수행했음을 간접적으로 확인할 수 있다.

조선 왕실의 기록에는 세 곳의 사찰에 위패 생산용 율목봉산을 지정하는데, 연곡사(1745), 쌍계사와 칠불사와 신흥사(1748), 송광사(1830)에 관한 내용을 담고 있다. 한편 향탄봉산과 관련된 사찰은 현존하는 표석(標石), 왕실에서 하사한 금송패(禁松牌), 문헌, 고지도 등의 유물에 의해, 남해 용문사(17세기 후반), 동화사(1835년 이후), 안정사(1900), 송광사(1900), 김용사(1902) 등이 왕실에 향탄을 봉

▌사진 8-7. 동화사의 향탄봉계 표석(좌)과 송광사의 율목봉산 업무를 총괄할 책임자를 나타내는 총섭 장패(將牌)(우)

납하고자 산림을 실질적으로 관리하였음을 확인할 수 있다(사진 8-7).

사찰의 산림 관리에 관한 조선 시대의 기록과 유물을 통해서, 사찰이 일정 부분 왕실 의례용 임산물인 황장목, 율목, 향탄의 생산을 감당했으며, 이들 임산물을 생산하기 위해 조림, 보호, 벌채와 같은 산림 관리 업무를 수행하였음을 확인할 수 있다. 조선 조정이 사찰에 왕실 의례용 임산물의 공급책무를 부과한 이유는 사찰의 인적 · 물적 자원과 함께 오래전부터 사찰이 쌓아온 산림 이용의 경험과 지혜를 활용했기 때문이라 추정된다.

동백나무 숲과 비자나무 숲이 역사성을 간직한 숲으로 남부 지방의 사찰에서 제한적으로 나타나는 것에 비해, 그리고 율목봉산과 향탄봉산 또한 몇몇 사찰에 한정적으로 나타나는 것에 비해, 사찰 소나무 숲은 전국에 걸쳐 공통적으로 나타나고 있다. 소나무 숲은 한 나라의 수도, 왕족의 능과 일반 백성의 무덤 주변, 선비의 거처 주변, 유교의 서원 주변은 물론이고, 불교의 사찰 주변을 장식하는 전통문화 경관 요소로서 지난 수백 년 동안 자리 잡아 왔다. 전통문화 경관의 구성 요소로서 소나무 숲이 절집에 자리 잡게 된 배경은 소나무에 대한 조선 왕실의 정책을 통해서도 엿볼 수 있다.

사찰 소나무 숲의 유래는 조선 왕조의 왕목(王木)으로 자리 잡은 소나무의 위상으로 고찰할 수 있다. 조선 왕조는 왕족의 능역을 길지로 만들고, 또 생기를 불어넣고자 능역 주변에 소나무를 식재했다. 능침을 지키는 능침수호 사찰과 함께 왕자와 왕녀의 태를 모신 태실과 태실 주변인 태봉산을 수호하는 원당 사찰에도 소나무를 식재했는데, 그 목적도 소나무의 상징적 기능을 활용하여 왕조의 무궁한 번영을 추구하고자 했기 때문이다. 태실과 태봉산을 수호했던 은해사, 법주사, 직지사에서 오늘날까지 소나무 숲이 다양한 형태로 남아 있는 이유도 왕조의 번영과 왕실의 안녕을 장생과 생기와 길지를 상징하는 소나무의 상징적 기능을 믿고 활용하고자 했기 때문이라 추정할 수 있다(전영우, 2010).

한편, 사찰 소나무림은 해당 사찰에서도 필요한 자원이었다. 그러한 기록은 송광사와 월정사에서 찾을 수 있다. 송광사의 경우, 헌종 8년(1842년) 봄에 난 불로 2천여 칸이 넘는 건물들이 일시에 소실되었는데, 중창 공사를 실시하면서 필요한 공사비와 목재를 조달한 자세한 기록이 《조계산 송광사 사고》 '산림부'에 담겨 있다. 송광사 사고에 의하면, 큰 화재가 있은 그해 가을부터 조정에서는 중창에 필요한 목재들을 조계산에서 수급하게 했지만, 대경재는 구할 수 없어서 멀리 떨어진, 개인이 소유하고 있는 여러 곳의 사양산(私養山)에서 벌채하게 했고, 지리적으로 떨어진 벌채지의 목재를 송광사로 운반해 오기 위해 전라도 53개 사찰에 이들 벌채목의 운반을 책임지게 한 기록이 남아 있다.

월정사의 경우, "6 · 25 동란으로 전소된 칠보보전 자리에 적광전을 1968년 다시 세울 때 외부 기둥 18개 중 16개는 오대산 자생 소나무로, 2개는 괴목(느티나무)으로, 내부 기둥 10개는 오대산에서 자생하는 전나무로 만들었다."라고 밝히고 있는 것에 비추어 볼 때, 월정사 일대의 소나무 숲도 사찰의 중건이나 보수를 위한 비축기지 역할을 수행하였음을 확인할 수 있다.

나. 사찰림의 문화적 가치

사찰림은 우리의 전통문화 경관을 비교적 잘 보전하고 있는 곳으로 한국의 풍토적 정체성(韓國性)을 지닌 대표적 문화경관이라 할 수 있다. 문화경관이란 한 사회의 구성원들에게 공통적으로 정서적 감흥을 자아내는 경관을 말한다. UNESCO는 문화경관을 '자연과 인간의 결합된 노작(combined works of nature and of man)'

으로 정의하고 있다. 따라서 문화경관이란 "인간이 생활을 통하여 관계하게 되는 인문적 · 자연적 요소의 총체인 경관"으로, 살아 있는 문화유산이라 할 수 있다.

명산대찰의 문화경관에 가장 상징적인 아이콘은 먼저 절집의 들머리 숲을 들 수 있다. 절집의 들머리 숲이 먼저 떠오르는 이유는 역사가 오래된 고찰치고, 들머리 숲이 없는 절집을 상상할 수 없기 때문이다. 절집의 들머리 숲은 지난 수백 년 동안 우리 선조들의 삶이 투영된 살아 있는 자연유산으로, 조상과 우리를 이어 주는 연결고리이자 한국을 한국답게 규정지어 주는 생명문화유산인 소중한 녹색 문화자원이라 할 수 있다(전영우, 2009).

인간은 태어날 때부터 주변의 자연경관에 정서적 · 심리적 영향을 받으며 산다. 그래서 병원에서 태어나고 아파트에서 자란 젊은 세대들이야 어쩔 수 없을지 몰라도, 나이를 먹은 중장년층들은 고향의 옛 풍경을 기억하며 그리워한다. 배산임수의 풍수적 전통에 따라 마을 앞에는 들판과 시내가 흐르고 마을 뒤에는 산등이 펼쳐진 우리의 전형적 경관을 잊지 않고 쉽게 떠올릴 수 있는 것은 그런 풍광 속에서 살아온 우리들의 정서적 기억(mindscape) 덕분이라 할 수 있다.

우리들 마음속에 자리 잡은 정서적 풍광이 점차 사라져가는 냉엄한 현실 속에서 지난 수백 년 동안 전통 경관을 고스란히 지켜온 곳이 있다는 사실은 우리에게 축복이다. 바로 산사의 숲이 그렇다. 일제 강점기의 산림 수탈과 6 · 25 동란으로 인한 피해가 적지 않았지만, 그래도 산사의 숲은 비교적 온전하게 전통 경관을 지켜오고 있다. 국토의 개조가 밤낮으로 진행되고 있는 오늘날, 사찰림은 우리 고유의 풍광을 지켜내는 귀중한 자연유산 또는 전통 생명문화유산인 셈이다(사진 8-8).

사찰림은 전통문화 경관의 보고일 뿐만 아니라 자연유산의 보고이기도 하다. 우리나라의 자연유산 보전에 기여한 사찰의 역할을 평가하고자 전국의 사찰이 보유하고 있는 천연기념물(식물)을 조사한 결과, 전국의 사찰에서 보유하고 있는 천연기념물(식물)은 모두 27건이었다. 문화재청이 지정하여 보호 중인 총 252건의 천연기념물(식물) 중 27건의 사찰 천연기념물은 전체의 10.7%였다. 국토 면적의 0.7% 미만인 사찰에서 천연기념물의 10.7%를 보유하고 있는 현실은 사찰이 소유하고 있는 토지 면적에 비해 15.3배나 더 많은 자연유산을 보유하고 있음을 의미하며, 한국의 자연유산 보전에 사찰의 기여가 지대하다고 할 수 있다.

사진 8-8. 통도사 들머리 솔숲

다. 사찰림의 기능

사찰림은 종교적 기능과 경제적 기능으로 나누어 살펴볼 필요가 있다. 종교적 기능은 사찰 주변의 숲을 행선과 포행과 울력의 공간으로, 수행과 교육의 장으로 활용한 사례에서 찾을 수 있다. 불교의 수행방법인 선은 "정신 통일의 명상, 마음의 통일과 안정을 구하는 정신 집중, 마음을 하나의 대상에 집중하여 마음이 산란해지는 것을 방지하여 지혜를 양성하여 진실한 이치에 상응해 가는 수행법"이라 정의할 수 있다. 불교의 수행을 사색과 명상을 통해서 깨달음을 얻는 과정이라 정리할 때, 적멸처(寂滅處)에 안정하여 산란치 않고 마음을 통일하여 진리를 정관투득(靜觀透得)할 수 있는 수행공간으로 숲만큼 적당한 곳을 찾기란 쉽지 않다. 밀린다왕문경은 '숲이 완전하고 고요하고 안락한 마음 통일'을 이루어주는 수행공간임을 이미 수천 년 전부터 밝히고 있다(전영우, 2009).

사찰림의 경제적 기능은 절집 숲이 사찰 운영상 필요한 운영비 및 자재를 조달할 수 있는 공간으로 활용되었기 때문이다. 산림이 세속적 삶에서 의식주에 기여하는 역할이 지대한 예처럼, 종교 수행과 포교 행위를 수행하는 가람의 살림에서도 사찰림의 역할은 컸다. 사찰림은 의식주에 필요한 다양한 물품을 제공해 준 공간이었다. 사찰림은 조리와 난방과 조명을 위한 임산연료의 공급원이었으며, 산채와 버섯, 유실수 등을 공급해 주는 곳간이었고, 사찰의 창건, 전란이나 화재 등으로 망실되거나 소실된 사찰의 중건 등에 필요한 목재를 공급할 수 있는 비축기지 역할도 수행했다.

사찰림은 산지관리법상 임업용 산지가 아닌 공익용 산지(임업생산과 함께 재해 방지 · 수원 보호 · 자연생태계 보전 · 자연경관 보전 · 국민보건휴양 증진 등의 공익기능을 위하여 필요한 산지)를 말한다. 사찰림은 종교림이자 종단이 소유한 사유림이지만, 법적 체계상 재해 방지, 수원 보호, 자연생태계 보전, 자연경관 보전, 국민보건휴양 증진 등의 산림의 공익적 기능을 보유한 산림이라고 할 수 있다.

오늘날 사찰림의 가치와 기능은 종교적 기능을 뛰어넘어 나날이 새로워지는 동시에 확장되고 있다. 먼저, 사찰림은 우리 고유의 풍토성을 간직한 생명자원이라고 할 수 있다. 인간의 간섭이 없지는 않았지만, 절집 숲은 생태를 지향하는 불교적 특성 덕택에 지속적으로 보호되어 왔고, 자연에 대한 조심스러운 종교적 전통 덕분에 오늘날에도 여전히 자연스러운 형태를 대체로 유지하고 있다. 그래서 수백 년간 주변의 풍토에 적응해 온 다양한 수종이 원래의 생육 모습을 간직한 채 건강하게 자라고 있는 곳이 사찰림이다.

이런 사찰림의 역할과 함께 사찰림이 오늘날 더욱더 중시되는 이유는 환경과 생태의 가치가 고양되는 21세기에 자연 및 생태 소비의 훌륭한 대상이 될 수 있기 때문이다. 현대 문명이 자연과의 유리된 삶을 강요하면 강요할수록 현대인은 본능적으로 자연과 생태에 대한 욕구 충족을 더욱 갈구할 수밖에 없다. 그래서 많은 이가 자연의 아름다움과 생태의 진면목을 가급적 더 많이 즐기고 누리기를 원한다. 물질 소비 대신에 생태 소비와 자연 소비에 더 큰 관심을 갖는 이유도 삶의 실이란 물질적 욕망으로는 결코 충족되는 것이 아니고, 다만 마음의 풍요로 충족된다는 것을 조금씩 깨닫고 있기 때문일 것이다. 따라서 덜 소비하고, 덜 훼손하며, 덜 폐기해야 하는 생태 환경의 시대에 사찰림은 마음의 풍요로 인간과 자연의 상생을 훈련하기 위한 멋진 실습장이 될 수 있을 것이다.

제 3 절

무속 신앙에 녹아 있는 자작나무의 상징성

1. 자작나무의 물질적 유용성과 신성

자작나무는 척박하고 건조한 땅에서도 살아갈 수 있는 낙엽활엽수다. 활엽수 중에서 가장 강인한 나무 중 하나이기에 겨울이 긴 아이슬란드와 그린란드에서도 살아갈 수 있다. 활엽수가 많지 않은 북방 민족에게는 자작나무가 소중한 자원이었다. 스칸디나비아 반도의 북쪽에 사는 사람들에겐 망토와 정강이받이(각반)로, 노르웨이 사람들에겐 지붕을 이거나 바닥을 까는 재료로, 시베리아 사람들에겐 가죽을 부드럽게 만들기 위하여 무두질하는 데 자작나무 껍질의 기름 성분이 사용되었다. 또한 북방 여러 민족들이 자작나무의 수피를 이용하여 대롱, 스푼, 접시와 같은 조리 도구를 만들어 사용했으며, 운반 도구나 저장 용기로 만들어 사용하기도 했다.

한편 자작나무는 러시아에서 건강의 상징으로 알려져 왔다. 자작나무의 잎과 줄기는 목욕할 때 땀을 내고 때를 벗기는 데 도움을 주는 원료로 전통적으로 애용되었고 고열과 부분적으로 부어오르는 단독을 치유하는 데도 효과적으로 사용되었다. 자작나무의 수액은 결핵 치료제로 사용되기도 했다. 미국 인디언들도 감기나 기침이나 폐질환에 내수피(內樹皮)를 달여서 먹곤 했다.

가. 자작나무의 신성(神性)

북방 민족은 물질적 유용성 이외에도 자작나무를 신수로 숭배했다. 자작나무는 실제로 북방 기마 민족이 섬겼던 신성한 나무였다. 시베리아의 넓은 평원에 흩어져 살아왔던 기마 민족들에게는 자작나무가 번영과 건강을 지켜주는 신수였다. 알타이 문화권에 속하는 기마 민족이 자작나무를 신수로 섬겼던 이유는 활엽수 중에서 가장 혹독한 환경에서도 살아갈 수 있는 이 나무의 강인한 생명력 때문이다. 특히 나무가 흔치 않은 한랭한 초원 지대에서 나무는 귀한 존재이며, 그러한 곳에서 자랄 수 있는 수피가 흰 자작나무는 예로부터 성스러운 존재로 보호받아 왔다.

나. 자작나무와 샤머니즘

자작나무가 성스러운 존재로서 보호를 받았던 흔적은 북방 민족의 원시 종교에서 찾을 수 있다. 자작나무는 시베리아 북부의 원시 종교(shamanic) 의식에 애용되었다. 자작나무의 수피는 꿈의 형상을 나타내거나 씨족의 상징을 나타내는 그림을 그리는 데 사용되었고, 몇몇 부족은 종이 형태로 자작나무 껍질을 제작하여 신성한 그림이나 그림이 있는 글쓰기에 사용하였다. 또한 자작나무의 우윳빛 껍질 자체가 자작나무를 성스러운 존재로 추앙받는 데 한몫을 했다는 사실을 알 수 있다. 나무껍질 중에 가장 평활한 껍질을 가진 나무가 자작나무다. 자작나무의 수피는 나무의 생장과 함께 늘어나기 때문에 다른 나무의 껍질처럼 끊어지지 않고, 매끄럽고 평활한 수피를 만든다. 아주 얇은 층으로 이루어진 자작나무 수피가 흰 이유는 무엇일까? 제일 바깥쪽에 위치한 나무껍질의 세포들은 속이 비어 있으며 겉껍질에 분포하고 있는 수많은 미세 공기구멍들이 빛을 모든 방향으로 반사하기 때문에 흰색으로 보인다고 한다. 이것은 눈이 흰색으로 나타나는 이치와 다르지 않다.

2. 무속 신앙에 녹아 있는 자작나무

가. 무속 신앙

무속은 무당을 중심으로 하여 민간층에서 전승되는 종교적 현상을 말한다. 무당은 신의 초월적 힘을 얻게 되는 신병(神病)의 체험을 거쳐 신권화한 사람이라고 정의할 수 있다. 신병의 체험은 바로 신이 내리는 현상이고, 신 내린 사람인 무당은 신의 영력(靈力)을 얻어서 신과 교유할 수 있기에 종교적 제의인 굿을 주관할 수 있는 자격을 얻는다.

무당은 일반적으로 제의를 통하여 신을 만난다. 제의를 행하는 성스러운 장소(聖所)는 크게 세 종류로 구분하는데, 무당의 집에 신을 모시는 신단, 부락 공동의 수호신이 봉안된 서낭당 그리고 민가를 들 수 있다. 이들 성소에는 모두 지상과 천계를 이어주는 연결통로를 발견할 수 있다.

서낭당이나 산신당의 경우, 신수(神樹)나 신간(神竿)을 신이 내리는 연결통로라 할 수 있다. 반면에 신수나 신간을 찾을 수 없는 민가의 굿상에서는 지화(紙花)가 신이 내리는 우주의 축이나 천계와 지상을 연결시키는 매개물의 상징으로 나타나고 있다. 굿상의 지화는 보통 2가지 종류가 있는데, 길이 30센티미터 정도의 신간에 백지 술을 달고 있거나 또는 50센티미터 내지 100센티미터 정도의 신간에 채색된 지화 형태로 있다. 이 지화는 신수나 신간의 변형으로 신이 하강하는 통로를 상징하기 때문에 굿상에 없어서는 안 될 필수적인 상징물이라고 할 수 있다. 이와 유사한 상징은 무당의 집에 신을 모시는 신단에서도 찾을 수 있다. 당제의 굿을 할 때 사용하는 느름대나 서낭대가 바로 신이 내리는 매개물이라 할 수 있다.

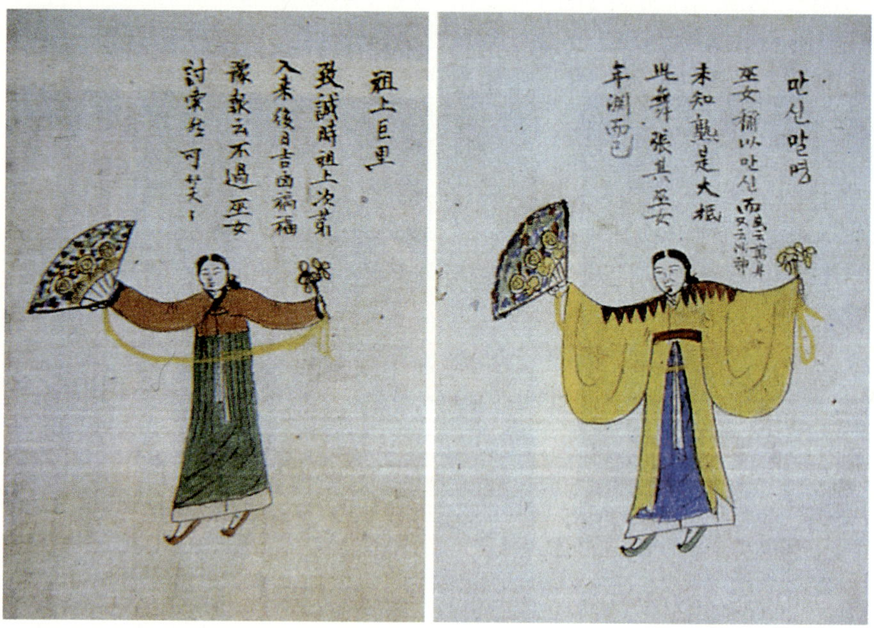

그림 8-9. 규장각에 소장된 《무당내력》의 지화를 들고 있는 무당

나. 기마 민족과 신수(神樹)

무속에서 지상과 천계를 이어 주는 연결통로로 나타나는 신수(지화)와 기마 민족과는 과연 어떤 관련이 있을까? 이러한 의문은 시베리아의 샤먼의 제의에서 찾을 수 있다. 시베리아의 원시 종족은 나무(우주의 축)를 통해서 영혼이 하늘로 올라간다고 믿었다. 샤먼이 되기 위한 절차의 하나가 나무 위에 올라가 그의 영혼을 천계로 승천시켜 여행하게 하는 것이었다.

시베리아 샤먼의 이런 제의 의식에 착안하여 존 카터 코벨은 북방 기마 민족의 집단 기억이 우리의 무속 신앙에 하나의 상징체계로 나타나고 있다고 해석하고 있다. 저서 〈한국 문화의 뿌리를 찾아〉에서 존 카터 코벨은 한민족이 자작나무를 신수로 숭배하던 북방 기마 민족에 뿌리를 둔다는 증거를, 천마총에서 발굴된 신라 금관과 천마도 장니뿐만 아니라 오늘날도 무당들이 굿을 할 때 제단 가까운 곳에 장식하는 지화(紙花)에서 찾을 수 있다고 주장하고 있다. 지화 장식은 흰 종이로 오려 만든 자작나무를 뜻하는 것이고, 이것은 북방 시베리아 무속에서 유래된 것이라는 것이 그녀의 설명이다.

일천 년 전의 이야기가 아니라 바로 오늘 우리 주변에서 자작나무를 숭배하던 기마 민족의 흔적을 무속 신앙에서 찾을 수 있다는 그녀의 주장은 몇 해 전에 읽은 한 편의 글을 떠올리게 만든다.

"개마고원의 사람들에게는 시신을 자작나무 껍질로 싸서 땅속에 파묻는 풍속이 있다. 내가 아직 철이 채 들기도 전에 나의 조부님이 돌아가셨을 때도 입관하기 전에 넓은 두루마리 같은 번쩍이는 흰 나무껍질로 싸는 것을 둘러선 어른들의 다리 틈 새로 지켜보며 고모들이 일제히 터트리는 울음소리를 들었었다. 훗날 조금은 철이 들어서 아버지와 함께 조부님의 산소를 찾았을 때 거기 빼곡이 둘러싼 아름드리 자작나무들이 하늘을 찌를듯 늠름히 서 있던 모습들이 오랫동안 나의 뇌리에 깊은 인상을 남겨 놓았다. 쭉쭉 뻗어 오른 줄기며 희뿌연 우윳빛 표피며 구김 없이 아스라히 펼쳐 나간 가지들이 함께 이룩한 자태는 피보다 더 짙게 내 가슴 속 깊이 간직되어 왔다."

(《숲과 문화》 창간호에 실린 국민대 주종연 교수의 '자작나무' 중에서)

다. 한민족의 무속 신앙에 녹아든 자작나무

사진 8-10. 자작나무를 상징하는 흰 꽃을 든 무당

자작나무는 우리에게 과연 무엇일까? 왜 개마고원의 사람들은 시신을 자작나무 껍질로 싸서 땅속에 파묻었을까? 평소에 가졌던 이런 의문은 존 카터 코벨의 글로 자연스럽게 해결되었다. 즉 시베리아 무속에서 샤먼은 상징적으로 하늘로 오르는 사다리에 올라, 하늘 높이 있는 신령과 대화하는데, 그 사다리가 바로 자작나무라는 것이다. 시신이 신령의 땅으로 순조롭게 되돌아가도록 자작나무로 껍질로 싼 것이라고 해석할 수 있다.

그녀는 불교가 이 땅에 들어오기 전에 만들어진 금제 고배나 금관에 매달려 있는 심엽(心葉)형 장식이 자작나무의 잎을 나타내거나 또는 자작나무 수피로 만든 천마도장니 마구가 모두 북방 기마 민족이 지녔던 무속의 영향을 받게 된 것이라고 해석하고 있다. 물론 그렇게 전해진 자작나무에 대한 샤머니즘적인 흔적이 수천 년이 지난 오늘날도 무당의 굿에 사용되는 흰 꽃이라는 것이다.

하나 흥미로운 사실은 우리 무속 신앙에 대한 존 카터 코벨의 입장이다. 그녀는 선사 시대 우리 문화에 끼친 샤머니즘을 애써 부정하는 한국의 고고학계나 역사학계는 물론이고 무속 신앙을 창피하게 여기는 우리네 지식인들의 태도에 일침을 놓고 있다. 1,000년에 걸친 불교의 영향과 유교 통치자들에 의해 500년 동안 지속된 무속 천대 속에서도 무속 샤머니즘이 한반도 전역에서 오늘날까지 살아남을 수 있었던 생명력을 예로 들면서 이러한 현상은 북방 종족의 집단 기억에 기인하는 것이라고 주장하고 있다. 한국의 학계나 우리의 대중적 정서와는 달리, 그녀는 샤머니즘을 천한 것 또는 미신으로 낮춰보지 않고, 오히려 비교 종교학자의 입장에서 한 종교로 인식한다고 토로하고 있다.

라. 고대 문화에 녹아 있는 자작나무

존 카터 코벨의 주장과는 별개로 최근에 발간된 몇 권의 책에서도 우리 고대사에 기마 민족의 흔적이 녹아 있다는 주장을 찾을 수 있다. 김병모는《금관의 비밀》에서 경주에서 출토된 대부분의 금관이 나뭇가지와 사슴뿔의 모습을 갖고 그 위에 곡옥(曲玉)과 나뭇잎(樹葉)을 달고 있는 이유를 신라의 지배층이 북방 기마 민족의 후예이기 때문이라고 추정하고 있다. 이렇게 추정하는 근거는 신라 금관의 외형적 상징이 나무를 숭배하는 유라시아의 여러 민족의 민속에서 쉽게 찾아볼 수 있는 유사한 상징체계이기 때문이며 그 구체적인 사례로 천마총에서 발굴된 천마도 장니나 금관을 들고 있다. 김병모는 신라 금관의 뼈대인 나무 모양(樹枝形)은 기마 민족 사이에 유행한 나무 숭배 문화인 신수사상(神樹思想)에서 나왔으며 거기에 달린 곡옥(曲玉)은 풍요와 생명력을 상징하는 생명의 나무에 달린 과일을 뜻하고, 원형 장식이나 아래 끝이 뾰족한 심엽형(心葉形)이 장식은 북방 한랭한 평원 시내에서 자라는 자작나무의 나뭇잎을 상징하는 것으로 해석하고 있다. 즉 자작나무를 신수로 숭배하던 기미 민족의 후예인 신라의 지배층이 남겨둔 흔적이 바로 금관과 천마도 장니라는 것이다.

우리 고대사에 기마 민족의 유입에 대한 보다 구체적인 주장은 장한식의《신라 법흥왕은 선비족 모용씨의 후예였다 – 기마족의 신라 통치, 그 시작과 끝》에서

사진 8-11. 수피가 하얀 백두산의 자작나무

❙ **사진 8-12.** 신라의 금관에는 자작나무의 잎을 상징하는 심엽형 장식이 달려 있다.

찾을 수 있다. 장한식은 이 책에서 4세기 중반에 시베리아의 대초원지대에서 말달리던 기마 민족인 선비족 모용씨가 한반도의 남쪽 신라-가야 땅으로 밀려든 과정을 새롭게 해석하고 있다. 또한 그의 추론은 기마 민족 모용씨의 신라 왕실이 김씨로 스스로 변신했던 시기가 법흥왕 시기였다고 밝히고 있다.

오늘날까지도 무속 신앙에 전승되고 있는 자작나무의 흔적을 시베리아 북방 종족의 자작나무에 대한 집단 기억에서 유래된 것이라는 존 카터 코벨의 주장은, 우리 문화의 깊이를 누구보다 폭넓게 이해한 그녀 자신의 고고학적 창의력 덕분이다. 한민족의 먼 조상이 시베리아 초원을 가로질러 남쪽의 한반도로 이주할 때, 우주수(神樹)로 숭배하던 자작나무에 대한 기억을 고스란히 가지고 왔으며, 수천 년이 흐른 오늘날도 그 명맥을 이어가고 있는 것이 바로 토속 신앙인 무속이고, 그 흔적이 종이로 만든 흰 꽃(紙花)이라는 것에 얼마나 많은 사람들이 동의할지 알 수 없으나 신선한 충격임에는 틀림없다.

우리 문화 곳곳에서 그 흔적을 나타내는 자작나무에 대한 북방 종족의 집단기억은 분명 신비로운 현상이다. 특히 이 땅의 평지에서는 쉽게 볼 수 없고 높은 산에서나 볼 수 있는 나무가 자작나무임을 상기하면 더욱 그렇다. 천 년의 시공을 넘어 자작나무 장니에 그려진 천마도를 통해서 자작나무를 신성한 나무로 숭배했던 천마총의 주인공을 북방 기마 민족이라고 상상할 수 있는 것과 마찬가지로 오늘날도 여전히 지화가 장식되는 굿판을 통해서 자작나무에 대한 한민족의 정서적 뿌리를 유추할 수 있다. 시베리아 샤먼의 무속 의식에 사용된 자작나무가 흰 꽃으로 변하여 오늘날도 한국인의 밑바닥 정서를 가장 잘 대변하는 굿판에서 면면히 살아 있는 현상을 과연 어떻게 달리 설명할 수 있을까?

참고문헌

1. 김병모. 1998. 금관의 비밀. 푸른역사. p. 213.
2. 김태곤. 1991. 한국의 무속. 대원사. p. 123.
3. 장한식. 1999. 신라 법흥왕은 선비족 모용씨의 후예였다 - 기마족의 신라 통치, 그 시작과 끝. 풀빛. p. 235.
4. 전영우. 1998. 자작나무가 남긴 기마민족의 흔적. 산림 388호. pp. 28-31.
5. 전영우. 1999. 자작나무에 대한 북방 기마 민족의 집단 기억. 산림 400호. pp. 26-29.
6. 존 카터 코벨. 1999. 한국 문화의 뿌리를 찾아. 김유경 역. 학고재. p. 414.
7. 주종연. 1992. 자작나무. 숲과 문화 1: p. 26.
8. 한국정신문화연구원. 1991. 한국민족문화대백과사전. 한국정신문화연구원
9. Altman, Nathaniel. 1994. Sacred trees. Sierra Club Books. p. 244.
10. Johson, Hugh. 1984. Hugh Johnson's Encyclopedia of Trees. Mitchell Beazley Pub. p. 336.
11. Sadved, Kjell Bloch. 1993. Bark: the formation, characteristics, and uses of bark around the world. Timber Press, Inc. p. 174.

제 9 장

민속에 나타난 나무와 숲

민속이란 한 민족의 삶에 대한 자취이며 문화의 한 영역이다. 즉 어느 한 민족의 풍습이나 습관을 민속이라고 할 수 있다(임재해, 1986). 나라마다 각기 다른 문화적 배경에 따라 숲이나 나무와 관련된 민속의 흔적은 오늘날까지도 광범위하게 찾아볼 수 있다(전영우, 1995). 특히 우리 조상들은 숲이나 나무, 산, 돌 등과 같은 자연 환경과 밀접한 관련을 맺어 오면서 살아왔기 때문에 우리 주변에 숲이나 나무와 관련된 풍습이나 관습을 어렵지 않게 찾을 수 있다.

제1절

신의 대리물 또는 수호신으로서의 나무와 숲

1. 신단수

선조들이 나무나 숲을 신의 대리물 또는 수호신으로 인식하였던 흔적은 건국 신화인 단군 신화에 나타난다. 삼국유사의 제권 고조선조에는 환인의 아들 환웅이 제세핵랑군(濟世核郎軍)이라 불리는 동방 문명 개척단 3,000명을 이끌고 태백산 신단수(神壇樹) 아래로 내려와 신시(神市)를 세웠고, 곰이 여인으로 화한 웅녀와 혼인하여 낳은 반신반인의 인간신이 단군이라고 전하고 있다. 즉 단군이 배달민족의 시조라고 삼국유사는 전하고 있다(이병도, 1987).

단군 신화에 나타나는 단(檀, 壇)은 박달나무 檀이나 제터 壇을 뜻한다. 삼국유사의 판본에 따라서는 제사를 지내는 터, 곧 제단이란 뜻의 단(壇)으로 쓰기도 한다. 단(壇)과 단(檀)은 둘 다 우리말을 뜻하기 위한 가차문자일 가능성을 배제할 수 없다. 그렇기 때문에 제단의 나무나 박달나무나 모두 '단'이라 불리는 신격(神格)이 내리는 장소를 의미하는 것으로 해석할 수도 있다.

이승휴의 《제왕운기》에 의하면 단군(檀君)이라는 이름도 단나무에 깃들인 신이라 단웅(檀雄)이 된 것처럼 단군(檀君) 역시 단나무의 아들로 해석할 수도 있다(임승국, 1991). 성스러운 세계수가 단이라고 불리는 신격을 이어받아 신단수로 변한 것이기 때문에 상징의 이입 현상이라고 설명할 수 있다. 즉 신격이 내리는 장소인 단(壇)이 신격이 깃들이는 대상인 박달나무(檀) 신단수로 동일시되는 상징의 이입 현상이 일어난 것으로 해석할 수도 있다. 단군 신화에서 단(檀)이라는 특정 나무가 신이 내리는 나무로 신격화되어 신이 하늘에서 인간 세상으로 내려오는 통로의 역할을 하였음을 알 수 있다.

박봉우(1996)는 신단수의 신단(神壇)은 산골짜기에 있고 나무를 심어 토단을 만든 것으로 해석할 수 있으며, 이와 같은 내용은 신채호의 《조선상고사》에 나타나 있는 내용과 그 맥이 상통한다고 하였다. 단재는 《조선상고사》에서 "조선족이 번식하여 각지에 분포하매, 각지 거주지 부근에 수림을 길러 태백산의 것을 모상(模像)하고 그 수림을 이름하여 수두라 하니, 수두는 신단이란 뜻"이라고 주장하였다. 이와 같은 단제의 해석을 참고하면 신단수는 '신단 위의 나무' 이며, 이와 같은 흔적은 원주의 성황림에서 찾을 수 있다(숲과 문화연구회, 1996).

사진 9-1. 신단수의 원형이 남아 있는 원주의 성황림

사진 9-2. 경주김씨 시조의 탄생지 계림

2. 경주 김씨 시조의 발생지 계림

경주 김씨 시조의 발생지나 신라 시조 박혁거세의 탄강 설화에서 찾을 수 있다. 신라 건국 초에는 시림(始林)으로 불렸던 계림과 관련하여 다음과 같은 이야기가 기록으로 전해오고 있다(이동환, 1976). "탈해왕이 금성 서쪽에 있는 시림에서 닭 우는 소리를 듣고 신하를 보냈더니, 금빛으로 된 조그만 궤짝이 나무에

걸려 있고 흰 닭이 그 밑에서 울고 있었다. 그 궤 속에는 총명하게 생긴 어린 사내아이가 들어 있었다. 왕은 이 아이를 거두어 길렀는데, 자랄수록 총명하고 지력이 뛰어나 이름을 알지라 하고 금궤 속에서 나왔기에 성을 김씨라 하였으며, 시림을 계림으로 바꿔 부르고 나라 이름으로 삼았다고 한다." 경주 김씨 시조의 탄생처가 바로 계림임을 알려 주는 내용이다.

3. 신라 시조 박혁거세의 탄강처 나정 숲

계림에 얽힌 것과 유사한 이야기를 신라의 시조 박혁거세의 탄강 신화(誕降神話)에서도 찾을 수 있다. 고허촌장 소벌공은 이상한 빛이 하늘로부터 나정 우물 곁에 있는 숲 사이로 드리웠기에 찾아가 보니, 흰 말 한 마리가 무릎 꿇고 울던 자리에 불그스름한 큰 알이 있었다. 이 알을 깨뜨려 보니 총명한 한 사내아이가 나와 데려다 키웠다. 박만한 알에서 태어났기에 성을 박이라 하고 빛으로 세상을 다스린나는 뜻으로 이름을 혁거세라 하였으며 신라의 시조, 경주 박씨의 시조가 되었다는 내용이다(이병도, 1987).

신라의 건국 시조인 박씨나 경주 김씨 시조의 탄생과 관련된 이 두 신화는 나무를 매개로 하여 나라를 열게 된 우리의 단군 신화와 그 궤를 같이 하고 있다.

4. 신성의 상징이 된 나무와 숲

한 나라나 한 씨족의 기원이 나무나 숲에서 유래되었다는 내용의 설화나 전설은 우리나라에서만 나타나는 특이한 것은 아니다. 오히려 동서양의 다양한 문화권에서 이와 유사한 흔적을 어렵지 않게 접할 수 있다. 나무만이 가진 거대한 덩치, 장구한 수명, 우주적 리듬의 재현, 다산성과 같은 특성들은 고대 인류에게 각별하였을 것이다. 고대 인류는 이러한 특성들을 어렵지 않게 형상화시켜 천지 창조의 근원이나 신이 지상으로 내려오는 통로 또는 지상을 떠받치고 있는 중심 나무와 같은 상징으로 나무와 숲을 구체화시켰다. 다양한 문화권에서 신화나 전설 속에 나타나는 이러한 나무들을 '우주수'나 '세계수'라 부르고 있다(전영우, 1995).

한 나라나 어떤 씨족을 새롭게 시작하기 위해서는 신성(神性)이 필요했을 테고, 그러한 신성은 하늘과 가장 가까운 나무나 숲을 통로로 하여 얻을 수 있다고 고대 인류는 믿었을 것이다. 하늘의 신성을 받은 한 시조가 나정 숲이나 계림을 통로로 해서 인간세상에 내려와 한 나라나 한 씨족을 시작했다고 믿었던 신라인의 인식은 동서양의 다양한 문화권에서 나타나고 있는 우주수나 세계수의 상징체계와 크게 다르지 않았다(전영우, 1996).

한편 박혁거세의 탄강 신화나 경주 김씨 시조의 탄생 신화에 흰색을 띤 동물들이 신화적으로 나타나는 것은 출산과 서기(瑞氣)를 흰색이 상징하기 때문에 상서로운 징조를 나타내는 것이다. 흰색을 띤 자연물은 하늘의 뜻을 받은 왕이라고 믿어 왔던 우리 민족의 원조(元祖) 신화 의지가 숨어 있기 때문이라고 해석할 수 있다. 흰색을 띤 동물이 탄강 신화에 나타나는 것은 우리나라의 많은 산들이 흰색을 나타

사진 9-3. 용계리 은행나무: 우리나라 은행나무 중에서 줄기의 굵기가 가장 굵은 700여 년생의 나무. 용계리 주민들은 나라에 큰 일이 있을 때마다 이 나무가 운다고 믿으며, 그러한 믿음 때문에 할배나무로 부르고 있다(전영우, 1996). 임하댐의 건설로 수몰 위험에 처한 이 은행나무를 살리고자 자라던 자리에서 위로 들어 올리는(上植) 공사를 3년에 걸쳐 20억 원을 들여서 했다.

사진 9-4. 용문산 은행나무: 나이가 1,100여 년생으로 추산되는 명목(名木)으로 신라 마지막 임금인 경순왕의 세자인 마의태자가 금강산으로 가는 도중에 심었다고 전해지고 있다(이봉섭, 1993). 우리나라에서 자라고 있는 나무 중 가장 큰 나무이며, 나라의 길흉사가 있을 때마다 이 나무가 울어서 소리를 낸다는 이야기가 전해진다.

내는 백자(태백산이나 소백산)를 포함시킨 이름이 유난히 많은 색채관과 다르지 않음도 함께 상상할 수 있다(한국문화상징사전편찬위원회, 1992).

5. 세계수: 신성이 깃든 나무들

나무를 신의 통로로 믿었던 흔석은 먼 옛날 고구려 고분 각저총이나 무용총의 현실에 선명히 그려진 나무로도 알 수 있을 뿐만 아니라, 북방 여러 나라의 민속에서도 찾을 수 있다. 이와 같이 신과 인간을 이어 주던 통로인 신단수의 변형된 형태는 살아 있는 자연수인 서낭나무나 당산목 혹은 동수(洞藪)의 모습 또는 인공적으로 다듬은 솟대(神竿)의 모습으로 오늘날에도 시골 마을 어귀에서 쉽게 접할 수 있다(이필영, 1994).

서낭나무, 당산목, 솟대가 가진 의미나 그 역할은 다음과 같다.

가. 서낭나무(일명 神木)

신이 내리는 나무, 신지핌나무 또는 신령나무 마을의 신주로서 부락 공동체를 함께 묶는 정신적 공간적 중심체의 역할을 해왔다. 경기, 강원, 충청 지방에서는 일반적으로 서낭당, 산신당, 성황당, 산제당에서 있는 나무이다.

사진 9-5. 부산일월도(扶桑日月圖). 조선 시대의 민화에 나타난 세계수, 동쪽 끝에 지라고 있는 하늘만큼 높은 뽕나무(扶桑)에서 해와 달이 뜬다고 믿었던 신화적인 나무이다.

나. 당산목(堂山木)

당산이란 마을의 가까운 산이나 언덕과 같은 데서 한 마을이나 개인의 수호신 격인 대상이 되는 곳을 말한다. 당산에는 산신과 수호신을 모시기 위한 신목, 즉 오래된 당목, 당산목, 도당목이 있고, 이 앞에서 제사를 지낸다. 마을을 시키는 수호신이 거주하는 숲으로 신령이 깃들인 나무가 있으며, 보통 당집도 함께 볼 수 있다. 영남 및 호남 지방에서는 당산,

사진 9-6. 서낭나무: 신이 내리는 나무, 신지핌나무 또는 신령나무이자 마을의 신주로서 부락 공동체를 함께 묶는 정신적 공간적 중심체의 역할을 해왔다.

사진 9-7. 솟대: 마을의 안녕과 수호, 그리고 풍농을 위한 수호신으로서 장승, 선돌, 신목인 서낭나무 등과 함께 마을 어귀에 세워진다.

제주 지방에서는 목향당(木鄕堂), 산천당에 서 있는 나무이다(이필영, 1994).

다. 솟대(神竿)

마을의 안녕과 수호 그리고 풍농을 위한 수호신으로서 장승, 선돌, 신목인 서낭나무 등과 함께 마을 어귀에 세워진다.

오늘날도 당산목, 서낭나무, 솟대, 동수가 마을의 경계에서 액이나 살 또는 잡귀의 침입을 막는 마을 수호신의 역할을 수행하는 풍습이 남아 있다(김두하, 1990). 이러한 풍습 때문에 서낭나무나 동수를 훼손하는 일은 신체(神體)의 훼손과 마찬가지로 금기시 되거나, 이들 나무에 근접하는 일은 동티를 타게 될 부정으로 간주되고 있으며 농촌 마을의 신주(神主)로 모셔져 오고 있다.

6. 나무 숭배의 예

산업화된 현대에도 농촌에서는 그해 농사의 풍년과 마을 주민의 평안을 기원하기 위해서 그 마을의 동수나 서낭나무 또는 당산목에 제를 올리고 있다. 그 예를 몇 가지 들자면, 강원도 삼척군 근덕면 궁촌리의 주민들은 이곳의 당산나무인 음나무에게 음력 정월 보름마다 당산제를 지내고 한 해의 평안을 기원하고 있으며, 경북 청도군 운문면 신원리에 소재한 운문사에는 수령 500여 년생의 소나무가 있는데, 매년 단오마다 막걸리 수십 말을 대접받고 있다. 이밖에도 전북 완주군 두현리 원두현 마을에 있는 당산목은 이 마을 주민들에 의해서 보험에 가입되어 있으며, 경기도 고양시 원흥동 솔개 마을에 소재하는 150년생 소나무를 철도청에서 345만원의 이전 경비를 들여서 다른 장소로 옮기고자 했으나 동민들의 반대로 정신적인 지주인 당산나무를 옮길 수 없었다. 이러한 이야기들은 나무나 숲과 관련된 우리들의 의식 속에 면면히 이어져 내려오고 있는 정서가 있음을 반증하는 예라고 할 수 있다(전영우, 1995).

한편, 나라에 큰 변고가 있을 때마다 노거수(老巨樹)들이 눈물을 흘린다거나 우는 소리를 낸다는 이야기들은 나무를 나라를 지키는 호국신과 같이 여기는 생각의 다른 일면이다. 즉 우리나라 은행나무 중에서 줄기의 굵기가 가장 굵은 700여 년생의 용계리 은행나무는 나라에 큰 일이 있을 때마다 이 나무가 운다고 이곳 주민들이 믿고 있으며, 그러한 믿음 때문에 할배나무라 부르고 있다. 한편, 용문산 은행나무는 나이가 1,100여 년생으로 추산되는 나라의 명목(名木)으로 우리나라에서 자라고 있는 나무 중 가장 큰 나무이며, 나라의 길흉사가 있을 때마다 이 나무가 울어서 소리를 낸다는 이야기가 전해지고 있다. 명목이란 성현, 왕족, 위인 등이 심은 나무로, 역사적 전설이나 고사, 신비스러운 전설을 가진 나무를 말한다. 이밖에도, 충북 옥천군 청성면 무회리의 서낭나무 또한 우는 나무로 잘 알려져 있다.

나무뿐만 아니라 수풀에 대해서도 신령스러운 매개체와 같은 생각을 하였던 흔적을 강원도 원주군에 있는 신림(神林)이나 성황림에서 찾을 수 있다.

제 2 절

전통 문화 유산과 숲

다양한 전통 문화 유산 덕분에 독특한 성격을 띠고 있는 여러 종류의 숲도 있다. 성황림, 어부림, 방풍림, 방조림, 호안림 등이 그러한 숲들이다(산림청, 1995). 방풍림, 호안림, 방조림, 어부림은 우리 농경 생활에 직접적으로 영향을 끼쳤던 생활환경 보존림의 일종이다.

그림 9-10. 남해 물건리의 어부림

1. 어부림(魚付林)

물고기가 많이 모이게 그늘을 만들어 주는 숲은 경남 남해 물건리의 어부림이 유명하다. 이 어부림은 지금으로부터 300여 년 전 부락민들이 방풍과 방조를 목적으로 팽나무, 푸조나무, 상수리나무, 말채나무, 느티나무, 이팝나무 등을 심어 숲을 조성하였다.

사진 9-11. 방풍림의 역할을 하는 하동 송림

2. 성황림(城隍林)

후손의 번영이나 마을의 평안을 기원하는 숲으로 강원 원주 신림의 성황림이 대표적이다.

3. 방풍림(防風林)

강한 바람으로부터 농경지나 마을을 보호하고자 조성된 숲으로 경상남도 하동군의 하동 송림이 대표적인 방풍림이다.

4. 호안림(護岸林)

강변이나 하천 변에 조성하여 물의 범람을 막고 제방과 농경지 및 마을을 보호할 목적으로 만들어진 숲으로 함양의 상림을 들 수 있다. 함양의 상림은 역사적으로 가장 오래된 인공림이다. 신라 말 함양의 태수였던 최치원 선생이 그 당시 함양읍을 가로질러 지나던 위천의 홍수 피해를 막기 위해서 이곳 사람을 동원하여

사진 9-12. 함양 상림(上林)의 호안림: 역사적으로 가장 오래된 인공림으로 신라 말 함양의 태수였던 최치원 선생이 그 당시 함양읍을 가로질러 지나던 위천의 홍수 피해를 막기 위해서 이곳 사람을 동원하여 만들었던 숲이다. 수해 방지림과 풍치림의 성격을 지니고 있는 숲으로 120여 수종의 나무로 이루어져 있다.

만들었던 호안림으로, 수해 방지림과 풍치림의 성격을 지니고 있는 숲이다. 함양의 상림은 120여 수종의 나무로 이루어져 있다.

이와 같이 나무나 숲은 반만년 역사와 더불어 한국인의 정서 속에 자연스럽게 녹아들어 믿고 의지할 수 있는 신의 강림처, 마을이나 나라를 지키는 수호신과 같은 민속 문화의 형태 또는 생활 환경림으로서 면면히 이어져 내려오고 있는 것이다.

제3절

인격이 부여된 나무와 숲

우리 조상들은 나무를 신처럼 어렵게만 모셨던 것만이 아니라, 오히려 친근한 우리의 이웃이나 함께 사는 식구처럼 여기기도 했다. 즉 사람처럼 여겨서 나무에게 벼슬을 하사하거나 재산을 물려주기도 하였으며, 시집을 보내거나 자식처럼 아들딸 몫의 내나무를 갖기도 하였다.

1. 정이품 소나무

인간처럼 나무에게 인격을 부여한 예는 속리산 정이품송에서 찾을 수 있다. 일명 '연(輦)걸이 소나무'라고 알려진 속리산의 정이품 소나무가 오늘날의 장관급 벼슬인 정이품이라는 높은 품계를 갖게 된 때는 5백여 년 전이다. 세조가 법주사 행차 길에 타고 가던 가마가 이 소나무 아래를 지날 때였다. 가지가 쳐져 있어 "연이 걸린다."고 말하자, 이 소나무가 가지를 들어 올려 가마(輦)가 무사히 지나가도록 하였기에 정이품이라는 벼슬을 하사받았다는 것이다.

근래에 CD-Rom으로 발행된 국역 조선왕조실록의 소나무와 관련된 내용을 컴퓨터로 조사해 보았더니, 소나무의 식재, 보호, 벌채, 송충이 구제 등의 기록이 7백여 회 이상 나타났다. 태종이 목멱산(오늘날의 남산)에 장정 삼천 명을 동원하여 소나무를 심은 내용은 물론이고, 언제 누구에게 하명하여 송충이를 어떻게 구제하였고, 사대문 안의 소나무에 대한 벌채 금지, 소나무의 식재 장려를 위해 지방 관

▎**사진 9-13. 속리산 정이품송:** 세조가 지금으로부터 530여 년 전에 법주사를 행차할 때 쳐진 가지에 타고 가던 가마가 걸리지 않게, 가지를 위로 들어 가마를 무사히 지나가게 한 공으로 정이품의 벼슬을 하사한 이래로 정이품송으로 알려져 왔다.

서에 내린 하교나 그 밖의 시시콜콜한 소나무와 관련된 내용까지도 조선왕조실록에는 등재되어 있었다. 그러나 왕조실록에서 정이품 소나무와 관련된 사연은 어느 구석에서도 찾을 수 없다. 이와 같은 사실을 미루어볼 때, 정이품 소나무와 관련된 이야기는 입에서 입으로 전해져 내려오고 있는 전설임을 알 수 있다(전영우, 1996).

2. 석송령 소나무

경북 예천군 감천면 천향리에 있는 석송령(石松靈) 소나무는 토지를 소유한 부자 소나무로 잘 알려져 있다.

지금으로부터 65년 전에 이 마을에 살던 이수목이라는 노인이 재산을 물려줄

▎**사진 9-14. 석송령 소나무:** 등기부에 6,600m²의 토지를 소유한 부자 소나무로서 재산세도 내고 있으며, 토지 대장에는 주민등록번호 3750-00248 및 성명 석송령으로 등록되어 있다.

후손이 없자, 석송령이라는 소나무에게 토지를 물려주어, 등기부에 토지를 소유한 부자 소나무는 매년 재산세를 꼬박꼬박 물어오고 있다. 석송령 소나무가 소유한 토지에서 나오는 수익으로 해마다 이 동네 학생들에게 장학금까지 지급하고 있다(전영우, 1997).

3. 언어 생활에 나타난 나무의 의인화

우리의 언어 생활에서도 나무를 사람같이 여겼던 족적을 찾을 수 있다. 동량(棟梁)이나 재목(材木)이라는 글자들은 그 본래의 의미인 건축재를 뜻할 뿐만 아니라, 재주 있는 출중한 사람(人材)을 지칭할 때 쓰이기도 한다. 또한 집안의 기둥, 대들보, 미래의 꿈나무와 같은 나무와 관련된 용어들이 사용되고 있다.

나무를 사람같이 여긴 또 다른 흔적은 목수가 나무를 다룰 때 사용하는 말을 보면 알 수 있다. 나무를 응달에 말릴 때, 아이를 삼재우듯이 '재운나' 라고 하고, 뒤틀렸을 때 '꿈틀거린다' 라고 하며, 자귀질이 깊으면 '다친다' 라고 하는 말처럼 수목에게 인격을 부여하는 것이다. 이밖에도 금이 갔다는 뜻은 '아프다' 로, 상한다는 '다친다' 로, 요철을 맞춘다는 것을 '궁합 맞춘다' 로 사용하고 있다(이규태, 1993).

4. 내나무

나무를 한 식구나 이웃처럼 대하던 옛 조상의 나무에 대한 인식은 풍습으로 최근까지 남아 있었다. 옛 아버지들은 아들딸을 낳으면 아들딸 몫의 내나무를 심었다(이규태, 1995). 아들 몫의 내나무로서 선산에 소나무나 잣나무를 심고 딸 몫의 내나무로 밭두렁에 오동나무를 심었다. 아들 몫의 내나무는 아들이 늙어 죽을 때 관으로 쓸 송판으로, 딸의 내나무는 시집갈 때 필요한 농을 짤 재목으로 사용하였다. 즉 내나무와 함께 이승을 하직하거나 고되고 어려운 시집살이를 함께 한 셈이다.

5. 나무 시집보내기

그림 9-15. 나무 시집보내기: Y자형의 가지에 돌을 끼워 넣어 해거리를 하는 유실수의 다수확을 빌었던 민간 신앙의 한 풍습이다.

사진 9-16. 창덕궁 후원의 연경당에 있는 양석도 나무 시집보내기의 한 흔적이다.

사람처럼 나무를 대하던 풍습은 혼인을 통해 자녀를 낳고 번성하는 것처럼, 나무에게까지 시집을 보낸 흔적에서도 찾을 수 있다. 감나무, 대추나무, 밤나무, 호두나무 따위의 유실수 고목의 벌어진 가지 틈에 돌이 끼여 있는 것이 나무를 시집보낸 흔적이다(전영우, 1993). 즉 설날이나 정월 대보름날 유실수의 나뭇가지 사이에 돌을 끼워 넣는 풍습으로, 나무를 여성으로 보아 Y자형 가지에 갸름한 양석(陽石)을 박아줌으로써 성교를 유감시켜 그 결과로 많은 수확을 기대하였던 나무 시집보내기는 나무를 인간화한 대표적인 민간 신앙의 풍습으로 모방주술행위(模倣呪術行爲)였다(한국정신문화연구원, 1991). 특히 제수용품인 이들 유실수들이 해거리를 하여 결실이 시원치 않은 해를 대비해서 이러한 민속이 생겼다. 조상을 모시는 차례상에 감이나 밤, 대추를 올릴 수 없는 불효를 대비하기 위해서, 이 같은 양석을 이들 유실수의 벌어진 가지에 박아 많은 수확을 기대하였다는 기록을 보면, 나무에 대한 우리 조상의 풍습이나 습관이 독특하고 유별났으며, 정감어린 것이었다는 것을 알 수 있다.

6. 자연을 살아 있는 유기체로 인식

사람을 대하듯 한 나무에 대한 이러한 인식과 유사한 내용을 숲에서도 찾을 수 있다. 즉 산천의 지세가 여자의 몸매와 닮은 곳의 경우, 체모가 있어야 할 비부(秘部)에는 오늘날에도 나무를 자르지 않고 지모(地毛)로서 남겨 보호하고 있다(임경빈, 1986). 이 같은 내용은 삼국사기나 삼국유사에도 역사적인 사실로 기록되어 있는데, 경북 월성군 서면 신평리 오봉산 동쪽의 여근곡(女根谷)의 밀림에 숨어 있던 백제 군사가 신라군의 기습 공격으로 전멸당한 이야기는 유명하다.

사진 9-17. 인체의 비부에 해당하는 곳은 지모(地毛)라 하여 산림작업을 금하였다. 경상북도 봉화군

여근곡에 대한 내용은 선덕 여왕의 지기삼사(知幾三事)에 나온다. 지기삼사란 선덕 여왕의 지혜로움에 얽힌 설화로서, 첫째는 향기 없는 모란꽃 이야기이고, 둘째는 왕이 생전에 자신의 죽을 날을 예언하여 도리천에 장사 지내 달라고 한 이야기이며, 셋째는 여근곡 숲에 몰래 침략한 적군을 미리 알아 섬멸한 이야기이다.

삼국사기와 삼국유사에는 여근곡이라는 지명이 유래된 사연을 다음과 같이 전하고 있다. 영묘사 앞 큰 연못인 옥문지(玉門池)에는 겨울인데도 난데없이 개구리 떼가 모여 울었다. 이것을 심상찮게 여긴 신하가 왕에게 일리니, 선덕 여왕은 알천과 필탄 두 장군을 불러 2천 명의 군사를 주어 경주 서쪽 여근곡 밀림 속에 숨어

사진 9-18. 경주시 오봉산 기슭에 있는 여근곡 숲

있는 백제의 복병을 치게 하였다. 두 장군은 여근곡 숲속에 숨어 있던 백제 장군 우소가 거느린 5백여 명의 복병을 쉽게 물리칠 수 있었다. 신하들이 왕에게 적군이 매복하고 있는 사실을 어떻게 알게 되었는지를 물었다. 왕은 노란 개구리는 병사의 형상이며, 옥문은 여자의 상징으로 음(陰)을, 백색은 서쪽을 가리키므로 적군의 서방 매복을 알았다고 대답하고, 남근격인 백제 군사가 여근곡 속으로 들어갔으니 토사(吐死)할 수밖에 없다는 음양설을 인용하여 해석하였다는 것이다(이병도, 1987).

제 4 절

소나무와 관련된 민속

산림청에서 실시한 우리 국민의 산림에 대한 의식 조사 결과, 우리 국민이 가장 좋아하는 나무는 소나무였고, 다음으로 은행나무, 잣나무 순이라고 한다(한국갤럽조사연구소, 1991). 주변에 볼 수 있는 많은 나무들 중에 한국 사람이 유독 소나무를 가장 좋아하는 이유는 소나무가 우리 문화 속에 자리 잡고 있는 비중이 다른 무엇과도 비교할 수 없을 만큼 크기 때문으로 여겨진다.

1. 민속에 나타난 소나무

소나무는 지난 반만년 동안 이 땅에서 한민족의 삶과 함께 우리들 주변을 면면히 지켜준 나무이기에 알게 모르게 우리의 정서 속에, 우리의 정신 속에 깊숙이 뿌리 내려서 우리 문화의 한 영역에 우뚝하게 자리 잡을 정도로 귀중한 나무가 되어 왔다. 그래서 소나무는 우리 민속에 여러 가지 상징적 문화 요소로서 나타나고 있다(한국문화상징사전편찬위원회, 1992). 그 첫 번째 예로, 소나무가 수호신, 신성수, 동신목, 당산목으로 나타나고 있는 것을 들 수 있다. 민속에 녹아 있는 소나무 숭배의 예를 살펴보자. 강원도 명주군 옥계면의 주민들은 소나무를 수호신으로 모시고 있다. 이 고장에서는 매년 단오날이면 동틀 무렵에 마을 앞산에 가서 '산멕이기'를 하는데, 집집마다 부녀자들이 한 해 동안 부엌에 매달아 두었던 '산'을 각자 자기 소나무에 묶어 놓고 제물을 올려 가족의 안녕과 소원을 기원하는 것으

❙ **사진 9-19.** 충남 홍성군 서부면 궁리의 당산소나무

로, 소나무가 신목으로 추앙되고 있는 좋은 예이다(김선풍, 1993).

한편, 경기도 고양시 원흥동 솔개 마을에 자라고 있는 150년생 소나무의 경우는 당산목으로서 마을 주민의 숭배를 받고 있는 예이다. 이 마을 주민들에게 신목으로 추앙을 받는 이 소나무가 철도청의 부지 사용 계획으로 이전되어야만 할 위기에 당면하자 온 마을 주민이 철도청을 상대로 벌린 이전 반대 운동은 유명하다. 철도청에서 345만원의 이전 경비를 들여서 다른 장소로 옮기고자 하여도 동민들의 반대로 정신적인 지주인 당산나무를 옮길 수 없었던 이야기는 우리들의 의식 속에 면면히 이어져 내려오고 있는 나무 사랑 또는 나무 숭배의 정서가 얼마나 가슴깊이 자리 잡고 있는지를 반증하는 예라고 할 수 있다(전영우, 1996).

경남 밀양군 부북면 퇴로리에는 여러 그루의 거대한 소나무들이 당산목으로 대접을 받고 있으며, 이들 당산나무 가운데 당집이 자리 잡고 있어서 한국적인 신목의 대표적인 양상을 보여 주고 있다. 이밖에도, 경북 청도군 운문면 신원리에 소재한 운문사에서 자라고 있는 수령 500여 년생의 소나무도 매년 단오에 막걸리 수십 말을 대접받고 있다. 이처럼 소나무는 마을을 수호하는 동신목이나 당산목으로 또는 산에 있는 산신당의 신목으로 숭배되어 오고 있는 것이다.

2. 소나무의 민속적 상징성

둘째로, 소나무가 영생이나 불로장생을 뜻하는 상징적 문화 요소로 나타나고 있음을 알 수 있다. 영생을 염원했던 우리 조상들은 해, 구름, 바다, 거북, 학 등과 더불어 소나무를 십장생(十長生)이라 하여 곁에 두고 아껴 왔으며, 십장생으로 나타나고 있는 소나무는 다른 문화영역에서 접할 수 있는 생명의 나무와 다르지 않다. 영원한 삶을 상징하는 생명의 나무는 동서양의 여러 문화권에서 다양한 종류의 나무들로 전설이나 설화 또는 신화의 상징 속에서 전해 내려오고 있다. 즉 중국의 경우, 시왕무의 성원에서 자라는 천도 복숭아나무가, 인도의 경우에는 뱅갈 보리수가, 그리스와 로마를 위시한 고대 유럽인들에게는 참나무가, 이집트에서는 무화과 나무가, 고대 아시리아나 바빌로니아 사람들에게는 야자수가 우리의 소나무처럼 생명의 나무로 영생이나 풍요를 기원하는 나무였다.

사진 9-20. 일월오악도에 생물계의 대표로 나타나고 있는 소나무

3. 문학 예술에 나타난 소나무의 상징성

소나무는 절개나 지조 또는 절조를 상징하는 은유적 의미로서 수많은 문학 예술 작품에 나타나고 있다(김근태, 1993). 그 간단한 예를 들어 보면, 난군에서 조선조 말기까지 839명의 한시(漢詩) 1,800여 수를 번역 소개한 '한국의 한시' (김달진 엮음, 민음사)를 대상으로 분석한 결과, 전체 시 가운데 약 20%에 나무나 숲이 언급되었으며, 남성들의 한시에서 소나무가 시의 소재로 가장 빈번하게 사용되고 있으며, 대부분 절개, 지조, 절조를 상징하는 시어로서 사용되고 있음을 알 수 있다(전영우, 1992).

4. 황장목

소나무와 관련된 대표적 전통 문화 요소를 살펴보면, 황장목(黃腸木)과 금송계(禁松契), 금송패(禁松牌)를 들 수 있다.

▌사진 9-21. 황장목은 속고갱이가 노란 소나무로, 왕실의 관곽재로 사용되었다.

조선 시대에는 왕족이 죽으면 몸통 속 부분이 누런색을 띠고 재질이 좋은 소나무를 관곽재로 사용하였다. 이렇게 몸통 속 부분이 누른 소나무를 황장목이라고 했으며, 왕실의 관을 만드는 재궁(梓宮: 중국에서 가래나무[梓木]로 관[棺]을 만들었기 때문에 이와 같은 이름이 생겼다)감으로 이러한 황장목을 원활하게 공급하며, 일반인에 의한 도벌과 남벌을 예방하고 송림의 황폐를 막고자 나라에서 황장봉산을 지정하였다(박봉우, 1993). 황장목인 소나무를 금양(禁養)하는 산을 황장갓 또는 황장산이라고 하였으며, 특히 이미 성장한 황장목 소나무의 보호를 위해 입산이 금지된 산을 황장봉산이라고 하였다. 황장봉산은 강원도, 경상도, 전라도에 걸쳐서 32읍과 60여 처에 걸쳐서 지정되었다. 황장봉산으로 지정되었음을 알려주는 황장금표나 봉표는 현재 7개가 발견되었으며, 그 장소는 1) 강원도 원주시 소초면 학곡리 구룡사 입구 2) 강원도 원주시 소초면 학곡리 새재 마을 3) 강원도 영월군 수주면 두산2리 황정골 4) 강원도 인제군 북면 한계리 안산 기슭 5) 강원도 영월군 수주면 법흥1리 새터 마을 6) 경북 울진군 서면 소광리 장군터 용소 부근 7) 강릉시 왕산면 고단2리에서 찾을 수 있다(박봉우, 1996).

▌사진 9-22. 인제군 한계리의 황장금표(黃腸禁標): 조선 시대에 왕족이 죽으면 관곽재로 사용할 몸통 속 부분이 누런색을 띠고 재질이 좋은 소나무(黃腸木)를 원활하게 공급하기 위해서 일반인에 의한 도벌과 남벌을 예방하고 숲의 황폐를 막기 위해서 나라에서 만든 보호림의 표지이다.

사진 9-23. 경남 통영시 안정사의 금송패(禁松牌): 인근 세도가가 안정사의 소유로 있던 소나무 숲을 탐을 내자 이 숲에 대한 안정사의 소유권과 보호권의 징표로서 고종 임금이 내린 금송패. 조선 시대는 나라에서 필요로 하는 소나무의 원활한 공급을 위해서 소나무 보호(松木禁伐, 줄여서 松禁)정책을 500여 년간 엄격히 시행해 왔다.

5. 금송계와 금송패

금송계란 조선 시대에 마을 단위로 부락 주변의 소나무 숲을 보호 관리하기 위해서 조직한 계를 말한다. 한 부락의 구성원이 자치적으로 산림 보호 조직을 만들어 수령에게 처벌권을 위임받아 자체의 재정 부담으로 산림을 보호하고 공회를 통해 그 능률을 높인 것으로 조선 시대의 숲과 관련된 중요한 민속자료로서 각지에 걸쳐서 이와 같은 금송계가 실존하였음이 기록에 남아있다(김영준, 1982). 1918년에 발표된 한 보고에 의하면, 강원도 양양 1개 군에 약 90여 개의 금송계가 전해 내려오고 있다고 한다.

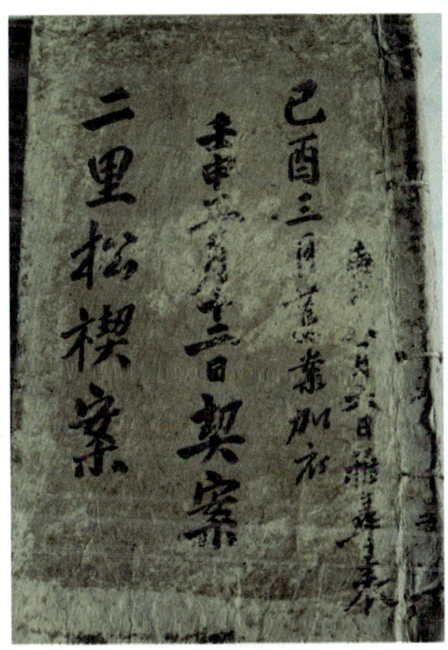

사진 9-24. 전라남도 보성군 이리 송계는 200년이 지난 오늘날도 지속되고 있다. 1812년에 제정된 송계문서

▎사진 9-25. 경북 울진군 서면 소광리에서 발견된 황장봉표

조선 시대의 송목금벌(松木禁伐, 줄여서 松禁) 정책과 관련된 흔적은 경남 통영시 안정사에 보관된 고종 임금이 하사한 금송패이다(사진 9-23). 안정사 인근의 세도가가 안정사에서 소유하고 있던 소나무 숲을 탐내자 이 숲에 대한 안정사의 소유권과 보호권의 징표로서, 고종 임금이 내린 이 어패는 오늘날까지 전해 내려오고 있다(전영우, 1993).

황장금표, 금송계 그리고 금송패는 조선조 정부가 나라에서 필요로 하는 소나무의 원활한 공급을 위해서 소나무 보호 정책에 얼마나 관심을 쏟았는가를 알 수 있는 귀중한 문화유산이기도 하다.

이 장에서는 우리 민속과 관련된 숲과 나무에 대하여 살펴보았다. 살아 있는 문화 요소로서 우리 조상의 삶과 동고동락을 함께한 나무나 숲을 가지고 있기 때문에 수많은 민속적 요소들을 오늘날까지도 쉽게 접할 수 있다.

재생 가능한 자원이나 생태계를 지탱시켜 주는 중심체로서 일반적으로 인식하는 숲이나 나무라는 주제와는 달리 우리의 정서나 정신의 기저에 자리 잡고 있는 숲이나 나무가 우리의 문화와 얼마나 밀접한 관련을 맺고 있는지를 간단히 살펴보았다.

제 10 장

숲과 시민 사회

흔히 21세기는 참여민주주의 시대라고 정의한다. 참여민주주의 시대는 시민들이 자발적으로 만든 비정부기구(NGO) 및 비영리기구(NPO)의 활동 영역이 커지는 것을 의미한다. 오늘날 NGO는 행정-사법-국회-언론에 이은 제5의 권력 또는 정부와 기업에 맞서는 제3의 영역이라고 불리고 있다(박원순, 1999). NGO의 비영리적 활동 분야는 정부 등의 권력 감시, 인도주의적 봉사 활동, 환경 보호, 여성, 인권, 노인, 빈민 구제, 난민 구호, 국가간 분쟁 중재 등 다양하다.

시민자치에 의한 참여민주주의 또는 풀뿌리 민주주의에 대한 세계적 추세는 다양한 영역에 비정부기구의 활동을 끌어내고 있으며, 공공재의 특성을 지닌 산림이나 녹지에 대한 NGO의 관리 활동도 그 일환이다. 특히 시민 참여에 의한 산림의 보호와 관리는 참여민주주의를 구현하고 지역 공동체 문화를 활성화시킬 수 있기 때문에 국내외에서 다양한 형태로 진행되고 있다. 미국 로스앤젤레스의 트리 피플(Tree People), 샌프란시스코의 도시림의 친구들(Friends of Urban Forest), 캐나다 브리티쉬 컬럼비아주의 마을 산림 관리 및 이용권(Community Forest Tenure), 영국의 자연신탁(National Trust) 등이 외국의 사례라 할 수 있다(서울시, 2000). 또한 생명의 숲 가꾸기 국민 운동(생명의 숲), 평화의 숲, 서울의 녹지 관리 실명제(Green Ownership) 등이 국내의 사례라 할 수 있다(전영우, 2000).

시민의 생활터전 주변에 있는 산림과 녹지를 시민의 힘으로 관리하는 것은 바로 시민 자치에 근거를 둔 참여민주주의의 생활화와 다르지 않기 때문에 산림의 관리와 보호에 대한 시민 사회의 참여는 앞으로도 지속될 것이라고 예측할 수 있다.

영국의 자연신탁운동이 1백여 년의 역사를 가진 것에 비하여, 우리의 경우, 시민 사회에 의한 산림 운동의 역사는 조선 시대의 송계(松契)로 거슬러 올라갈 수 있다(박종채, 2000). 송계란 조선 후기에 연료나 비료 등을 공급하던 공리지(共利地)인 산림을 축소시킨 나라의 잘못된 정책에 대한 자구책으로 물적이나 인적 여유가 없던 일반 백성들이 일용 물자를 스스로 확보하기 위해서 결성한 기층민의 결성 조직을 말한다. 산림을 대상으로 한 시민 사회의 적극적 관여는 산림계, 새마을 운동에서 그 흔적을 찾을 수 있지만 고도 성장기에 관주도(官主導)로 추진된 운동의 성격이 강하기 때문에 순수한 시민 사회에 의한 산림 운동이라 하기에는 무리가 있다. 이 장은 최근 우리 사회에서 다양하게 펼쳐지고 있는 시민 사회의 산림 운동을 정리하고, 우리 사회에 미칠 수 있는 영향을 분석하기 위해서 준비되었다.

제 1 절

숲 운동의 태동 배경과 종류

1. 숲 운동의 태동 배경

숲 운동의 태동 배경은 산림에 대한 사회적 인식 변화와 IMF 경제 위기 극복이라는 관점에서 살펴볼 필요가 있다. 산림은 IMF 경제 위기가 닥치기 전까지 시민 사회의 적극적 관심을 옳게 모으지 못했다. 산림 투자 수익(年 4%)보다는 은행 이율(年 平均 10% 이상)이 더 높은 압축 고도 성장기의 경제 논리 앞에 산림 분야는 무기력했고, 그 결과 우리 숲은 방치될 수밖에 없었다(전영우, 1996).

복구된 산림은 자원으로서의 구실을 할 수 없게 방치된 상태였지만, 녹화된 산림은 환경 문제의 심화와 함께 우리 사회의 다양한 이익 집단으로부터 주목을 받게 되었다. 즉 국민 소득이 급격하게 증대된 80년대 후반부터 산림에 대한 국민의 관심은 환경 문제나 휴양에 집중되어 산림이 골프장이나 스키장의 개발 대상지나 땅 투기의 대상지로 전락하였다. 또한 산림에 대한 이익 집단간의 첨예한 대립은 산림 개발에 대한 시민 환경 단체와 지방 자치 단체와 산림 개발 주체 사이에 불협화음을 파생시켰다. 아쉽게도 우리 사회의 어느 주체도 산림에 대한 이해 당사자들 사이에 파생된 갈등 해결에 원만한 중재 역할을 수행하지 못했고, 복합 자원의 효율적 이용 방안에 대한 대안도 적절하게 제시하지 못했다(전영우, 1998).

표 10-1. **산림과 정부와 시민 사회와의 관계**

시대구분	산림여건 (평균축적)	한국경제의 변화	정부의 산림정책	산림과 시민 사회의 관계
1950년대	10m³/ha	전후 복구기	민 · 군의 남벌 녹화 준비	연료 및 판잣집의 판재 해결 장소 산림의존시기
1960년대	20m³/ha	수출 진흥기	행정적 규제 지역적 사방 사업	새마을 운동, 연료림 조성 산림의존시기
1970년대	30m³/ha	중화학 육성기	1차 치산녹화사업 범국가적 지원 적극적 녹화 사업	범국민적 국토 녹화 사업 참여 산림 자원 조성에 대한 관심
1980년대	40m³/ha	경제 자유화기	2차 치산녹화사업 국가지원 상대적 축소 적극적 녹화 사업 소극적 육림 사업	여가 휴양 공간으로서 관심 증대 산림 육성에 대한 민 · 관의 관심 저하 노동 및 환경 문제 심화 NGO 활동 태동기
1990년대	50m³/ha		민주화, 세계화 산지 자원화 사업 국가지원 상대적 축소 소극적 육림 사업 휴양 · 문화적 기능 창출	여가 휴양 공간으로서 관심 고조 산림 전용에 대한 이익 집단의 관심 고조 산림 보존에 대한 시민 사회의 관심 증대 NGO의 적극적 사회 변혁 활동 개시
1998년 이후	60m³/ha	IMF 경제 위기 극복	복합 자원 육성 및 활용 숲 가꾸기 사업 전개 적극적 육림 의지 표명	여가 휴양 공간으로서 적극 활용 산림 전용에 대한 이익집단의 관심 증대 산림 보존에 대한 시민사회의 관심 고조 NGO의 적극적 산림 운동 전개

시민 사회가, 특히 시민 환경 단체들이 산림에 대한 인식을 새롭게 하고, 산림과 관련된 사회적 이슈를 창출하고 나름의 목소리를 내기 시작한 계기는 비록 자원으로서의 경제적 가치는 많지 않아도 복구된 우리 숲이 공익적(환경적) 기능을 어느 정도 수행할 수 있는 상태에 도달했기 때문이다. 그리고 생물다양성 보전, 생태계 보전, 지구온난화 등의 전 지구적 환경 문제 해결에 산림이 그 중심에 있다는 사실을 시민 사회가 새롭게 인식하면서 더욱 산림 보전의 중요성이 우리 사회 저변에 확산되었다. 따라서 시민 사회나 환경 단체가 재생 가능한 속성을 가진 산림의 현명한 이용보다는 오히려 가능한 한 벌채나 훼손을 막는 산림 보전 활동에 운동의 초점을 맞추는 것은 당연했다.

복구된 산림에 대한 개발과 보존의 사회적 알력이 발생해도 임업(학)계는 산업사회에 있어서 산림의 새로운 가치 창조에 무관심했거나 무기력했던 반면, 시민사회는 오히려 적극적으로 산림의 공익적 가치를 인식하고 발 빠르게 대응했다. 따라서 산불 피해지 복구나 임도 문제 등 산림에 대한 사회적 이슈가 발생하면 임학(업)계와는 별개로 독자적인 목소리를 내게 되었다. 보다 환경 친화적인 임도 건설을 위해서 계획 단계에서부터 환경 단체가 참여하거나 사상 초유의 동해안 산불 피해지 복구를 위해서 정부와 환경 단체가 합동으로 조사에 참여하고 있는 일들이 산림에 대한 시민 사회의 발언권이 얼마나 증대되었는지를 상징적으로 나타내는 일이라고 할 수 있을 것이다(동해안 산불피해지 공동조사단, 2000).

산림과는 일정한 거리를 두면서 산림에 대한 사회적 이슈가 발생하면 독자적인 목소리를 내던 시민 사회가 산림을 직접 이용하여 본격적인 산림 운동을 시작하게 된 동기는 1997년의 시대적 상황과 맞물려 있다. IMF 경제 위기 직전의 우리 상황은 1930년대 미국의 대공황 시절을 연상케 했다. 대기업의 연쇄 도산, 대량 실업, 국가 신용 붕괴, 외환 위기 등은 공황적 환경과 다르지 않았다. 국내의 시민 사회, 기업, 정부, 학계, 언론계 등이 이런 공황적 경제 위기를 산림을 통해 극복하기 위해 연대적 분위기를 형성하였다. 경제 위기로 파생된 실업 문제를 해결하기 위한 고용창출의 가능성을 숲에서 모색하였던 이 방법은 1930년대 미국의 대공황기에 CCC운동으로 고용도 창출하고 숲도 가꾸었던 일과 맥락을 같이 한다(임업협동조합중앙회, 1998). 고도 성장기에 방치된 산림도 가꾸고, 실직자에게 일자리도 주자는 취지에서 시민 단체, 기업, 산림 전문가 등이 생명의 숲 가꾸기 국민운동을 결성하여 하나의 국민 운동으로 숲 가꾸기 사업을 발전시킨 것이다. 숲 가꾸기 사업을 총체적으로 주관한 기관은 시민 사회가 아니라 산림청이지만 생명의 숲이 펼친 다양한 산림 운동 덕분에 이 사업이 심화 확산되었음은 부인할 수 없다. 이 운동을 계기로 동북아 산림포럼, 평화의 숲, 학교 숲 운동 등이 연달아 태동되어 우리 사회에 새로운 산림 운동이 시작되었음은 물론이다.

2. 숲 운동의 종류

시민 사회가 하나의 활동 영역으로서 산림 운동을 시작한 것은 생명의 숲(1998년)이 최초의 본격적인 운동이었고, 연이어 평화의 숲, 동북아 산림포럼, 학교 숲 운동 등이 태동되었다. 오늘날 이들 산림 운동은 우리 사회에 다양한 파급효과를 만들어 내고 있다. 생명의 숲이 시작한 숲 체험 행사는 오늘날 시민들이 가장 선호하는 산림 체험 행사가 되었으며, 학교 숲 운동은 전국적으로 삭막한 학교 운동장에 숲을 가꾸는 변화의 기폭제가 되고 있다. 평화의 숲, 동북아 산림포럼의 활동은 북한과 중국과 몽골의 녹화 사업에 국민적 성원을 이끌어 내고 있다.

가. 생명의 숲 국민 운동

생명의 숲 국민 운동은 1998년 3월 18일에 결성되었다. 숲을 가꾸고 키워 나감으로써 산림 자원 및 수자원 조성과 국토 보전에 기여하며, 고용 및 자원봉사의 기회를 창출하여 국가 발전 및 국민적 역량을 결집하는 계기를 제공하고, 국토, 자연, 산림, 이웃을 사랑하는 국민정신을 함양하여 자연 조화, 생명 존중의 문화를 구현한다는 것을 기본 사명과 목적으로 정하는 한편, 이에 걸맞은 다양한 목표와 사업들이 구체화되었다.

이 운동은 IMF 경제 위기를 혹독하게 겪고 있던 우리 사회에 안겨준 새로운 도전이자 희망의 씨앗이었다. 그리고 그런 도전과 희망은 하나의 공허한 구호로만 머물지 않고 곧바로 정부의 구체적 정책으로 실현되었다. 생명의 숲에서 제안한 숲 가꾸기를 통한 고용 창출 사업에 정부는 즉각적으로 호응했고, 1998년 봄부터 숲 가꾸기 공공근로사업이란 이름으로 실직자들에게는 새로운 일자리를 제공하고, 빽빽하게 우거져 사람의 손길을 기다리던 방치된 숲을 가꾸는 일거양득의 효과를 안겨주었다(산림청, 1999). 1998년부터 5년간 총 5,800억 원의 예산으로 연인원 16백만명이 44만ha의 숲을 경제적 · 환경적으로 가치 있는 자원으로 가꾼 이 사업은 '산림을 이용한 국가적 위기 극복 사례'로 길이 평가될 수 있을 것이며, 그 중심에는 생명의 숲 운동이 있었음을 부인할 수 없다.

오늘날(2016년 현재) 생명의 숲은 이돈구 이사장 및 고문단(김후란, 최 열, 문국현, 조연환, 전영우 등)에 의해 지속 가능한 숲의 조성과 관리, 생활 주변의 녹

그림 10-1. 생명의 숲 운동 홈페이지

색 공간 확대를 통한 삶의 질 향상, 미래 세대를 위한 산림 환경 개선 사업에 초점을 두면서 숲의 소중함을 시민 사회에 심어 나가고 있다.

나. 학교 숲 운동

학교 숲 운동은 우리의 미래를 이끌어 갈 청소년들이 보다 쾌적하고 자연친화적인 공간에서 교육을 받을 수 있도록 학교의 빈 공간에 숲을 가꾸는 운동이다. 학교에 숲이 조성되면 정서적 안정은 물론, 과학적 사고와 문화적 상상력을 키워 갈 수 있기 때문에 생명의 숲 가꾸기 국민 운동에서 도심 녹화를 위한 산림 운동으로 시작했다. 전국 초·중·고등학교를 숲이 있는 공간으로 변모시키기 위한 노력의 일환으로, 1999년부터 시범학교를 선정하여 지원하고 있다. 또한 학교 숲에 실질적으로 참여할 일선 교사와 지역 전문가를 돕기 위하여 학교 숲 매뉴얼 〈숲이 있는 학교〉와 CD- ROM을 제작·보급하는 활동도 펼치고 있다. 주요 활동으로 학교의 숲 조성 현황 조사, 학교 숲 위원회 구성 및 운영, 학교 숲 조성을 위한 설명회, 심포지엄 및 세미나 개최, 시범학교 선정 및 지원, 시범학교에 수목·전문가 자문 등 지원, 워크숍을 개최하고 있으며, 1999년 10개 학교, 2000년 20개 학교, 2001년 20개 학교를 선정하여 학교별 숲 조성 활동을 전개하고 있다. 특히 2002년부터는 학교 숲 운동의 원활한 진행을 위해 교육 전문가, 산림 전문가, 기업인, 관련 공무원 등으로 구성된 '학교 숲 위원회'를 새롭게 보강하고, 이 위원회가 학교 숲 운동 전반을 총괄하는 한편, 학교 숲 조성 및 관리에 있어 필요한 기술 지원을 하기 위해 기술 자문 그룹도 조직하여 학교 측에 지원하고 있다. 또한 생명의 숲은 일선 학교에 학교 숲 운동을 소개하고, 생명의 숲의 지원 내용을 알리기 위해 학교 숲 조성에 관한 심포지엄이나 워크숍을 다양한 방식으로 개최하고 있으며, 오늘날(2011년 현재) 전국에 27개의 시범학교 지원팀을 구성하고 그 지역의 교수진과 전문 인력을 중심으로 시범학교에 대한 기술 자문에 응하고 있다.

▎그림 10-2. 학교 숲 운동 홈페이지

다. 평화의 숲

평화의 숲은 한반도의 생태계 회복과 더불어 북한의 식량 위기 극복에 필수적인 훼손된 북한의 산림 복구를 돕자는 취지로 시작된 산림 운동이다. 북한은 부족한 식량을 증산하기 위하여 1970년대 후반부터 산의 나무를 베어내고 다락밭 조성 사업을 전개하여 그 결과, 많은 산림이 민둥산으로 변했고 그로 인해 홍수와 가뭄이 빈번해지면서 오히려 식량난이 악화되기에 이르렀다.

평화의 숲 운동의 목적은 북한 등 동북아 지역의 훼손된 산림 복구에 기여하여 중국에는 식량, 식수, 에너지난의 극복에 기여하는 것에 두고 있다. 또 사업 방향으로는 산림 복구 및 보호에 필요한 각종 자원의 지원, 연료림 조성 등을 통한 에너지 체제 개선 지원, 산림 복구 사업 참여 주민에 대한 식량 지원, 산림 보전 및 사막화 방지 등을 위한 국제 연대 및 협력 지원을 표방하고 있다. 이런 목적과 사업 방향에 따라 평화의 숲은 대 국민캠페인으로 조성된 기금을 이용하여 2004년 10월 현재까지 15차에 걸쳐 나무 종자, 묘목, 비료 등을 북한으로 직접 전달하여 북한의 산림 복구에 기여하고 있다.

북한 지역의 숲을 되살리는 일은 우리 국토를 살리는 일이며, 우리 모두의 미래와 평화를 위한 일과 다르지 않기 때문에 많은 국민의 관심을 끌어 모으고 있는 평화 운동이다.

그림 10-3. 평화의 숲 홈페이지

라. 동북아 산림포럼

동북아 산림포럼은 동북아의 산림생태계 복원 및 환경 보호 활동을 위하여 지난 1998년에 설립되었다. 이 포럼은 중국과 몽골의 황막화 저지, 동북아 산림 문제 정책 대안 제시, 동북아 국가의 지속 가능한 산림 정책 공동 수립, 국제 산림 NGO와의 연대를 통한 세계 산림 문제 해결을 위해 노력하는 민간 환경 단체이다.

동북아 산림포럼은 동북아 지역간의 네트워크를 강화하여 환경적으로 안정되고 지속 가능한 산림 생태계의 보전과 관리에 기여하자는 취지에서 한국, 중국, 몽골, 일본 등의 학자들이 참여하여 만들어졌다. 산림 보전을 위한 기초 연구의 실행, 지속 가능한 산림을 위한 국제 세미나와 워크숍 개최, 산림과학에 관한 전문지 발행, 참여국간 전문가와 정보의 교류 및 공동 프로젝트 수행, 지구 환경 보전을 위한 국제 산림 정책 입안에 대한 다양한 활동을 하고 있다. 그리고 짧은 시간에 동북아 산림 황폐화 실태 및 복구 대책 연구, 동북아 사막화 방지 및 한발 완화 세미나 개최, 남북한 임업 협력 방안 연구, 동북아 산림 문제 해결을 위한 세미나 개최, 한중 우호림 조성 활동 전개, 중국 서부 사막화 지역 산림 복구를 위한 현지 조사 사업 등을 수행했다.

그림 10-4. 동북아 산림포럼 홈페이지

제 2 절

숲 운동이 우리 사회에 끼친 영향

1. 임업 및 산림에 끼친 영향

시민 사회가 펼치고 있는 생명의 숲, 학교 숲, 평화의 숲, 동북아 산림포럼 등의 산림 운동이 우리 사회나 산림 관련 이해 당사자들에게 과연 어떤 영향을 미칠까? 임업(학)계가 추구하는 산림 사업과 시민 단체가 추구하는 산림 운동 사이에는 상충되는 이해관계는 없을까? 임업(학)계와 시민사회가 추구할 수 있는 산림 관련 분야에 대한 적절한 한계와 영역은 무엇일까? 지금까지 이러한 분야에 대한 문제 제기나 또는 논의의 장이 열린 적이 없다. 임학(업)계는 산림 운동의 영향을 냉정하게 분석할 필요가 있다. 긍정적인 파급 효과는 더욱 심화시켜서 우리 산림이나 산림 관련 당사자들에게 긍정적인 영향으로 작용하도록 해야 하며, 만일 부정적인 파급 효과가 생긴다면 그에 대한 문제의식이나 그 영향을 차단하기 위한 노력도 경주하는 것이 임업(학)계의 책무일 것이다.

가. 긍정적 영향

시민 사회의 산림 운동을 통해 얻어지는 긍정적인 파급 효과는 다양하다. 가장 큰 파급 효과는 우리 국민의 산림에 대한 인식을 올바르게 심는 일이라고 할 수 있다. 과거 권위주의적 정권 아래서 정부의 정책은 국민의 신뢰를 얻지 못했고 산림 분야도 예외는 아니었다. 이러한 이유로 오늘날 임업계의 현안으로 대두된 임도 건설, 산불 피해지 복구, 숲 가꾸기 등의 산림 사업에 대하여 임학(업)계가 산림 육성을 위해서 필요한 절차라고 아무리 강조하더라도 국민의 신뢰를 얻기란 쉽지 않았던 것이 현실이었다. 도덕성과 전문성을 갖춘 시민 사회가 산림 운동을 펼치면서 이들 산림 사업을 올바르게 홍보하여 국민의 이해를 구하는 자체가 산림 운동의 가장 큰 파급 효과라 할 수 있을 것이다. 다양한 파급 효과들 중에서도 1) 산림에 대한 국민 관심 고조 2) 산림 관련 분야의 대외적 위상 제고 3) 시민 사회와 산림 관련 당사자와의 관계 증진 측면에서 그 긍정적 영향을 정리할 수 있다.

나. 부정적 영향

시민 사회가 펼치는 산림 운동이 항상 긍정적인 영향만 창출하는 것은 아니다. 오히려 산림 정책이나 임업인의 위상에 부정적인 영향을 끼칠 수도 있다. 산림 운동으로 파생될 수 있는 부정적 영향으로 운동의 속성상 일회성, 단기성, 이벤트 중심적인 접근을 들 수 있다. 그밖에 한정된 전문가의 참여로 오히려 산림 관련 활동의 영역이 제한되는 문제도 파생될 수 있다.

2. 우리 사회에 끼친 영향

산림 운동이 우리 사회나 기존의 시민 운동에 끼친 영향은 적지 않다. 다양한 영향들 중에 우선 운동의 방향을 네거티브 구호 대신에 포지티브 구호를 선택한 점, 환경 윤리적 측면에서 기여할 수 있는 방향을 제시한 점 그리고 시민 사회, 기업, 전문가, 정부가 NGO의 활동에 공동 파트너가 된 점이 대표적이다.

가. 네거티브를 넘어선 포지티브 운동

산림 운동이 우리 사회에 던진 가장 큰 영향은 운동의 특성이 포지티브성이란 점이다. 오늘날 펼쳐지고 있는 다양한 NGO의 활동이 그 속성상 반대, 금지, 제거, 축소 등의 네거티브성 운동에 무게를 두고 있는데 비하여 산림 운동은 숲도 살리고 실직자도 살리는 운동(생명의 숲), 헐벗은 북녘의 산하를 살리는 운동(평화의 숲), 동북아의 지역적 연대로 사라져 가는 몽골과 중국의 숲을 되살리는 운동

(동북아 산림포럼), 회색 빛 도심에 녹색을 되살리는 운동(학교 숲)처럼 포지티브성 운동이다. 생명과 평화와 녹색을 상징하는 산림 운동은 시민 사회에 네거티브성 구호가 아닌 포지티브성 운동도 사회 변혁 운동이 될 수 있음을 증명하고 있다.

나. 정부까지도 시민 운동의 파트너가 만들 수 있는 융통성

산림 운동의 또 다른 특징은 운동의 주체가 특이하게도 시민 단체와 전문가와 기업과 정부의 결합체라는 점이다. 시민 단체 일각에서는 산림 운동에 정부(산림청)가 참여(관여가 아니라)하는 운동 형태에 대하여 아직도 사시적인 입장을 완전히 제거하지 않고 있지만 산림 운동이 지금까지 기존의 시민 운동이 시도해 보지 못했던 새로운 운동 방향을 제시하고 있는 것은 분명하다.

소유 주체와 관계없이 국민 누구나 산림의 혜택을 누리면서 사는 공공재의 특성, 그리고 국토의 3분의 2가 산림인 형편에 그 산림 관리를 책임진 정부가 시민 운동의 한 파트너로서 일정 부분 참여하는 것은 자연스러운 과정이며, 이러한 시도는 여타의 시민 운동과 다른 새로운 발상의 전환으로 얻어진 결과라고 할 수 있다. 물론 공동으로 추구해야 할 목적을 위해서 상호 협력도 필요하지만 시민 단체로서의 소금 역할을 제대로 수행하기 위해서는 시민 단체와 정부 사이에는 적당한 긴장 관계도 필요한 것이 사실이다. 상호 협력과 긴장 관계를 조화롭게 구축할 수 있는 방법을 찾는 일은 앞으로 산림 운동이 풀어야 할 과제이기도 하다.

다. 환경 윤리적 측면의 환경 운동

시민 사회에 던지는 산림 운동의 또 다른 특징은 국제적 연대를 목적에 두고 운동을 시작한 점이다. 우리는 압축 고도 성장기에 국내에서 필요한 목재를 원활하게 충당하기 위해서 동남아의 열대우림을 개발할 수밖에 없었다. 오늘날 국제 환경 단체로부터 공공연하게 일본에 이어 세계에서 열대림을 가장 많이 훼손한 나라라는 불명예를 안고 있는 것이 우리의 엄연한 현실이다. 일세의 식민지 수탈과 6.25 전쟁으로 철저하게 산림 기반이 무너진 여건에서 산업 사회로의 진입을 위해 열대림 개발과 훼손 활동에 동참했던 일은 우리의 막다른 선택이었다(진영수, 1999).

오늘의 세대는 앞선 세대가 저지른 열대림 개발이라는 멍에를 풀어야 할 책무가 있다. 즉 환경정의적 관점에서 세대간의 정의나 빈부간의 정의를 산림 운동을 통해서 실현할 수 있음을 보여주는 활동이 평화의 숲과 동북아 산림포럼 활동이다. 북한, 중국, 몽골의 산림을 복구하기 위한 평화의 숲과 동북아 산림포럼이 펼치고 있는 주된 활동은 환경 윤리적 측면에 희망을 심는 국제적 환경 운동이라고 감히 주장할 수 있다.

라. 산림 분야에만 한정된 전문 운동

산림 운동은 단어 자체의 의미처럼 산림 분야에만 한정된 전문 운동이라는 점에서 그 특징을 찾을 수 있다. 오늘날 시민 단체들은 다양한 활동을 백화점식으로 펼치고 있다. 이러한 경향은 저조한 시민 참여와 사회적 여건이 충분히 성숙되지 못한데서 기인한다는 현실도 부인할 수 없지만 이런 다양한 활동은 때때로 운동 단체나 운동 그 자체의 정체성까지도 모호하게 만든다. 이점에 있어서 산림 운동은 다른 시민 운동과는 확실히 다르며, 적어도 백화점식 접근은 지양하고 있다. 운동의 성과를 보다 효과적으로 높이고, 한정된 참여 전문가의 인적 자원을 충분히 활용하기 위해서 산림 운동 자체를 통합할 필요성이 제기되고 있지만 산림 분야에만 한정하여 전문 운동을 펼치고 있는 점은 시민 사회에 던지는 신선한 접근 방법이라 할 수 있을 것이다.

제 11 장

숲과 녹색문화

산업주의로 창출된 현대 문명은 물질문명과 소비문화라는 특징을 가지며, 그 속성상 계속하여 규모를 확대 재생산시켜야만 지탱 가능한 문명이라고 정의할 수 있다. 그러나 오늘날 지구의 부존자원과 부양 능력이 유한하기 때문에 확대 재생산에 의한 산업주의로는 인류의 삶을 영속 가능하게 유지시킬 수 없다는 인식이 확산되고 있다. 현대 문명의 한계에 대한 이러한 자각은 오늘날 우리가 누리고 있는 물질적 풍요로움이 생태계 파괴와 자원 고갈과 같은 전 지구적 환경 문제의 대가로 얻는 것임을 확인시키고 있다.

따라서 앞으로는 자연의 희생 위에 문명의 번영을 더 이상 꾀할 수 없다는 인식이 팽배해 있으며, 산업주의를 대신할 수 있는 새로운 사상을 구축하고자 하는 광범위한 모색이 나라 안팎에서 진행 중이다. 그러한 모색 중에 가장 대표적인 것이 생태주의라 할 수 있다.

생태주의는 20세기 후반에 새롭게 제기된 사상이다. 18세기 말과 19세기 중반에 각각 탄생한 자유주의와 사회주의가 시민과 노동자의 권리 신장에 초점을 맞춘 사상임에 반하여 근래에 제기된 생태주의는 자연의 권리에 대한 새로운 시각을 요구하고 있다. 오늘날 생태주의는 다양한 분야에 걸쳐 그 영역을 확장하고 있는데 녹색운동, 녹색문학, 녹색사상, 녹색정치가 바로 그러한 영역이라 할 수 있다.

이 장에서는 녹색의 어원적 의미와 상징성을 먼저 살펴보고, 녹색문화(사상)의 출현 배경과 오늘날 시민 사회에서 전개되고 있는 다양한 녹색문화의 유형을 정리하고자 한다.

제1절

녹색의 상징성

생태주의에 뿌리를 둔 정치와 사상과 문학을 흔히 녹색사상, 녹색문학, 녹색정치라고 일컫는 것처럼 생태주의적 문화활동에도 '녹색'이라는 접두사를 붙이고 있다. 따라서 녹색문화의 정확한 개념 정립의 첫 단계는 녹색에 대한 색채적 의미와 함께 어원적 의미와 그 상징성을 살펴보는 일이라 할 수 있다.

1. 녹색의 색채적 의미

녹색은 유채색(有彩色)의 기본색 중 하나로 480~510mm의 파장을 가진 가시광선을 의미한다. 오늘날은 초록으로 명칭을 변경하여 사용하고 있다.

2. 녹색의 어원적 의미

국어사전에 나와 있는 녹색의 어원석 어비는 '청색과 황색의 중간색'으로, 한자로는 '목청(木靑)'이라 하기도 한다. 한자 청(靑)은 생(生)과 단(丹) 2자(字)를 조합한 것으로서, 청초(靑草)·청과(靑果)·청신호(靑信號) 등의 용례처럼 녹색을 의미한다. 영어의 green과 독일어 grun은 자라나다, 번성하다(grow)의 어원을 가지고 있으며 자라고 있는 풀의 색을 나타낸다.

사진 11-1. 봄철의 신록은 풍요와 생명을 상징한다. 북한산의 신록

3. 녹색의 상징적 의미

녹색의 상징적 의미는 다양하다. 편안함, 관대함, 자연스러움, 생동감, 건강함, 봄, 번영, 생산, 신선, 상쾌, 희망 등이 대표적이다. 특히 생명과 풍요 및 번영에 대한 상징의 유래는 사막이나 황무지(荒蕪地)의 환경을 상상하면 보다 절실하게 다가온다. 푸른 나무는 사막 지대에서 생물에게 그늘과 양식을 주어 생명 그 자체를 지탱시킨다. 따라서 푸른 나무의 녹색은 생명의 색인 동시에 낙원의 색으로 오래전부터 각인되어 왔다. 한편 혹독한 겨울을 이겨내야 하는 환경 조건에서는 모든 사람들이 초목의 싹이 트는 봄을 학수고대한다. 따라서 초목의 녹색은 생명의 부활과 성장과 번영을 상징하는 색으로 사람들의 가슴에 각인되었다.

제 2 절

녹색문화의 출현 배경과 개념

생태주의는 자유주의와 사회주의의 보완적 또는 대안적 사상이라고 할 수 있다. 18세기 말 서민층의 정치적 권리 요구로 탄생된 자유주의는 모든 시민이 향유할 수 있는 평등한 정치적 권리 신장에 기여를 했으며, 자본주의의 이념적 토대가 되었다. 한편 19세기 중반에 탄생한 사회주의는 자본주의에 대항하여 자본에 의한 노동자의 권익을 보호할 목적으로 창안된 사상으로 노동자의 권리 신장에 기여했다.

시민의 인권과 노동자의 권리 신장을 위해 창안된 자유주의와 사회주의는 과학기술에 의한 산업화에 견인차가 되어 오늘의 현대 문명을 개화시켰지만, 그 부작용도 적지 않았다. 산업주의가 소비자의 욕구를 무한대로 충족시키면서 최대의 이윤을 추구하는 속성을 지니고 있는 것은 주지의 사실이다. 그 결과 자연환경의 오염과 생태계 파괴 및 천연자원의 고갈을 불러왔고, 공동체의 와해, 사회 윤리의 실종, 인간성 상실 등으로 이어지게 되었다. 산업주의로 파생된 이러한 병폐는 자본주의와 사회주의를 가리지 않고 거의 모든 경제권에서 발생하였고, 따라서 그에 대한 대안 모색도 다양하게 나타났음은 물론이다.

1. 생태주의의 출현 배경

생태주의의 근원적 출현 배경은 20세기 말에 심화된 전 지구적 환경 문제를 타개하고자 서구에서 전개된 생태사상에서 출발하였다. 생태사상은 인간의 권리 신

표 11-1. 산업시대에서 생태시대로의 전환에 따른 인식의 변화

구성인자	산업시대	생태시대
과학적 패러다임	기계론적 세계관 지구: 무생물의 집합체 선형적, 작인과 인과 관계 원자론	유기론적 세계관 지구: 초생태계 연속성, 확률과 개연성 시스템론
인간의 역할	자연의 지배자 지배와 통제 영웅적 개인주의 개발과 지배 실용적 가치로서 자연	자연의 일부 상생과 공생 생태학적 자각 복원과 보호 본래 가치를 지닌 자연
인간의 사회적 관계	섹스이즘, 가부장적 인종주의, 자민족지상주의 계급과 신분 제도	생태적 여성주의, 동반자 복합문화주의, 다양성 사회생태학, 생태적 정의
신학과 종교	배경으로서의 자연 악마 같은, 초인적인 자연 초월적 신학 타락하고 붕괴할 창조물 일신교, 무신론	물활설, 정령 숭배 숭배의 대상으로서 자연 내재적인 신 영적인 창조물 다신교, 만유재신론
환경윤리	형평, 편리, 충족	공생, 자립, 지속
기술시스템	공업중심주의 테크노피아	농업중심주의 에코토피아
정치와 경제	권력의 집중 자본의 집중 위계적 통제 무한 경쟁 및 확장 원리 성장, 분배, 안정	참여적 민주주의 지역자립적 경제 구조 수평적 연대 상호보완적 공존 원리 삶의 질

장을 위해 자연은 무한정 지배해도 좋다는 인간중심적 사상적 기반으로 진행된 산업주의에 대한 반작용으로 자연에 대한 권리 인정에 초점을 두고 있다. 흔히 생태주의라고 일컬어지는 이 사상은 자연과 인간의 일체적 조화 위에서 새로운 사회를 구성하려는 시도로 창안되었으며, 인간의 권리보다는 자연의 권리에 초점을 맞춘 사유에 그 기반을 두고 있다.

생태주의는 인간이 대자연의 한 구성분자로서 자연과 떼려야 뗄 수 없는 유기적 긴밀성과 의존성 위에 놓여 있음을 강조하는 사상이다. 즉 자연에 대한 인간의 지배와 착취의 관계를 인정하는 산업주의적 사고 대신에 자연과 인간의 관계가 조화와 겸양의 관계로 대체되며, 모든 생물이 스스로 존재할 의의를 인정받고, 따라서 생물종이 다양하면 다양할수록 더 좋다는 사상을 그 배경으로 한다.

따라서 생태주의는 환경과 자연을 억압하는 데 활용된 인간의 이성과 정신, 또한 그로 인해 파생된 기술보다는 오히려 인간의 감정과 몸의 중요성을 부각하는 데 초점을 맞추고 있다. 즉 생태 파괴나 환경에 대한 관심에 한정하기보다는 인간의 정신 생태계의 파괴까지도 아우르는 심층적이며 복합적인 영역을 포괄한다고 할 수 있다. 그러므로 생태주의 문화는 단순히 환경 보호에 대한 관심뿐만 아니라 인간(여성, 문학, 정치)의 정신 영역에까지 포괄하는 생태사상에 근저를 둔 문화인 것이다.

2. 생태주의(생태사상)의 상징으로 표현된 녹색

생태주의 또는 생태사상의 상징으로 '녹색'이란 단어가 언제부터 누구에 의해서 사용되기 시작했는지 정확한 배경은 알 수 없다. 하나 분명한 사실은 1970년대 초 노르웨이 철학자 안 네스가 발전시킨 심층 생태학의 개념(자연이란 인간을 위해 존재하는 것이 아니기 때문에 자연 역시 나름대로 훼손당하지 않을 권리가 있다)이나 그 이후 보다 정제되고 발전된 생태주의적 개념(자연의 권리를 인정해야 할 뿐만 아니라, 더 나아가 인간이 향유하고 있는 권리까지도 자연에게 부여해야 한다)을 채택하기 위한 다양한 생태주의적 시도(정치, 문학, 환경 보호 활동)를 상징하는 용어로 녹색이 활발하게 사용되기

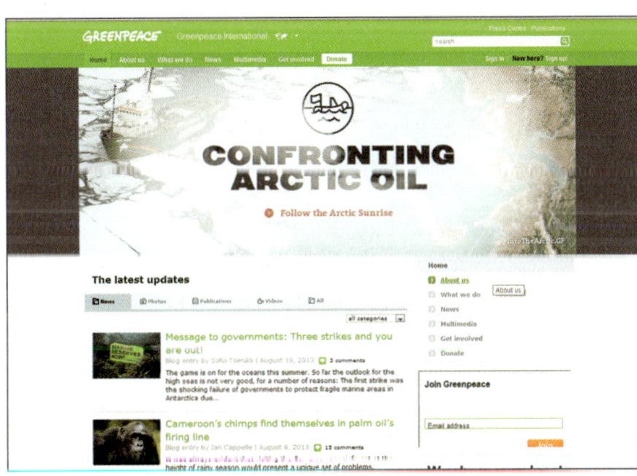

사진 11-2. 환경보전과 생태운동을 펼치고 있는 그린피스의 홈페이지

시작하였다는 점이다. 특히 그린피스(Greenpeace)가 미국 알래스카에서 1971년에 최초로 벌린 핵 실험 반대 운동에 동원된 선박 이름을 그린피스호로 부르면서 녹색은 환경지향적, 생태지향적 상징으로 시민 사회에 더욱 각인되기 시작했다.

1980년대부터 생태주의의 이념을 정치 활동에 접목한 독일 녹색당의 초기 강령을 보면, 녹색이 생태주의의 상징으로 자리 잡게 된 배경을 상상할 수 있다. '생태학, 사회적 책무, 풀뿌리 민주주의, 비폭력' 의 4대 강령 중, 생태학이 가장 우선적으로 나타나는 핵심 강령임을 알 수 있다. 오늘날 전 세계적으로 확산된 녹색당(Green Movement)의 10가지 핵심강령과 정강 중, 가장 먼저 언급되고 있는 것은 '생태학적 지혜(ecological wisdom)' 로 생태주의에 초점을 맞추고 있다.

한편 정치 이외의 다양한 영역에서도 환경 및 생태와 관련된 다양한 활동에 녹색의 접두사가 채용되고 있다. 문학의 영역에서는, 환경문학, 생태비평, 생태시학 등을 통칭하여 녹색문학이라고 부르고 있으며, 사상적 조류에 대한 분류에서도 이와 유사한 사례가 나타나고 있다. "앞으로 21세기 사회에서는 적색, 녹색, 흑색 사상만이 살아남을 것"이라는 일각의 주장처럼, 적색사상은 '사회민주주의', 녹색사상은 '생태주의', 흑색사상은 '무정부주의' 혹은 '자유주의적 사고방식' 을 대변하고 있다.

3. 녹색문화의 개념

사진 11-3. 독일 녹색당의 홈페이지

문화가 삶의 양태라고 할 때, 녹색문화는 생태주의적 삶을 지향하는 문화라고 정의할 수 있다. 생태주의 적 삶은 무엇인가? 생태계 파괴를 멈추고 '정의롭고 지속 가능한 사회' 를 구성하기 위해 자원 절약, 자원 순환, 저소비를 추구하는 삶이라고 정의할 수 있으며, 이런 것을 향유하거나 지향하는 사유를 녹색사유라 하고, 이런 삶의 양태를 녹색문화라고 설명할 수 있을 것이다.

따라서 녹색문화의 특성은 생태적 감성과 영성의 고양, 양적이며 물질적 풍요보다는 질적이며 정신적 풍요를 추구하는 삶이라고 할 수 있다. 결론적으로 생태주의를 대변하는 녹색문화는 자원이 유한한 지구에서 살기 위해서는 순환의 질서에 따라 절제하는 삶을 지향하는 것이며, 녹색사유란 인간과 자연의 유기적 연대를 추구하는 한편, 자연 속에서 자연과 더불어 사는 것을 인식하는 행위라 할 수 있다.

4. 녹색문화의 다양한 스펙트럼

녹색이라는 용어의 사용범주는 앞서 살펴본 상징적 의미만큼 폭넓은 스펙트럼을 가진다. 녹색극장, 녹색환경, 녹색조경, 녹색전쟁처럼 녹색의 상징성을 차용한 개별 수익 사업 주체에서부터 녹색연합, 녹색대학, 녹색교통연대, 녹색소비자연대처럼 생태사상에 기반을 둔 공동체 및 시민 운동 단체의 명칭에까지 다양하게 나타나고 있다.

우리 사회의 다양한 영역에서 녹색이라는 용어를 접두사로 붙여 문화 행위 또는 문화 활동의 의미로 사용하고 있지만, 녹색의 의미는 천차만별일 수밖에 없다. 이처럼 녹색문화의 행위나 활동이 제각각 다르게 나타나는 이유는 환경 문제를 바라보는 다양한 시각의 차이에서 기인한다.

오늘날 환경에 대한 시각은 크게 기술중시주의(technocentrism)와 생태중시주의(ecocentrism)로 나눌 수 있다. 기술

| 사진 11-4. 녹색은 다양한 이해집단에서 활용하고 있다. 환경단체인 녹색연합과 건설업체인 녹색건설의 홈페이지

표 11-2. **각기 다른 환경관의 녹색문화 유형**

조화론적 기술중시주의 (수정된 개발론)	환경 보호적 생태중시주의 (제한적 개발론)
- 환경 보호의 실천 - 녹색(생태)관광 - 농촌, 산촌 체험	- 적극적 보호 활동 - 명상 수련 - 체험을 통한 자아발달
- 환경 보호와 경제 성장의 조화 추구 - 환경 보호를 위한 경제적 수단 도입 옹호 - 환경권에 대한 세대간 공평성 고려	- 개발을 위한 자연환경 파괴 경계 - 인간 능력 및 과학 기술의 역할에 회의적 - 자연의 자정 능력에 맞는 소규모 개발
낙관적 기술중시주의 (전통적 개발론)	**절대적 생태중시주의 (개발불가론)**
- 녹색홍보 - 산업주의 체제속의 녹색마켓팅 - 양적, 물질적 풍요	- 자급자족형 생태 공동체 - 생태주의 체제속의 조화로운 삶 - 질적, 정신적 풍요
- 자원 개발을 통한 경제 성장 추구 - 인간의 효용 증진을 위한 양적 성장 촉진 - 시장 경제 원리로 환경 문제 해결	- 생태계의 절대 보전을 추구하는 입장 - 자연의 내재적 가치 존중 - 인간 활동, 경제 규모 및 인구의 축소 주장

중시주의는 자원 개발을 통한 경제 성장에 초점을 맞춘 반면 생태중시주의는 경제 성장보다는 환경 보호에 보다 무게중심을 둔 환경관이라고 할 수 있다.

한편 기술중시주의는 시장 경제 원리로 환경 문제를 해결할 수 있다고 믿는 낙관주의(전통적 개발론)와 환경보호와 경제 성장의 조화를 추구하는 수정된 낙관주의(수정된 개발론)로 나누어 생각할 수 있다. 또한 생태중시주의는 개발을 위한 자연환경 파괴를 경계하며 자연의 자기정화 능력을 고려하는 집단의 소규모 개발을 주장하는 환경보호주의(제한적 개발론)와 생태계의 절대적 보전을 전제로 내세우며 초현실주의적 입장을 견지하면서 자연을 개발 대상이 아닌 그 자체의 내재적 가치를 존중해야 한다고 강조하는 절대환경주의(개발불가론)로 나눌 수 있다.

이처럼 각기 다른 유형의 환경관이 공존함에 따라 녹색문화에 대한 스펙트럼도 다양할 수밖에 없다. 다시 말하면, 녹색사상에 기반을 두고 생태주의를 지향하는 녹색문화 활동에서부터 경제 성장과 개발을 중시하는 기술중심주의를 지향하는 유사 녹색문화 활동에까지 녹색이나 녹색문화라는 용어는 무차별적으로 사용되고 있다.

표 11-3. **녹색문화의 다양한 스펙트럼**

관념 대 실체	생태주의적 삶	대	물질적 가치관에 대한 보상심리
정서 대 실상	지향해야 할 가치관	대	자연친화적 삶의 갈구
상징 대 현상	생명, 생태, 환경	대	숲, 자연과 함께 하는 삶(농산촌)

환경에 대한 4가지 상이한 인식 때문에 녹색의 상징성 역시 제각각 사용되고 있다. 따라서 녹색이 가진 원래의 생태주의적 상징성은 관념과 실체, 정서와 실상, 상징과 현상이라는 측면에서 살펴볼 필요가 있다.

솔숲 사이로 문화향기 솔~ 솔~

문화일보·산림청 주최 '소나무 생태기행'

독자·각계인사 60여명이 '1박2일' 나들이

학자·화가·목수등 '소나무 예찬' 흥미진진

대관령·울진·안면도

1박2일이면 스트레스 솔솔~

사진 11-5. 오늘날 숲과 관련된 다양한 녹색문화가 펼쳐지고 있다. 문화일보 2004년 6월 17일자

자원 고갈, 생태계 파괴, 환경 파괴를 유발하는 현대 문명의 한계는 관념적으로 생태주의적 삶의 중요성을 인식시키지만, 우리들의 실체적 삶은 물질적 가치관에 대한 보상심리로 녹색문화를 차용하는 태도를 취하고 있다. 녹색문화를 정서적으로 지향해야 할 가치관으로 인식하고 있지만, 실질적으로는 도시화된 우리의 삶 때문에 자연친화적 삶을 갈구하는 형태로 나타나고 있다. 녹색문화는 생명, 생태, 환경을 상징하지만, 오늘날 우리는 그 근원적인 면에 접근하기보다는 숲과 자연과 함께 하는 주변적인 활동으로 만족하려고 한다. 관념 대 실체, 정서 대 실상, 상징 대 현상으로 나타나고 있는 이런 다양한 스펙트럼 중 우리들이 지향해야 할 녹색문화는 어떤 방향일까?

제 3 절

산림 문화, 숲을 통한 녹색문화의 구현 양식

1. 산림 문화의 개념

산림 문화란 산림의 물질적 가치와 정신적 가치로 형성된 총체적인 생활양식으로 정의할 수 있다. 따라서 산림 문화의 영역은 물질적 관점과 정신적 관점으로 나누어 생각할 수 있다. 물질적 관점의 산림 문화는 산림 자원의 영향으로 독특하게 형성된 한 민족의 총체적 생활양식을 지칭하며, 정신적 관점의 산림 문화는 산림 자원의 영향으로 독특하게 형성된 한 민족의 정체성을 지배하는 자연관, 문화 인식, 정서 등을 포용하는 정신체계라고 할 수 있다. 즉 산림이라는 물질적 자원이 한 민족의 삶에 어떠한 영향을 미쳐서 독특한 생활양식을 형성시키게 되었는지를 파악하는 것이 물질적 관점의 산림 문화 영역이라 할 수 있으며, 나무나 숲에 대한 물질적 인식이라고 단순화할 수도 있다. 또한 나무나 숲이 한 민족의 정신세계와 정서를 지배하는 제반 문화 요소들 속에서 어떻게 형성화되어 문화 인식으로 표출되고 있는지를 파악하는 것이 정신적 관점의 산림 문화 영역이라 할 수 있으며, 나무와 숲에 대한 정신적 인식이라고 역시 단순화할 수 있다.

우리 삶의 표현, 우리 사회가 공유하는 마음의 표현(인간 특유의 생활양식)을 문화라고 정의한다면, 산림 문화란 숲과 더불어 살아가는 우리 삶 속에 녹아 있으며 숲에 대한 정신적 물질적 가치를 담아내는 마음의 표현이라고 정의할 수도 있다. 다시 말하면 산림 문화란 우리 사회가 공유하는 산림에 대한 마음의 표현과 다르지 않은 것이다.

표 11-4. **시대별 산림 문화의 사상적 배경과 흔적 및 오늘의 해석**

시대구분	사상적 배경	흔 적	오늘의 해석
과거	천지인사상 자연숭배사상 자연조화사상	신단수 계림, 나정 숲 성황림, 당산목 여근곡 숲	우주수, 세계수 한 씨족 및 국가의 탄생 인간과 자연의 연결통로 자연: 생명이 있는 유기체
현재	기술중시주의 인간중심주의 자연지배사상	자연휴양림 산림 스키, 골프장	휴양의 대상으로 적극적 이용 자원으로 적극적 착취 및 이용 레저 휴양의 대상으로 적극적 파괴
가까운 미래	과도기적 환경주의	체험적 숲 체험 산림교육	명상, 자아실현의 장 생태맹 극복
먼 미래	생태중심주의 자연조화사상	산림	자연과 인간의 공존을 위한 실습장 환경 윤리(자연에 대한, 세대간, 빈부간의 정의) 가 적용되는 현장

2. 산림 문화의 동태적 이해

문화는 1) 집단의 구성원에 의해서 공유되며 2) 한 사회적 구성원에 의해서 학습되고 3) 세대로 이어짐에 따라 축적되며 4) 다른 문화 요소와 긴밀한 체제 속에 존재하며 5) 끊임없이 변화하는 특성을 가지고 있다. 정체적이라기보다는 동태적인 산림 문화의 이런 특성을 이해하면, 당대의 가치관과 생활양식을 지배하는 기준인 중핵 문화를 중심으로 그 주변에 자리 잡은 주변 문화가 존재한다는 것을 알 수 있다.

사진 11-6. 숲과 문화연구회가 개최한 제1회 아름다운 숲 탐방행사(강원도 원주 성황림 1992. 3.)

주변 문화는 동일한 문화권에서 발생한 사생적인 것일 수도 있으며 다른 문화권에서 도입된 것일 수도 있다. 주변 문화에서 중핵 문화로 자리 잡기 전의 것으로 문화의 진행 방향 앞에 위치하는 주변 문화가 있으며, 한때 중핵 문화로 한 시기를 풍미하다가 중핵 문화권에서 퇴출하여 중핵 문화의 뒤쪽에 위치하는 주변 문화도 존재한다. 그러나 생성 후 소멸하는 주변 문화 모두가 중핵 문화로 진입하는 것은 아니다. 어떤 주변 문화는 중핵 문화로 진입하는 반면에 어떤 주변 문화는 주변 문화의 상태로 계속 남거나 소멸하여 사라질 것이다. 산림 문화를 보는 시각도 이런 문화의 역동성이라는 측면에서 받아들여야 할 것이다.

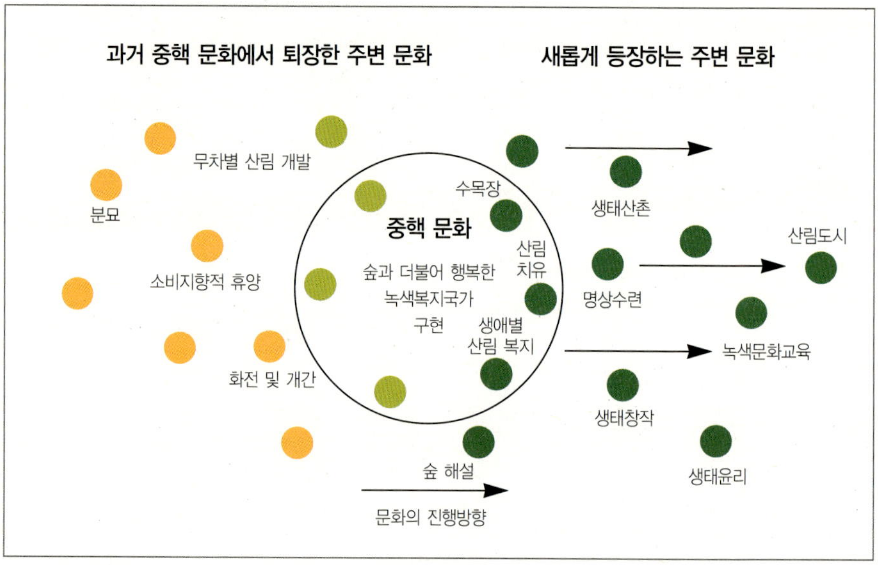

그림 11-7. 중핵 문화로서 산림 문화 영역과 산림 문화 요소 사이의 관계

위와 같은 문화의 동태적 특성을 산림 문화에 적용시키면, 현재 산림 관리의 주된 가치관인 지속 가능한 산림 경영을 중핵 산림 문화로 삼을 수 있으며, 산림 휴양, 산림 레크리에이션, 산림 휴양, 산림 체험 등이 중핵 문화로 진입하고 있는 전방위의 주변 문화이며, 대규모 산림 개발에 의한 위락시설 건설, 밀렵, 도벌 및 남벌 등이 퇴출되고 있는 후방위의 주변 문화일 것이다.

▌사진 11-8. 문화예술의 공간으로 활용되고 있는 숲. 대관령 자연휴양림의 솔바람 춤

3. 산림 문화 활동과 녹색문화의 관계 설정

생태주의에 기반을 둔 녹색문화가 생명, 생태, 환경, 평화, 여성 등 '녹색가치'에 초점을 맞춘 생명의 문화라고 한다. 생명, 생태, 환경과 직간접적으로 연결되어 있는 산림은 그 고유한 특성 때문에 녹색문화 활동을 펼칠 수 있는 공간이 될 수 있다. 또 앞서 살펴본 바와 같이 조상들이 이룩한 산림 문화의 토대는 오늘날의 녹색문화에 적용할 수 있는 참고 사례가 될 수 있을 것이다.

따라서 오늘날 산림에서 이루어지고 있는 다양한 문화 활동은 녹색문화 활동으로 분류할 수 있다. 현재 전개되고 있는 산림 문화 영역은 산림청의 2003년도 산림 문화 활동을 통해서 엿볼 수 있다. 산림청에 따르면, 산림 문화와 관련된 활동이 산림청 및 지방 자치 단체 그리고 사회 단체의 주관으로 총 600여 회 이상 개최하는 것으로 보고되고 있으며, 그 내용은 문학 및 예술, 생태 및 임업 체험, 교육 등 다양한 형태로 나타나고 있다.

산림 문화 활동을 유형에 따라 1) 산림 체험 활동 2) 산림을 이용한 문화 활동

3) 정부 주관의 다양한 산림 행사 등으로 나눌 수 있다. 산림 체험 활동으로 숲 체험활동, 생태 체험 활동, 임업 체험 활동 등을 들 수 있다. 한편 산림을 하나의 문화 공간으로서 활용하면서 그 속에서 이루어지고 있는 대표적 산림 문화 행사로는 시 낭송회, 음악회, 사생대회, 숲 학교 등이 있다.

지난 몇 년간 추진된 산림 문화 활동은 주로 산림청의 주관으로 전개되었지만, 오늘날에는 산림청의 주관 못지않게 지방 자치 단체, 시민 단체, 학계, 연구 단체, 기업, 관련 단체 등에서 펼치는 다양한 활동들이 증대하고 있다.

4. 산림 문화 활동의 전개와 확산 사례

▍**사진 11-9.** 숲과 관련된 다양한 도서의 출판도 녹색문화의 일환이다.

▍**사진 11-10.** 숲 해설가는 시민과 숲을 이어주는 가교역할을 수행한다.

산림 문화 활동의 전개와 확산 양식도 문화의 동태적 특성으로 이해할 수 있다. 산림 문화의 전개와 확산은 두 가지 사례로 살펴볼 수 있다. 먼저 오늘날 대표적 산림 문화 활동으로 펼쳐지고 있는 숲 체험활동의 전개 사례를 살펴보는 것이 하나이며, 지난 6~7년 사이에 제안된 산림 문화 정책의 추진으로 숲을 매개로 한 다양한 문화 활동의 확산 사례를 살펴보는 것이 다른 한 가지이다.

첫 사례는 숲과 문화 연구회의 '아름다운 숲 탐방' 활동의 파급 효과를 통해서 파악할 수 있다. '아름다운 숲 탐방'을 기획한 배경은, 1992년 2월에 펴낸 《숲과 문화》의 창간호 24쪽에 밝혀져 있는 내용처럼, '국민의 눈높이 맞추어 우리 숲의 가치와 아름다움을 직접 체험하는 기회를 제공하여 숲에 대한 새로운 인식을 갖게 하자는 것' 이었다.

숲과 문화 연구회에서 지난 20년 동안 100여 회 이상 펼쳐 오고 있는 아름다운 숲 탐방 활동의 파급 효과는 컸다. 아름다운 숲 탐방 행사는 산림청이 펼치고 있는 그린스쿨, 산림조합중앙회의 숲과의 만남, 다양한 시민 단체와 서울시를 비롯한 여러 지방자치 단체의 숲 체험 프로그램의 모델이 되었다.

산림 문화 축제의 효시가 된 하나은행의 '자녀와 함께 아름다운 숲 찾아가기'

표 11-5. 산림 문화 활동에 끼친 아름다운 숲 찾아가기의 파급 효과

산림 문화 활동	시 기	구체적 사업	주최(주관)단체
숲과 문화의 접목	1992. 1.	격월간 숲과 문화 통권 1회 발간 (현재 통권 71호 발행)	숲과 문화 연구회
시민을 위한 숲 체험	1992. 3. 29.	제1회 아름다운 숲 찾아가기 : 원주 성황림(현재까지 56차)	숲과 문화 연구회
도시민을 위한 산림 체험 행사	1993. 5.	숲과의 만남 행사: 광릉수목원	산림조합중앙회
숲 속 작은 문화제	1993. 6. 27.	자녀와 함께 아름다운 숲 찾아가기 (현재 20여 회 진행중)	하나은행, 숲과 문화 연구회
숲과 문화 학술 토론회	1993. 8.	'소나무와 우리 문화' 학술토론회 (현재 12차 토론회)	숲과 문화 연구회
초등학생, 학부모, 교사를 위한 산림 체험	1995. 3.	그린스쿨	산림청
숲 체험에 대한 안내서	1996. 3.	아름다운 숲 찾아가기	숲과 문화 연구회
자연안내인 양성 교육	1998. 5. 11	숲 해설가 양성 교육 프로그램 개발 및 교육 실시	국민대학교
숲 해설 제도 운영	1999.	자연휴양림의 숲 해설활동	산림청, 자연환경안내자 협회
숲 해설가 협회 창립	2000.	사단법인 숲 해설가 협회	숲 해설가 협회
숲 체험 행사의 정례화	2000.	다양한 시민 환경 단체	생명의 숲, 기타 NGO
산림 문화 축제	2001. 5. 27.	제1회 자연휴양림 산림 문화 축제	산림청

행사는 산림청이 전국의 자연휴양림에서 펼치는 '숲 속 문화 축제' 로 확산되었고, 마침내 '숲 문화 학교' 의 시범 운영으로까지 이어졌다. 부수적으로 숲 속 음악제, 숲과 문학의 만남 등 다양한 산림 체험 프로그램의 개발과 축적을 가져왔음은 물론이다.

아름다운 숲 탐방이 끼친 파장은 또 있다. 숲 탐방에 대한 다양한 도서의 출판을 가져 왔으며, 숲이 문화 상품으로의 변신하는 데 기폭제가 된 점이다.

《숲과 문화》의 창간호에 역시 밝힌 내용처럼, 보전해야 할 아름다운 숲에 대한 발굴 사업이 전국적으로 전개되고 있는 점도 아름다운 숲 찾아가기가 끼친 파장이라고 할 수 있다. 산림청과 생명의 숲, 유한킴벌리가 주축이 되어 4회째 아름다운 숲 전국대회가 개최되었으며, 전국의 지방 자치 단체들이 아름다운 마을 숲, 아름다운 거리 숲, 아름다운 학교 숲, 22세기를 위해 보전해야 할 아름다운 숲 경연대회에 적극적으로 참여하고 있다. 전국적으로 이미 50여 개소의 아름다운 숲들이 지정되어 시민의 사랑을 받고 있으며, 앞으로도 이 사업은 계속될 것이다.

아름다운 숲 찾아가기는 산림 문화 교육의 확산에도 영향을 끼쳤다. 국민대학교에서 1998년 자연안내인 양성 프로그램이 개설되었고, 그 교육생들의 주도로 숲 해설가 협회가 결성되어 숲 해설가 양성 교육과 함께 전국의 자연휴양림 및 수도권의 숲에서 다양한 숲 해설활동이 시민들을 대상으로 전개되고 있다. 또한 생명의 숲, 지방 환경 운동 연합, 숲 연구소 등에서도 숲 해설가 양성 교육을 진행하고 있다.

아름다운 숲 찾아가기의 성공 요인은 산림 문화 활동의 시의 적절한 기획, 전문가의 진행, 시민의 눈높이에 맞는 프로그램, 한 회도 빠짐없이 꾸준히 진행해온 연속성, 참신성과 다양성 등을 들 수 있을 것이다. 이러한 것은 숲 체험으로 인간소외, 자연 유리, 배금주의, 속도지상주의 등과 같은 산업 사회의 병폐를 치유할 수 있다는 최근의 연구 결과와 잘 부합하고 있을 뿐만 아니라 숲을 매개로 한 생태주의적 녹색문화의 전형이라고 할 수 있을 것이다.

하나의 산림 문화 활동 또는 숲을 통한 녹색문화 행사가 가지를 치면서 전개되고, 전국적으로 확산되어 가는 과정을 엿볼 수 있는 사례는 숲과 문화 연구회에서 시작한 '아름다운 숲 찾아가기' 로 그 과정은 다음 그림과 같다.

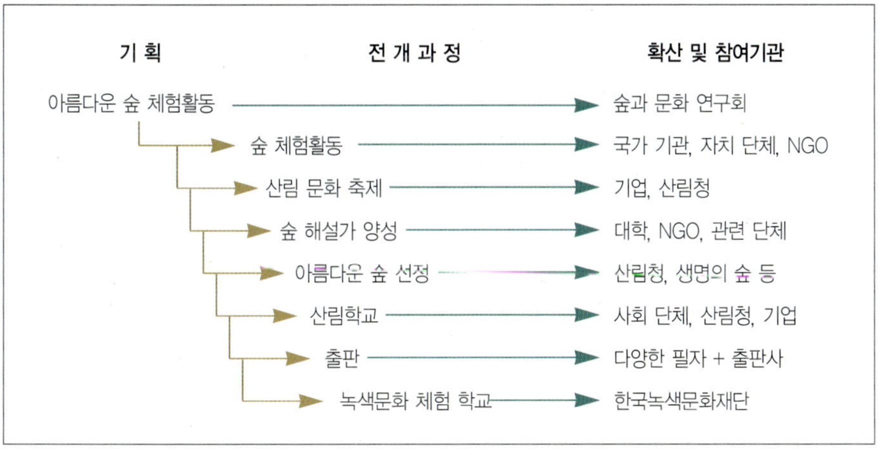

그림 11-11. 아름다운 숲 찾아가기의 파급 과정

아름다운 숲 찾아가기 활동 사례를 통해, 산림 문화의 전개와 확산에 대한 것을 다음과 같이 정리할 수 있다. 즉 산림 문화 사업의 전개와 확산에 필수적인 요건은 우리 산림에 대한 긍지, 산림 문화 사업에 대한 이해와 열정, 치밀하고 참신한 기획, 관련 문화 행사와의 적극적 연계, 법적 · 제도적 뒷받침을 이끌어낼 정책 개발이라는 것이다.

법적 · 제도적 장치가 산림 문화의 전개와 확산에 필수적인 요소임을 앞에서 살펴보았다. 오늘날 다양한 형태와 함께 폭발적 신장세로 전개되고 있는 산림 문화 활동은 산림에 대한 국민의 휴양, 문화, 복지, 교육의 수요를 산림청이 미리부터 예측하고 준비하였기 때문에 가능한 일이었다.

산림청은 1996년 식목일을 맞아 21세기 산림 비전의 하나로 '산림 문화 창달 방안'을 대내외에 천명하는 한편, '산림 문화 창달을 위한 정책 방안'을 학계에 의뢰하여 산림 정책에 적극적으로 반영하였다. 그 구체적인 실천은 1997년 산림 문화 업무를 담당할 부서의 신설과 함께, 임정의 한 축으로 산림 문화 행정을 적극적으로 펼치기 시작한 것에서 찾을 수 있다.

산림 문화 창달 방안으로 제인된 다양한 정책 방안 중, 산림 안내인(숲 해설가) 제도, 산림 문화 프로그램 개발, 산림 문화 기금 또는 녹색기금, 산림 문화 총람 발간, 법적 · 제도적 산림 문화 조직 및 업무 명시, 시민 참여의 숲, 산림 휴양 프

사진 11-12. 뚝섬지역을 서울 숲으로 조성하는 그린 트러스트 사업은 관민의 합동으로 펼치는 녹색문화 활동이다.

로그램 개발, 산림 헌장 제정 등이 산림 행정에 구체적으로 반영되고 있으며, 그린오너 제도, 산림 문화상 제정이나 산림 문화 협회 등은 시민 사회 단체나 관련 유관 기관의 활동으로 구현되고 있거나 모색 중에 있다.

우리 사회에서 펼쳐지고 있는 다양한 녹색문화 활동 중에, 다영역간의 파트너십으로 펼쳐진 숲 운동은 녹색문화의 전개와 확산에 성공한 또 다른 사례라 할 수 있다. 시민 사회, 학계, 기업, 국가가 다 함께 참여한 '생명의 숲 국민 운동'은 녹화한 후, 가꾸지 않고 방치했던 우리 숲을 옳게 가꾸고 지키는 데 일조했을 뿐만 아니라 우리 사회에 숲의 중요성을 새롭게 인식시키는 데 큰 기여를 했다. 또 '생명의 숲 국민 운동'이 펼친 녹색문화 운동은 '평화의 숲'(북한 산림복구 지원), '동북아 산림포럼'(몽골과 중국의 산림복구 지원), '생태산촌 만들기', '서울 그린 트러스트'(뚝섬 녹화), '학교 숲 운동'(초중고의 녹화)의 모태가 되었으며, 오늘날 우리 사회에 생명의 녹색문화를 확산하는 데 일조를 다하고 있다.

제 4 절

녹색문화의 전개와 확산 방안

녹색문화의 전개와 확산 방안은 사업주체에 따라 각기 다를 수밖에 없다. 산림청과 같은 국가 기관이 전개하는 사업과 NGO와 같은 시민 단체가 펼칠 수 있는 사업의 영역이나 특성은 지향하는 가치에 따라 달라야 할 것이다.

1. 녹색문화 사업의 전제 조건 및 고려 사항

산림을 통한 녹색문화 활동을 전개하고 확산하고자 할 경우, 우리 산림의 특수성에 대한 인식 확산에 기여해야 한다. 우리 산림이 갖는 특수성이란 먼저 국토 녹화로 얻게 된 민족적 자긍심을 들 수 있다. 각국의 산림학자들은 한국을 독일, 영국, 뉴질랜드와 함께 '세계 4대 조림 성공국'의 반열에 놓기를 주저하지 않는다. 그리고 국제기구나 세계 유수의 언론은 한국의 국토 녹화 사례를 경이로움의 대상으로 평가하고 있다. 30년이란 짧은 시간에 국토를 녹화했다는 것은 경제적으로 어려웠던 시절에 온 국민이 힘을 모아 이루어낸 성취이기 때문이다.

국토 녹화의 의미는 생명·환경자원의 확충에서도 찾을 수 있다. 지난 30년 동안 우리는 물질적 풍요로움과 생활의 편리함을 누리고자 삶의 질을 좌우하는 맑은 물, 깨끗한 공기, 아름다운 풍광 같은 소중한 자연환경을 훼손할 수밖에 없었다. 지난 세월의 압축 고도 성장은 엄청난 국토 훼손과 환경 악화를 불러왔지만 다행스러운 사실은 헐벗은 산들을 이 기간에 푸르게 녹화하여 국부의 원천인 산림을 생명 · 환경 자원으로 확보한 점이다.

국토 녹화의 또 다른 의미는 북한의 헐벗은 산림을 생각하면 더욱 각별하게 다가온다. 남한보다 더 울창한 산림을 보유했던 북한은 우리들이 본격적으로 나무를 심기 시작했던 1970년대에 다락밭 개간과 무분별한 벌채로 산림 황폐를 심화시켰으며, 2015년 현재 우리 산림 축적(ha당 $143m^3$)의 절반 수준에도 미치지 못해 가뭄과 홍수의 고통을 반복하여 겪고 있다. '재생적 산림 이용'과 '약탈적 산림 이용'으로 대별되는 남북한의 산림 이용 방식은 남한의 울창한 산림이 생태적 재앙의 완충 역할을 수행하는 반면, 북한의 헐벗은 산림은 생태적 재앙의 원인으로 작용하고 있는 냉엄한 현실에서도 그 의미를 찾을 수 있다.

한편 오늘날 활발하게 전개되고 있는 녹화 경험의 해외 전수에서도 국토 녹화의 의미를 찾을 수 있다. 중국과 몽골의 사막화 방지 사업에 정부와 시민단체가 나서고 있는 현실이나 산림이 훼손된 제3세계의 산림 전문가들을 교육시킴으로써 국가적 위상을 제고하고 있는 현실은 앞선 세대의 국토 녹화 덕분에 오늘의 세대가 누리는 민족적 긍지이다. 따라서 녹색문화의 활동 영역은 우리 산림만이 갖는 이런 특성을 십분 활용할 수 있는 방안으로 모색되어야 할 것이다.

2. 모색 가능한 녹색문화 활동 영역

녹색문화의 활동 영역을 모색하는 데 있어서 우리들이 심사숙고해야 할 분야는 '다양한 형태의 녹색문화' 스펙트럼 중에 어떤 영역의 사업을 기획하여 전개 및 확산시킬 것인가 하는 점이다. 4가지 서로 다른 환경관이 나름대로 각자의 정당성을 주장하는 세태에서 어느 스펙트럼이 올바른 선택이라고 단정하기란 쉽지 않다. 낙관적 기술중시주의(산림 훼손으로 개발된 골프장과 스키장 이용), 조화론적 기술중시주의(자연휴양림의 산림 휴양과 동적 레크리에이션), 환경보호적 생태중시주의(산림 체험을 통한 자아실현, 숲을 통한 문예 창작), 절대적 생태중시주의(자급자족형 산림 공동체) 등이 나름의 산림 문화 또는 녹색문화로서의 존립 근거와 당위성을 갖기 때문에 더욱 그렇다.

그러나 한 세대 만에 이룬 세계 12위의 경제 규모와 좁은 국토에 과밀한 인구(인구밀도 세계 3위)가 누리고 있는 물질적 풍요를 고려하면, 우리들이 모색해야 할 녹색문화 활동 영역은 보다 한정적으로 접근하여 선정할 수밖에 없다. 오늘날 우리들이 누리는 물질적 풍요는 우리 사회가 최고의 소비 사회에 진입했음을 말해주는 또 다른 지표이며, 이런 현실은 우리들의 삶이 생태적으로 전환하는 것이 지난한 형편임을 말해준다.

사실이다. 한국 사회가 당면하고 있는 생태 위기의 지속 불가능성은 원유수입량 세계 3위, 석유소비량 세계 6위, 이산화탄소 배출량 세계 9위, 1인당 온실가스 배출량 9.2t(지속 가능한 발전기준량의 3배)과, 30%에도 못 미치는 식량자급율, 세계평균의 10분의 1에 불과한 1인당 연강수총량(2,705m^3)으로도 알 수 있다. 에너지 다소비 경제 구조로 일군 물질적 풍요는 식량 자급, 에너지 수급, 물 수급의 지속 불가능성에 대한 경각심마저 마비시키고 있다.

생태 위기에 대한 이런 경각심의 마비를 생각하면 우리들이 지향해야 할 녹색문화의 활동 영역은 보다 선명해진다. 그것은 우리 자신이 자연의 일부라는 자각을 갖게 하는 활동, 지구상의 모든 생명체들이 '나름의 독특한 자질을 가지고 고유의 방법으로 생명체의 총체적 존속에 기여하고, 진화와 연속성에 이바지하기 때문에 인간이든 인간이 아니든 모든 생명체는 특정한 자격과 상관없이 고유한 가치를 지닌다는 생각'을 확산시키는 것에 보다 무게 중심을 두는 활동으로 좁힐 수 있을 것이다. 모든 생명체에 대한 심오한 공경의 마음, 자연의 아름다움, 생명의 그물망에 대한 경이로움, 풍요로움, 너그러움을 느낄 수 있는 방안으로 모색되어야 할 것이다.

이런 틀에 포함시킬 수 있는 숲을 통한 녹색문화 활동의 대상 유형으로 1) 생태맹을 극복하기 위한 녹색문화 체험 학교 2) 슬로 라이프(slow life)를 위한 명상 및 생태창작 지원 센터 3) 수목장(樹木葬) 제도 도입과 산림 트러스트 등을 들 수 있다.

가. 생태맹 극복을 위한 녹색문화 체험 학교

헐벗은 산림이 푸르게 복구되면서 숲과 관련된 새로운 활동들이 다양하게 전개되고 있다. 산림 치유, 수목(장)림, 산림 휴양, 산림 문화 등이 대표적인 활동으로 숲을 교육자원으로 활용하는 숲 해설, 숲 체험, 숲 유치원과 같이 새로운 사례들도 등장하고 있다.

2010년 한 해 동안 산림청 산하의 휴양림이나 수목원 등에서 600여 명의 숲 해

사진 11-13. 녹색문화 체험 학교의 모델이 될 수 있는 산림학교

설가들이 100만 명의 시민들을 상대로 숲 해설활동을 전개하였다. 산림청 관련 기관이 진행한 숲 해설활동에 참여한 인원을 100만 명으로 추산하지만, 일선 학교나 지방자치단체에서 독자적으로 진행한 숲 체험활동에 참여한 인원을 포함하면 그 인원은 훨씬 많을 것이다.

숲을 찾는 사람들이 이처럼 많은 이유를 하버드 대학의 에드워드 윌슨(Wilson, 1984) 교수는 바이오필리아(biophilia) 가설로 설명하였다. 바이오필리아 가설은 '참된 인간성은 건강한 자연과 함께할 때에만 구현될 수 있다.'는 개념을 전제로 인간의 마음속에 자연계의 모든 생물에 대한 애착심이 내재되어 있다는 사고에 기반을 둔 것이다. 바이오필리아 개념은 생물(bio)과 사랑(philia)을 뜻하는 어원으로 만든 조어이며, 자연이 인류의 생존을 위한 물질적 기반을 제공할 뿐만 아니라 심미적, 지성적, 인지적 기능도 하며, 정신적 안정과 만족 또한 안겨준다는 개념을 내포하고 있다.

스트븐 캘러트(Kellert, 1998)는 윌슨의 바이오필리아의 이론을 발전시켜, 미적 가치, 지배적 가치, 인본주의적 가치, 도덕적 가치, 자연주의적 가치, 부정적 가치, 과학적 가치, 상징적 가치, 실용적 가치 등의 9가지 요소로 자연의 가치를 분류하였다.

표 11-6. **자연이 인간에게 주는 가치 요소와 적용 가능한 이득**

구분	가치의 정의	가치와 관련하여 적용 가능한 이득
미적 가치	자연의 물리적 매력	조화와 균형의 감각 호기심, 상상력, 발견을 자극
지배적 가치	자연의 통제와 지배	독립성, 자율성, 모험성, 지적 성취감 재치와 용기
인본주의적 가치	자연과의 감성적인 유내	친밀감, 동료애, 신뢰, 사회관계의 능력 자신감과 자아실현
도덕적 가치	자연과의 윤리적이고 정신적인 관계	선량함과 존경심 사회성 향상
자연주의적 가치	자연의 모험과 발견	모험, 발견, 호기심, 탐구심, 상상력 자신감과 자의식
부정적 가치	자연의 두려움과 반감	해(害)와 부상 회피 불확실성을 최소화 자연에 대한 겸손함과 경외감
과학적 가치	자연에 대한 지식과 이해	비판적 사고와 문제해결 능력 관찰과 분석 능력
상징적 가치	언어와 상상이 원천으로서의 자연	언어와 숫자를 통한 분류와 정의 능력 상상과 상징을 통한 의사소통 능력
실용적 가치	물질적이고 물리적인 보상자원으로서의 자연	자신감과 자의식 자연에 대한 인간의 물리적 의존에 대한 이해

(Kellert and Wilson, 1998)

결론적으로, 숲이 주는 정신적 · 신체적 치유 기능은 1) 숲에 대한 인간의 태생적 친화성, 2) 산업화로 퇴화된 인간의 오감기능 진작에 의한 심리적 생리적 변화의 긍정적 유도, 3) 내면적 성찰의 기회 제공으로 자아 발견과 성취감 고취 4) 자신 및 타인과의 소통에 의한 상호 이해와 협력 기회 제공으로 크게 정리할 수 있다.

숲을 향한 국민의 폭발적인 기대에 부응하고자 산림청은 2006년에 '산림문화 휴양에 관한 법률'을 제정하였고, 2011년에는 '산림교육의 활성화에 관한 법률'을 제정하여 일반인을 대상으로 산림문화 교육에 박차를 가하고 있다.

나. 슬로 라이프를 위한 명상 수련 및 창작 지원 센터

서구의 생태주의자들에 의해 형성된 '웰빙(well being)' 문화는 소비적이고 물질적인 문화패턴에 대한 반발로 형성된 새로운 패러다임이라고 할 수 있다. 이런

사진 11-14. 숲은 명상 수련을 위한 훌륭한 공간이다. 한글 안내문까지 등제된 프랑스의 떼제 공동체 홈페이지

패러다임이 새롭게 제기되고 있는 이유는 '인간에게 좋은 것이 자연에도 좋다'에서 '자연에게 좋은 것이 인간에도 좋다' 또는 '유한한 지구 자원은 물질적 풍요를 모든 지구 가족에게 보장하지 못한다'는 인식의 확산에서 찾을 수 있다. 이러한 인식과 함께, 슬로 라이프에 의한 웰빙 문화는 물질적 욕망을 극복하고자 마음의 풍요와 자발적 가난에 대한 관심이나 생명 생태 환경을 중시하여 인간과 자연의 상생과 공존을 추구하는 시대정신을 반영하는 것이기도 하다.

웰빙은 정신적으로 풍요롭고 육체적으로 건강한 삶의 방식을 추구하고자, 경쟁과 성취를 부추기는 시간의 지배를 받기보다는 오히려 좀 덜 가지고 덜 누리더라도 시간을 지배하는 생활, 패스트푸드 대신 자연식을 주로 하고 요가와 명상 등을 통해서 자연친화적 생활을 추구하자는 삶이라 할 수 있다. 일각에서는 이러한 삶을 '건강과 환경, 사회의 지속적 발전'까지도 함께 도모할 수 있는 생활패턴이라고 정의하고 있으며, '로하스(LOHAS: Lifestyles Of Health And Sustainability)'란 트렌드로 부르고 있다.

국내에 확산되고 있는 웰빙 붐은 일면 상업주의적 측면을 무시할 수 없는 실정이지만, 우리 역사 속에 녹아 있는 생태주의적 철학이나 생명 공경의 문화적 전통 등을 감안하면 새삼스러운 경향만은 아니다. 오히려 건강하고 조화로운 삶에 대한 관심의 자연스러운 발로라는 측면으로 이해할 수도 있을 것이다.

미래 트렌드의 공통 키워드가 '건강과 환경'이라는 예측처럼, 웰빙은 일시적인 유행이 아니라 새로운 시대를 선도하는 뚜렷한 경향의 하나로 이해할 필요가 있다. 특히 '몸과 마음의 균형 있는 건강과 자연과의 조화'라는 측면에서 보면 웰빙은 '자연', '명상', '의식주'라는 키워드로 구체화할 수 있으며, '자연'을 상징하는 대표적 생태계는 바로 숲이라 할 수 있다.

한편 '명상'은 현대 문명의 속도감, 압박감, 단절감에서 탈피함으로써 보다 여유 있는 생활을 영위하고 인간의 본성을 회복하는 중요한 수단으로 부각되고 있다. 또한 '의식주'는 이미 웰빙에 있어 주된 부분으로 지리매김하어 친환경농법, 천연염색, 황토흙집 또는 통나무를 이용한 전통가옥 등에 대한 다양한 참여와 관심을 불러내고 있다.

참선과 명상 수련이 이루어지고 있는 대부분의 장소가 숲이 울창한 사찰(템플스테이, temple stay)과 수도원임을 비추어 볼 때, 새로운 녹색문화의 활동 영역은 이 분야를 도외시할 수 없음은 자명한 사실이다.

사진 11-15. 독일에서 시행 중인 수목장 제도. 작고한 이의 이름표만 부착되어 있을 뿐, 그 외는 아무런 장식도 없다.

다. 수목장 제도 도입

유교의 전통 의식에 따라 수백 년 동안 지켜온 매장 문화는 오늘날 다양한 묘지 문제를 제기하고 있다. 특히 좁은 국토와 높은 인구밀도 그리고 과도한 도시집중은 혐오 시설의 기피에 따른 묘지난, 산림 소유 구조의 왜곡에 따른 산림 경영 기반 붕괴의 원인이 되고 있다. 이런 문제점에 대한 사회적 인식이 확장되면서 매장보다는 화장을 선호하는 장례 문화가 차츰 보편화되어 가고 있다.

사진 11-16. 은해사의 수림장

한편 화장이 장례문화의 새로운 대안으로 떠오름에 따라 수목장(樹木葬)에 대한 검토도 활발하다. 수목장은 사람이 죽으면 화장하여 그 골분을 지정된 수목 아래에 묻어서 그 수목과 숲에서 함께 한다는 취지로 오늘날 독일과 일본 등지에서 시행되고 있는 새로운 형식의 장례 문화이다. 수목장 사업을 녹색문화의 사업 영역으로 도입한다면, 산지 훼손에 따른 부작용을 줄이는 한편 '사람과 나무는 상생하며 자연에서 태어나 자연으로 회귀한다는 섭리에 근거' 하기에 환경친화적이며 생태친화적인 녹색문화 사업 영역이라고 할 수 있다.

참고문헌

1. 김성곤. 2003. 문화연구와 인문학의 미래. 서울대학교 출판부.
2. 김욱동. 2000. 한국의 녹색문화. 문예출판사.
3. 김욱동. 2001. 시인은 숲을 지킨다. 범우사.
4. 러미스, 더글러스. 2002. 경제성장이 안되면 우리는 풍요롭지 못할 것인가. 김종철, 이반 옮김. 녹색평론사.
5. 리피에츠, 알랭. 2002. 녹색희망. 박지현 옮김. 이후.
6. 마텔, 루크. 1998. 녹색사회론. 한울아카데미.
7. 문순홍. 1993. 생태위기와 녹색의 대안. 나라사랑.
8. 바렌, 페버. 1996. 색채의 영향. 김진한 옮김. 시공사.
9. 박이문 외. 1998. 녹색한국의 구상. 숲과 나무.
10. 박이문. 1996. 문명의 위기와 문화의 전환. 민음사.
11. 박이문. 2001. 더불어 사는 인간과 자연. 미다스북스.
12. 북친, 머레이. 1998. 사회생태주의란 무엇인가. 박홍규 옮김. 민음사.
13. 브룬스, 마가레케. 1999. 여덟 가지 색으로 풀어 본 색의 수수께끼. 조정욱 옮김. 세종연구원.
14. 산림청. 1996. 새로운 산림 문화창달을 위한 정책방안 모색에 관한 연구. 국민대학교 산림과학연구소.
15. 쓰찌다 다까시. 1996. 공업사회의 붕괴와 공생의 시대. 녹색평론 31호.
16. 이진우. 1998. 녹색사유와 에코토피아. 문예출판사.
17. 전영우. 1997. 산림 문화론. 국민대학교 출판부.
18. 전영우. 2002. 숲과 녹색문화. 수문출판사.
19. 전영우. 2003. 산림 문화진흥과 산림 문화기획. 산림 문화의 학제적 조명 심포지엄. 강원대학교 산림과학연구소.
20. 전진표. 2004. 독일의 수목장림(樹木葬林)에 대하여. http://inews.org/funeralnews/
21. 조명래. 2001. 녹색사회의 탐색. 한울.
22. 조정웅. 2004. 묘지문화를 수목장(樹木葬)으로 바꾸자. http://inews.org/funeralnews/

23. 토다 키요시. 1996. 환경정의를 위하여, 환경파괴의 구조와 엘리트주의. 창작과 비평사.
24. 헬러, 에바. 2002. 색의 유혹. 이영희 옮김. 예담.
25. 후루사와 코유. 1993. 탈성장시회로 가는 시나리오. 녹색평론 12호.
26. Drengson, A. and Taylor, D. 1997. Ecoforestry. New Society Publishers.
27. Hammond, Herb. 1991. Seeing the forest among the trees. Polestar, Vancouver.
28. Hawken, P., Lovins, A. and Lovins, H. 1999. Natural Capitalism. Little Brown and Company.
29. Harrison, R. P. 1992. Forests, the shadow of civilization. The University of Chicago Press.
30. Irland, L. 1994. Ethics in Forestry. Timber Press.
31. McNeely, J. 1995. Expanding Partnerships in Conservation. Island Press.
32. List, P. C. 2000. Environmental Ethics and Forestry. Temple University Press.
33. Maser, C. 1994. Sustainable Forestry. Philosophy, Science, and Economics. St. Lucie Press.
34. Maser, C. 1988. The Redesigned Forest. R. & E. Miles, San Pedro.
35. Metzner, Ralph. 1999. Green Psychology. Transforming Our Relationship to the Earth. Park Street Press.
36. Orr, David W. 1992. Ecological Literacy, Education and the Transition to a Postmodern Words, State Univ. of New York Press.
37. Orr, David W. 1994. Earth in Mind, On Education, Environment, and the Human Prospect, Island Press, Washington DC.
38. Ulrich, R. S. 1981. Natural versus urban senses. Environment and Behavior 13.

제 12 장

문화 현장에 내재된 나무와 숲

문화 현장에 내재된 나무와 숲과 관련된 두 편의 글을 수록한다.

'양백 지방의 소나무로 만들어진 일본 국보 1호, 미륵반가사유상'은 '문화와 숲' 학술토론회에 발표된 글로서 그 내용은 일본의 국보 1호가 양백 지방의 금강 소나무로 만들어졌을 것이란 가설을 세운 글이다. 특히 양백 지방과 경주 인근에서 자라는 소나무의 생육 형태가 판이하게 다른 이유를 문명사적으로 접근하여 살펴보았다.

나머지 한 편은 탁광일 박사의 양해를 얻어 함께 수록하였다. 이는 프랑스 작가 장 지오노(Jean Giono)가 쓴 나무를 심은 사람(The man who planted trees)으로 환경 교재로도 사용되는 소설이다. 산림과 문화(문명)와의 관계를 극명하게 보여주는 이 소설은 탁광일 박사가 번역하여 《숲과 문화》에 발표한 내용을 그대로 전재한다.

제1절

양백 지방의 소나무로 만들어진 일본 국보 1호, 미륵반가사유상

독일의 철학자 야스퍼스는 '인간 존재의 가장 청정한, 가장 원만한, 가장 영원한 모습의 표징'이라고 극찬했고 최순우 전 국립박물관장은 '너그럽고 고요한 아름다움'을 지닌 성자의 사색하는 모습이라고 했다던가. 소나무로 만들어진 일본의 국보 1호, 미륵반가사유상. 교토의 서쪽에 자리잡은 고찰 고류사(廣隆寺) 영보관(靈寶館)에 모셔져 있는 이 미륵반가사유상과 태백산맥에서 자라고 있는 우리의 금강 소나무와는 어떤 관련이 있는 것일까?

태백산맥의 금강 소나무로 일본의 국보 1호인 미륵반가사유상을 만들었다는 가설은 엉뚱하기만 한 상상일까? 아니면 어느 한 산림학도의 국수주의적 맹신일까?

일본의 국보 1호가 태백산맥의 소나무로 만들어졌을 것이라는 생각은 사실 필자의 독창적인 아이디어는 아니다. 어느 해 가을, 우리나라에서 가장 좋은 소나무가 자라고 있는 경북의 가장 북쪽 누메산골, 태백준령의 한가운데 자리 잡고 있는 울진군 서면 소광리를 대학원생들과 함께 다녀왔다. 귀경길에 영주시청에서 문화 관련 업무를 담당하고 있는 박석홍 선생을 만났다. 그해 여름 교토의 고류사를 방문하여 일본의 국보 1호인 반가사유상을 관람하고 온 박 선생은 일본이 동양미의 정수라고 세계에 자랑하는 미륵반가사유상은 '우리 지방(경북 북부지방)의 소나무'로 만들어진 것이라는 확신을 갖게 되었다고 밝히면서 자신의 소신에 대해 나의 의견을 물었다. 이 때부터 틈만 나면 나의 머릿속은 태백산맥의 소나무가 일본의 국보 1호인 미륵반가사유상으로 만들어지게 된 가능성을 유추하는 일로 바빴다. 일본의 국보 1호가 태백산맥 소나무로 만들어졌다는 박 선생의 소신은 어느 틈에 나의 신념으로 변했고, 그와 관련된 내용을 몇 군데 잡지나 강연을 통해서 밝힌 바 있다. 이 글은 이러한 내용을 보다 구체적으로 서술할 목적으로 준비되었다.

사진 12-1. 우리 소나무의 원형이라 할 수 있는 경상북도 울진군 소광리의 금강 소나무

태백산맥 소나무와 일본의 국보 1호인 미륵반가사유상의 관련성을 파악하기 위해 우선 태백산맥 소나무에 대해서 알아보자. 태백산과 소백산 사이에 위치한 양백 지방(경북 북부 지방이나 강원 지방)은 예로부터 질 좋은 소나무 산지로 유명한 곳이다. 1950년대 중반부터 1970년대 중반까지 근 20여 년 동안 봉화 인근의 춘양(春陽)역은 이 지역 소나무의 집산지로 유명하였고, 철로를 따라서 전국 각지로 운송된 소나무는 출발지 역의 이름을 따서 춘양목이란 별칭으로 소비자의 손에 들어갔다. 이러한 이유로 오늘날에도 이 지방에서 자라는 소나무가 제 이름인 금강송(金剛松)이나 강송(剛松)보다는 춘양목으로 오히려 더 잘 알려져 있다. 봉화와 울진 사이의 불영계곡을 한 번이라도 지나친 사람이라면 하늘 높은 줄 모르게 쭉쭉 곧은 모습으로 자라고 있는 금강송을 보고 강한 인상을 받았을 것이다. 30여 미터 이상씩 줄기가 쭉쭉 곧게 자랄 뿐만 아니라 재질도 우수한 나무인 강송은 특히 몸통 속이 누런색을 띈 치밀한 재질을 가져 건축재로 옛날부터 그 명성이 높았다.

봉화, 울진, 청송을 포함한 양백 지방의 소나무가 좋다고 알려진 것은 사실 어제 오늘의 일이 아니다. 최근에 울진군 서면 소광리에서 발견된 황장금표는 이 지역의 소나무가 조선 왕실에서도 중시 여긴 증거라 할 수 있다. 황장금표란 조선 조정이 양질의 소나무 숲에 대한 무분별한 벌채를 예방하고 산림의 황폐를 막기 위하여, 산림의 배양을 권장하고 도벌을 금지하는 보호림이라는 내용을 자연석에 글자로 새겨 넣은 표지를 말한다. 조선 시대에는 왕족이 죽으면 몸통 속 부분이 누런색을 띠고 재질이 좋은 소나무를 관곽재로 사용하였다. 이렇게 몸통 속 부분이 누런 소나무를 황장목이라고 했으며, 왕실의 관을 만드는 재궁(梓宮, 중국에서 가래나무[梓木]로 관[棺]을 만들었기 때문에 이와 같은 이름이 생겼다)감으로 황장목을 원활하게 공급하기 위해서 나라에서 황장봉산을 지정하였다. 황장목인 소나무를 금양(禁養)하는 산을 황장갓 또는 황장산이라고 하였으며, 특히 이미 성장한 황장목 소나무의 보호를 위해 입산이 금지된 산을 황장봉산이라고 하고 황장금표를 세워 보호하였다. 기록에 의하면, 황장봉산 제도는 숙종 6년(1680)부터 시작되었다고 한다.

양백 지방에서 자라던 소나무의 원형을 그대로 간직하고 있는 소광리의 소나무와 그 역사적 사실이 황장금표에 기록으로 남은 흔적을 보면 양백 지방에 자라는 소나무의 우수성은 어렵지 않게 확인할 수 있다. 부언하면, 소광리의 황장금표는 이미 발견된 3곳(원주 치악산 구룡사 입구, 인제 한계리 큰 절골, 영월 수주면 두산2리 황장골)의 황장금표에 이어 가장 최근인 1994년 3월에 발견된 것이다.

춘양목, 금강송 또는 황장목으로 인구에 회자되고 있는 양백 지방에서 자라는 소나무의 우수성에 대해서 앞에서 살펴보았다. 다음에서 일본인들이 그들의 국보 1호에 대하여 어떻게 인식하고 있는지 살펴보자.

일본인들은 미륵반가사유상을 7세기 경에 형성되었던 아스카 시대 미술의 최대 걸작으로 세계에 자랑하고 있다. 어느 나라나 할 것 없이, 국보란 그 나라를 대표할 수 있는 으뜸가는 보물임에 틀림없다. 나라를 대표할 수 있는 국가의 보물 중에 가장 먼저 내 세울 수 있는 것이 국보 1호이고 일본을 대표하는 첫 번째

사진 12-2. 신라가 꽃피운 찬란한 문명을 뒷받침하고 시들어 간 경주 왕릉 주변에 남은 굽은 소나무들

보물임은 두말할 필요도 없다. 일본 국보 1호로 제정된 사실처럼 미륵반가사유상은 일본인의 긍지 바로 그 자체이다. 그래서 일본문화의 우수성을 세계에 자랑할 때, 일본인들은 주저 없이 이 미륵반가사유상을 들먹인다.

그런데 이 미륵상을 만든 재료가 소나무로 밝혀졌다. 그것도 우리 땅에서 자라는 소나무로 만들어졌을 것이라는 연구 결과가 일본 학자에 의해 1951년에 밝혀졌다. 일본은 예로부터 소나무재를 이용하여 불상을 조성하지 않았을 뿐만 아니라 다른 고대 목조 미술품도 소나무로 만들어진 것이 없다고 한다. 이런 사실을 미루어 볼 때, 이 미륵상은 이 땅에 살던 이름 모를 목공장이 우리 소나무에 혼을 불어 넣어 만든 불상임이 명백하다.

우리 땅의 소나무로 국보 1호가 만들어졌다는 사실은 이 미륵상을 일본 문화의 대표로 여겨 왔던 일본인의 자존심을 손상시킨 것은 불문가지일 것이다. 이런 믿기 어려운 사실을 조금이라도 희석시키고자 만들어 낸 것이 3가지 학설이다. 민속학자 주강현에 따르면, 이 세 가지 학설은 '백제에서 불상이 도래하였다는 도래

사진 12-3. 교토의 고류사에 있는 일본 국보 1호, 목조미륵상

사진 12-4. 경주에서 출토된 국보 83호, 청동미륵반가사유상

설, 도래인들이 성스런 물건으로 여기던 소나무를 가지고 현지에서 제작했다는 현지 제작설, 도래인들에 의해서 만들어졌다손 치더라도 만들어진 풍토의 영향을 받았으므로 순전히 일본풍이라고 주장하는 제작지 풍토설' 이다.

오히려 우리의 국보 83호 금동미륵반가사유상과 일본 국보 1호인 목조미륵반가사유상의 유사성을 경험했던 한국 사람이면 누구나 쉽게 체득할 수 있는 평범한 사실이니 말이다. 고 최순우 전 국립박물관장은 이 목조반가사유상을 어질고 너그러운 한국인의 아름다움을 느낄 수 있는 고대 불교 조각사를 빛낸 걸작이라고 했다. 황수영 전 국립중앙박물관장도 '일본서기' 의 문헌이나 해방 이후의 학술적 성과를 참고하여 신라에서 조성되어 일본에 전해진 것으로 추정된다고 지역까지 거론하고 있다.

이들의 주장은 교류사의 미륵반가사유상이 경주 남산의 선방골 부근에서 출토된 국보 83호 금동미륵반가사유상과 매우 흡사하다는 점에서 설득력을 쉽게 얻을 수 있다. 따라서 국보 83호 금동미륵반가사유상은 '고대 한일 관계사를 밝혀주는 유력한 증거물의 하나' 로 한국의 문화가 일본으로 선수된 살아 있는 예라고 할 수 있다.

일본 국보 1호인 반가사유상은 6세기경 신라 시대에 조성된 것이라면, 과연 어느 곳에서 자라던 소나무였을까? 경주 주변의 소나무로 만들었을까 혹은 다른 지역의 소나무로 조성된 것일까?

이와 같은 의문을 풀기 위해서 오늘날 우리들이 접할 수 있는 경주 인근의 소나무 숲과 경주에서 지리적으로 멀지 않은 양백 지방의 질 좋은 소나무 숲을 비교할 필요가 있다. 특히 지리적으로 멀지 않은 두 지방에서 자라는 소나무의 생육 특성은 일반인도 쉽게 구별할 수 있을 만큼 판이하다. 그 이유는 양백 지방의 소나무는 30여 미터 이상씩 쭉쭉 곧은 줄기로 잘 자라는 데 비하여 경주 지방에서 자라는 소나무는 굽은 줄기와 볼품없는 수형(樹形)을 가지고 있기 때문이다.

봉화나 울진과 같은 양백 지방에 자라는 줄기가 곧고 수관(樹冠)이 가늘며 좁은 금강 소나무에 비해서 경주 지방의 소나무는 줄기가 굽어 있고 수관이 얕고 퍼져 있는 까닭은 무엇일까? 학자들은 못생긴 경주 지방의 소나무 형태를 신라인들이 숲을 이용했던 양태로부터 찾기도 한다.

경주에 터 잡고 살던 신라인들은 궁궐과 집을 짓고 땔감을 만들기 위해서 1천여 년 동안 인근의 숲에서 곧고 좋은 소나무만을 골라 사용했을 것이다. 계속해서 형질이 좋은 소나무만을 골라 썼기 때문에 남은 나쁜 나무에서 씨가 떨어지고, 그 자손 중에서 다시 좋은 나무는 베어지고 나쁜 나무는 남아 씨를 남기는 일을 1천여 년 동안 계속했기 때문에 오늘 우리들은 굽고 못생긴 소나무만을 경주 인근에서 볼 수 있다는 해석이 그것이다.

그러나 이와 같은 해석과 더불어, 경주 인근이 소나무가 자라는 지역 중에 강우량이 제일 적고, 생육이 왕성한 6월과 7월의 기온차가 가장 심한 기후 조건을 가지기 때문에 양백 지방에서 자라는 금강 소나무와는 다른 생육 특성을 나타낸다는 해석도 있다.

지역에 따른 소나무의 이러한 생육 특성을 우선 머릿속에 넣고 어느 지방의 소나무가 사용되었을 것인지를 보다 구체적으로 선정하기 위해서 불상이나 기타 나무로 만든 조형물을 조성할 수 있는 목재의 특성을 살펴보자. 휘거나 건조에 의해서 터져 쉽게 갈라지지 않는 재질 특성이 불상을 위시한 목공예품을 만들 수 있는 목재의 필수 조건임은 누구나 알 수 있는 사실이다. 이러한 전제 조건을 충족시킬 수 있는 6세기경의 소나무 산지는 어디일까?

그 해답을 유추하기 위해서, 금강 소나무와 일반 소나무의 재질 특성을 살펴볼 필요가 있다. 양백 지방에서 자라는 소나무는 재질면에서 다른 여타 지역의 소나무보다 우수한 것으로 판명되었다. 양백 지방의 금강 소나무는 장령목에서 몸통 속 부분인 심재율이 87%로 일반 소나무의 심재율 52%에 비해 월등히 높다. 심재율이 높다는 것은 죽은 세포로 구성된 몸통 부분(심재)이 살아 있는 세포로 구성된 변재 부분보다 상대적으로 더 많은 부피를 차지한다는 뜻이다. 따라서 죽은 세포로 구성된 심재가 많으면 부피에 비하여 가벼우며, 이미 수분을 잃었기 때문에 건조가 쉽다. 또한 건조가 잘 되었기 때문에 뒤틀림이 적으며, 따라서 곰팡이의 피해도 적게 받는다는 것을 의미한다. 이와 같은 사실은 양백 지방의 금강 소나무와 일반 소나무를 비교하면 쉽게 알 수 있다. 즉 목재가 터지거나 갈라지는 것을 나타낼 수 있는 지표인 수축률은 양백 지방의 금강 소나무가 12.96%인 반면 일반 소나무는 13.99%로 높게 나타났다. 그리고 뒤틀리거나 휘는 현상을 나타낼 수 있는 지표로 사용되는 압축 강도(금강 소나무 640kg 대 일반 소나무 430kg)와 휨 강도(금강 소나무 975kg 대 일반 소나무 741kg)는 양백 지방의 금강 소나무가 일반 소나무보다 30~50%나 더 높았다. 특히 양백 지방의 소나무는 목재가 가볍고, 건조 기간이 짧으며, 뒤틀리지 않고 잘 썩지도 않는 재질적인 특성 이외에 나이테의 폭이 일정하기에 비뚤림도 없다고 한다.

양백 지방의 금강 소나무는 나무 조각재가 갖추어야 할 좋은 조건을 보유한다는 것을 살펴보았다. 조각재로서의 이러한 조건과 더불어 중요한 사실은 양백 지방의 인문 지리적 조건이다. 신라의 북쪽 경계였던 조령과 죽령을 중심으로 문경이나 봉화 일대는 일찍부터 불교 문화가 들어와 발달된 지역이었다. 따라서 이들 지역에는 그 시대 불교의 융성을 나타내는 많은 불교 유적 중 특히 불상들이 오늘날까지 전래되고 있다. 즉 봉화를 위시한 경북 북부 지방에서 금동 및 석조 반가사유상이 적잖게 출토되었다. 영주에서 발견된 국보 78호 금동반가사유상과 경북대학교 박물관에 소장 중인 봉화 북지리에서 출토된 석조반가사유상에서 엿볼 수 있는 미륵반가사유상이 그 좋은 예이다. 금동이나 석조로 조성된 반가사유상이 영주나 봉화를 위시한 양백 지방에서 많이 출토되었고, 고구려와 접경 지대였던 까닭에 일찍부터 불교 문화가 발달되었다는 점을 상기하면 소나무로 제작된 반가사유상 역시 이 지방에서 많이 만들어졌을 것이라는 추정을 자연스럽게 도출할 수 있다.

사진 12-5. 경북 봉화 북지리에서 발굴된 석조미륵반가사유상의 주름 양식은 국보 83호 금동미륵반가사유상이나 일본의 목조미륵반가사유상과 유사하다.

이상과 같은 내용을 다시 한 번 정리해 보자.

일본 국보 1호인 고류사의 반가사유상은

1) 이 땅의 소나무로 만들어진 목조 불상이다.
2) 6세기경 신라 시대에 조성되어 일본에 전래되었다.
3) 가볍고 견고하며, 휘거나 뒤틀림이 없고, 잘 썩지 않는 특성을 가진 목재로 만들어졌을 것이다.

이러한 기본 인식을 활용하면 다음과 같은 추론을 내릴 수 있다.

1) 반가사유상의 조성에 적합한 재질 특성을 가진 소나무재는 신라권에서 양백 지방의 금강 소나무에서 찾을 수 있다.
2) 봉화를 위시한 양백 지방은 신라의 북경(北境) 지역으로 일찍부터 불교 문화가 발달된 곳이었다.
3) 봉화, 영주, 안동 등의 양백 지방에서는 일본의 미륵반가사유상과 닮은 금동미륵반가사유상이나 석조미륵반가사유상 등이 많이 출토되었다.
4) 소나무로 제작된 반가사유상도 양백 지방에서 적잖게 조상되었을 것이다.
5) 청동이나 석조로 조성된 반가사유상은 유물로서 출토되었지만 목조로 조성된 반가사유상은 전란 등으로 유실되었을 것이다.

이상과 같은 상황을 종합적으로 고찰하면, 일본 국보 1호인 고류사의 미륵반가사유상은 6세기경 신라 시대에 양백 지방의 소나무로 조성되어 일본으로 전래되었다고 추정할 수 있다.

미륵불상에 대한 임남수 박사의 연구 결과

최근에 출간된 〈고류사사의 연구廣隆寺史研究〉(中央公論美術出版, 2003)는 고류사의 미륵불상이 신라에서 제작되었음을 밝히고 있다. 이 책은 일본 와세다 대학교에서 2001년 9월 미술사학으로 박사 학위를 취득한 임남수(林南壽) 선생의 연구를 정리한 것이다. 임 박사는 고류사의 미륵불상과 한국의 국보 83호 미륵반가사유상을 비교 검토한 결과, '크라운 형식의 보관을 쓰는 점, 왼쪽 다리 무릎 부분에 옷주름을 나타내지 않은 점 등은 백제 반가상과는 형태를 달리하는 것' 으로 '신라 반가상의 계보에 속하는 것' 이라고 추정하였으며, 제작 연대도 '오른 발목의 부자유스러운 표현 등으로 보아 7세기 초' 로 추정하였다. 그의 지도 교수인 와세다 대학 오하시 가쓰아키(大橋一章) 교수 역시, 임 박사의 연구와 일본서기의 기록이 맞다는 점을 임 박사의 책 서언에 밝히고 있다.

미륵불상이 신라에서 제작된 것이라는 임남수 박사와 존 카터 코벨 교수의 연구는 놀랍게도 유사하다. 그러나 임 박사의 연구는 코벨 교수의 초기 연구보다 훨씬 진전하여 고류사가 그전부터 존재하던 두 절인 하치오카데라(峰岡寺)와 하테데라(秦寺)가 합쳐진 사찰임을 밝히고 있다. 또한 일본서기 스이코(推古) 11년조(603)

에 나타난 기록대로, 진하승(秦何勝)이 쇼토쿠 태자로부터 받은 작은 금동불상은 하치오카데라에 본존(本尊)으로 모셨다고 추정하였다. 그 후 하치오카데라는 주택식(住宅式)이던 불당을 본격적인 가람으로 정비하면서, 새 가람에 어울리는 새 본존을 제작하였는데 그 본존은 일본서기 스이코 31년조(623)에 기록된 미륵보살상이라고 추정된다. 이는 코벨 박사의 주장과 동일한 내용이다.

참고문헌

1. 산림청. 1996. 백두대간 관련 문헌집. 산림청.
2. 이종석. 1986. 한국의 목공예. 열화당.
3. 전영우 외. 1992. 소나무와 우리문화. 숲과 문화 연구회.
4. 주강현. 1996. 우리 문화의 수수께끼. 한겨레신문사.
5. 최순우. 1994. 무량수전 배흘림기둥에 기대서서. 학고재.
6. 황수영. 1992. 반가사유상. 대원사.
7. 전영우. 2004. 우리가 정말 알아야 할 우리소나무. 현암사.

제 2 절

나무를 심은 사람

장 지오노 지음

탁광일 옮김

한 인간의 독특한 성격은 오랜 기간에 걸쳐 그 인간을 관찰할 수 있는 다행스런 기회가 있어야 비로소 알 수 있다. 만일 어떤 사람이 지극히 희생적이며, 그가 행한 행위에 대해 전혀 대가를 바라지 않으며, 물질적 이득을 구하지 않으면서도 세상에 어떤 발자취를 남겼다면, 그는 진정으로 기억될 만한 인물임에 틀림이 없다.

약 사십 년 전 나는 여행자들에겐 거의 알려지지 않은 알프스의 높은 산간 지방으로 하이킹에 나섰었다. 그곳은 알프스의 오래된 산들이 프로방스 쪽으로 뻗어 내리는 곳이었다. 남쪽으로는 듀랑스 강이 시스테롱에서 미라보까지 흐르며, 북쪽으로는 드롬 강이 원류로부터 디마을까지 흐르고, 서쪽으로는 콩타베네상 평원과 몽방토의 산기슭이 있는 곳이었다. 이 지역은 또한 서로 다른 세 지방의 일부가 함께 만나는 곳이기도 한데, 바스알프스의 북쪽 일부, 드롬강 남부 및 보클루즈의 삼각지가 포함되어 있다.

나의 긴 여정은 해발 천 이삼백 미터쯤 되는 곳에서 시작되었는데, 그곳은 라벤다 외엔 아무것도 자라지 않는 무미건조하고 살풍경한 곳이었다. 등산로는 이 지방의 가장 넓은 지점을 가로질러 나 있었다. 나는 오랫동안 방치되어 폐허가 된 마을 부근에 캠프를 치고 전날 떨어진 물을 보충하러 나섰다. 폐허에 있는 집들이

다닥다닥 붙어 마치 오래된 말벌 집을 연상하게 했으나, 틀림없이 샘이나 우물이 한때는 있었으리라고 생각되었다. 짐작대로 그곳에는 샘이 있었으나 말라 있었다. 지붕이 없고, 비바람에 낡은 대 여섯 채의 집들과 반쯤 허물어진 종탑이 있는 성당이 마치 사람이 살고 있는 마을에서와 같이 서 있었으나, 살아있는 것은 아무 것도 보이지 않았다. 이날은 구름 한점 없는 화창한 유월이었으나, 황량한 이 고산 지대 위로는 견딜 수 없을 만큼 사나운 바람이 불고 있었다. 골조만 앙상히 남은 집들 사이로 바람이 스쳐 지나칠 땐 그 소리가 마치 먹이를 놓고 싸우는 맹수들의 으르렁거림과도 같았다.

나는 캠프를 옮겨야겠다고 생각했다. 다섯 시간을 걸었지만 물은 보이지 않았을 뿐 아니라 물이 있을 것 같은 희망을 갖게 할 만한 아무 것도 보이지 않았다. 어딜 가나 똑같이 메마른 땅에 거친 잡초뿐이었다. 그러자 먼발치에 작은 검은 물체가 실루엣으로 보였다. 나는 그것이 홀로 서 있는 나무인설로 삭각했으나 이쨌든 그것을 향해 걸어가 보았다. 그것은 나무가 아니라 양치기였다. 그 곁에는 서른여 마리 양들이 뙤약볕을 쬐며 앉아있었다. 양치기는 그의 눌수머니의 물을 한 모금 마시게 해준 다음 나를 평원이 약간 내려앉은 곳에 있는 그의 목양장으로 나를 인도하였다. 그는 그 위에 간단히 설치한 두레박으로 깊은 천연의 샘으로부터 물을 길어 올렸는데, 그 물은 매우 맑고 깨끗했다.

양치기는 말수가 매우 적었다. 혼자 사는 사람들은 종종 이렇게 말이 없는지 모르겠지만, 그는 자기 자신에 대한 자신감과 확신이 서 있는 것 같았다. 그것은 이렇게 삭막한 환경에선 매우 드문 일이었다. 그는 통나무집에서 살지 않고 돌집에서 살고 있었는데, 그 집은 벽을 보니 예전에 허물어졌던 집을 복구한 것임을 알 수 있었다. 지붕은 튼튼하게 잘 지어졌고 기와에 부딪히는 바람은 마치 해안의 파도 소리와도 같았다.

그의 집은 잘 정돈되어 있었다. 그릇들은 잘 닦여져 있어 깨끗했고, 마루바닥은 말끔히 치워져 있었으며, 그의 엽총은 기름칠되어 잘 손질되어 있었다. 국이 난로 위에서 끓고 있었다. 그의 얼굴은 깨끗이 면도질되어 있었으며, 그의 옷 단추는 단단히 바느질 되어 있었고, 그의 옷은 전혀 티가 나지 않게 잘 수선되어 있었다. 나는 그와 함께 국을 나누어 먹고 나서 담배를 권했더니 피우지 않는다고 했다. 그의 개는 그와 같이 조용했으며 아양 없이 반가이 나를 맞아주었다.

그곳에서 가장 가까운 마을까지는 거의 이틀 동안 걸어가야 하는 관계로, 내가 그날 밤을 그의 집에서 지내야 하는 것은 처음부터 양해가 되었다. 나는 또한 그 마을들의 사정에 대해서도 잘 알고 있었다. 이들 중 네다섯 마을은 마찻길이 끝나는 곳의 산비탈 백참나무 숲 가운데 흩어져 자리 잡고 있었다. 이들 마을에는 숯가마지기들이 살고 있었으며 매우 불행한 삶을 살고 있었다.

혹독한 겨울과 여름 날씨 아래서 서로 부대끼며 살아가야 하는 이 마을의 가정엔 개성과 개성의 끊임없는 충돌로부터 벗어나지 못하고 있었다. 이들로부터 탈출하고자 하는 끊임없는 갈구가 어떤 때는 광기로 발전하기도 하였다. 남자들은 쉴 새 없이 수레에 숯을 싣고 마을에 나가 팔았다. 차분한 성격의 소유자라도 그러한 무자비한 생활환경하에선 정신 분열 상태에 이를 지경이었다. 여자들은 여자들대로 서로 적대감을 키워나가면서 모든 것에 대해 따지고 싸웠다. 생산한 숯의 판매에서부터 성당의 의자 가격에 이르기까지 모든 것을 놓고 싸웠다. 그들은 선의의 또는 악의의 경쟁을 했으며, 또는 선의와 악의의 대립으로 싸움이 그칠 날이 없었다. 그곳에는 항상 바람 잘 날이 없었으며, 이 바람은 끊임없이 신경을 건드렸다. 자살은 유행병처럼 번졌고, 많은 미치광이가 생겼으며 끝내는 모두 자살로 이어졌다.

양치기는 도토리가 든 조그만 자루를 가져와, 식탁 위에 수북이 쏟아 놓았다. 그는 그 도토리 하나하나를 주의 깊게 검사한 후, 좋은 것과 나쁜 것을 갈라놓았다. 나는 파이프에 불을 붙여 입에 문 다음, 나도 그 일을 같이 하겠다고 했으나, 그는 자기가 할 일이라면서, 나의 호의를 받아들이지 않았다. 실제로 그가 그의 일에 기울이는 세심한 주의력을 보니 더 이상 고집을 부릴 수 없었다. 그것이 그날 밤 우리 두 사람 사이에 오고 간 대화의 전부였다.

질 좋아 보이는 도토리가 제법 크게 한 무더기 되었을 때 그는 열 개씩 따로 세는 한편 크기가 작은 것이나 껍질이 갈라진 것은 따로 골라냈다. 이번엔 지난번보다 좀 더 세밀하게 검사했다. 그는 이런 식으로 흠이 없는 도토리 백 개를 골라내고 나서야 비로소 잠자리에 들었다.

이 사람과 함께 있으니 매우 평화로웠다. 그 다음날 아침 나는 하루 더 쉬어 갈 수 있겠느냐고 물었다. 그는 그것이 매우 당연하고 오히려 전혀 지장이 없다는 인상을 풍겼다. 나는 하루 더 쉬어가는 것이 꼭 필요한 것은 아니었으나 이 양치기에 대해 호기심이 생겨 그를 좀 더 알고 싶어졌기 때문이었다.

그 다음날 아침 그는 양들을 데리고 풀 먹이러 나갔다. 그는 나가기 전 전날 골라 놓은 도토리 자루를 꺼내 물통 속에 담그었다. 나는 또 그가 내 엄지손가락만 한 굵기에, 길이는 내 어깨 높이의 쇠막대기를 지팡이 삼아 가지고 나가는 것을 보았다. 나는 슬슬 바람도 쐴 겸 재미 삼아 적당히 거리를 두고 그를 쫓아갔다. 그는 계곡 아래서 양들을 저희들끼리 풀을 뜯도록 그의 개에게 맡겨두고 내가 서있는 곳을 향해 걸어 올라오기 시작했다. 내가 그의 뒤를 너무 쫓아 뭐라고 할까 봐 걱정이 되었으나 그것은 기우였다. 내가 서있던 곳은 마침 그가 지나려던 길이었다. 그는 오히려 내가 달리 할 일이 없으면 함께 가자고 권하기까지 했다. 그는 언덕 꼭대기를 향해 좀 더 걸어 올라간 다음 가져간 쇠막대기를 땅에 내려 꽂아 구멍을 내어 도토리를 심고 흙으로 다시 메꾸었다. 그는 참나무를 심고 있었다. 나는 그가 그 땅의 주인이냐고 물었다. 그는 아니라면서 주인이 누구인지 모른다고 했다. 그는 그 땅이 공유지이거나 성당 소유이거나 아니면 소유권 등엔 관심이 없는 사람의 것이리라 생각하고 있었다. 그런 것은 그에게 하등의 문제가 되지 않는 듯 모든 정성을 다 쏟아 가져간 도토리 백 개를 심어나갔다.

점심을 먹고 난 후 그는 계속해서 도토리를 심었다. 그가 대납을 선신히 했기에 나는 그에게 궁금한 것을 계속 질문했었다고 기억한다. 그는 삼 년 전부터 이 황무지에 나무를 심기 시작했다고 말했다. 그는 그 동안 이런 식으로 십 만개의 도토리를 심었으며 그 중 이 만 개만 싹이 텄다고 했다. 싹이 난 이 만여 그루의 묘목 중 반쯤은 작은 동물이나 예기치 못한 피해로 잃어버리게 될 거라고 했다. 그래서 결국 만 그루의 참나무만 황무지였던 곳에서 자라나게 될 거라고 했다.

그제야 나는 이 양치기의 나이가 궁금했다. 그는 분명 쉰이 넘어보였다. 그는 쉰다섯이고 이름은 '엘지에 부피에' 였다. 그는 한때 산 아래에서 농사를 지으며 살아가고 있었다. 그러다 외아들과 아내를 차례로 잃고 이곳 적막강산으로 들어와, 양들과 그의 개를 벗 삼아 만족해하며 조용히 살아가고 있었다. 그는 그 땅이 나무가 없어 죽어가고 있다고 생각했다. 그는 당장 해야 할 중요한 일이 없었으므로 이 문제를 개선해 보기로 작정했다고 말했다. 당시 나는 젊은 나이임에도 불구하고 고독한 삶을 살고 있었기 때문에 고독한 사람들을 요령 있게 다루는 법을 알고 있었다. 그러나 아직 어려서 내 자신의 행복만을 생각했지, 남의 행복 등엔 관심이 없었다. 그래서 나는 이들 만 그루의 참나무는 때가 되면 훌륭한 숲이 되겠지만, 그러려면 삼십 년이나 지나야 할 것이라고 그에게 말했다.

그러나 그는 만일 신께서 그에게 삼십 년을 더 살게 해 주신다면, 더 많은 나무를 심어, 지금의 만 그루는 백사장의 모래 한 알만큼이나 표도 안 나게 될 것이라고 담담히 말하였다. 그는 이미 너도밤나무의 생장에 관해 연구를 하고 있었고 종자로부터 싹을 틔워 기른 묘목이 가득한 너도밤나무 묘목장을 갖고 있었으며, 양들로부터 보호하기 위해 철사줄로 울타리를 쳐놓고 있었다. 그 묘목들은 매우 아름답게 잘 자라나 있었다. 그는 또한 계곡의 골짜기엔 표토층 밑에 수분이 많을 것이라면서, 자작나무를 심을 생각을 하고 있었다.

그 다음 날 나는 그 곳을 떠났다. 그 다음 해에 일차 세계 대전이 발발했으며 나는 그 후 오 년간 군에 복무하게 되었다. 보병으로 복무하며 나무에 신경을 쓸 틈이 전혀 없었다. 사실 양치기와의 만남은 그 때까지 내게 별 깊은 인상을 주지 못했다. 나는 도토리를 심는 일은 마치 우표 수집과 별 다를 바 없는 하나의 취미라고 생각하고, 양치기와의 일은 잊고 있었다. 전쟁이 끝나 군에서 제대하면서 약간의 전역비를 받고 나니, 맑은 공기를 마시고 싶은 강한 충동을 느꼈다. 그래서 별다른 목적 없이, 그 때의 황무지를 향해 길을 떠났다. 그 곳은 거의 변함이 없었다. 그러나 버려진 마을 너머 언덕 꼭대기에 잿빛 안개 같은 것이 융단처럼 깔려 있는 것을 보았다. 나무를 심던 오 년 전의 그 양치기가 전날부터 생각이 났다. 그 때 심은 만 그루의 참나무가 지금쯤은 꽤 많이 자라나 있으리라 생각되었다.

나는 지난 오 년 동안 많은 사람들이 죽는걸 보았기 때문에, '엘지에 부피에'도 죽었으리라고 쉽사리 상상하였다. 특히 나와 같은 이십 대의 젊은이에겐 오십 대 노인은 죽는 길만 남은 고물로 밖에 여겨지지 않았다. 그는 살아 있었을 뿐 아니라, 예전보다 더 원기가 왕성했다. 그는 옛날과는 다른 일을 하고 있었다. 그 당시 서른 마리 남짓 되던 양들은 네 마리만 남아 있었고, 대신 백여 개의 벌통을 갖고 양봉을 하고 있었다. 양들이 어린 나무들에게 피해를 입혀, 양 기르는 일은 포기했다고 했다. 그가 스스로 그렇게 말하기도 했고, 실제로 내 눈으로 확인한 것은 그가 전쟁에 전혀 방해받지 않고 묵묵히 나무 심기를 계속한 것이었다.

1910년에 심은 참나무는 이제 십 년생의 어린 나무로 성장했으며 부피에와 나의 키보다 더 크게 자라나고 있었다. 참나무들이 자란 모습은 참으로 감동적이었으며 나는 할 말을 잃어버렸다. 그가 말을 꺼내지 않았기 때문에 우리는 함께 침묵 속에서 그의 어린 참나무 숲 속을 걸었다. 그 숲은 세 부분으로 나뉘어져 있었으며 길이가 십일 킬로미터, 폭은 제일 넓은 곳이 삼 킬로미터나 되었다. 그 모든 것이 기계의 도움 없이, 한 사람의 뜻에 의해 한 사람의 손으로 이룩된 것을 알았을 땐, 인간은 누구나 파괴가 아닌 건설적 행위에서도 신과 같은 위력을 발휘할 수 있지 않을까 하는 생각이 들었다.

그는 그의 꿈대로 너도밤나무를 심어, 이제 그 나무들이 어깨높이만큼 자랐고 눈길이 끝 닿는 데까지 키 작은 수풀을 이루고 있었다. 참나무는 이제 빽빽한 숲을 이루고 튼튼하게 자라나, 더 이상 작은 야생 동물의 피해를 염려하지 않아도 될 정도였다. 신의 섭리에 의해 부피에의 창작품이 파괴되어지게 되어 있다면 앞으로 몇 차례의 태풍이 있지 않고선 불가능할 만큼 튼튼한 숲으로 성장해 있었다. 그는 내가 1915년 '베르둥' 전투에서 싸우고 있을 때 심은 오 년생의 자작나무 숲도 내게 보여주었다. 그 자작나무 숲은 모든 골짜기를 덮고 있었는데, 그 곳은 이미 그가 지표 근처에 수분이 많을 것이라고 정확히 짐작했던 곳이었다. 그 숲은 자라나는 어린아이와 같이 튼튼하고, 생명력이 넘쳐흐르고 있었다. 자연은 주기에 따라 차례로 변모하였는데, 그는 그런 것엔 신경을 쓰지 않고 단조로운 그의 작업만을 묵묵히 계속하였던 것이다.

마을을 거쳐 내려오는 길에 나의 생생한 기억엔 항상 말라 있었던 개울에 물이 흐르는 것을 보았다. 그것은 메말랐던 대지가 소생하는 자연의 힘을 보여주는 하나의 예였으며, 나는 그렇게 인상적인 자연의 힘을 본 적이 없었다. 아주 먼 옛날엔 이 개울에 물이 흘러 넘쳤었다고 한다. 내가 앞서 언급했던 불행한 마을 중 몇몇은 고대 로마의 취락지였던 곳들인데, 이 곳에서 고고학자들이 폐허를 발굴하던 중 낚시 바늘을 발견하기도 했었다. 오늘날엔 얼마 되지 않는 물이라도 확보하기 위해 물탱크를 써야 할 그러한 곳이었다. 개울에 물이 생기자 바람에 날린 씨들에 의해 버드나무, 갈대가 생겨났고, 초원과 꽃밭이 형성되었으며, 이와 함께 삶의 의미도 되살아났다.

이런 모든 변화들은 부각하기 어려울 정도로 서서히 진행되어, 사람들에겐 그저 당연한 것으로 받아들여졌다. 물론 토끼나 멧돼지를 찾아 이 높은 지대까지 올라온 사냥꾼들은 어린 나무들이 갑자기 많이 는 것을 눈으로 보았으나 자연이 변덕을 부렸기 때문이라고 생각했을 뿐 그 어느 누구도 부피에가 하는 일에는 개의치 않았다. 만일 사냥꾼들이 그런 변화가 사람이 한 일임을 알았더라면 무슨 수를 써서 방해를 했을 것이다. 그러나 누가 그것이 부피에의 작품이라고 생각했겠는가.

마을이나 관청의 사람들 중, 그 누가 그같이 대가를 바라지 않는 엄청난 행위를 끊임없이 하는 사람을 상상인들 했겠는가. 나는 1920년 이후 매년 부피에를 찾아갔다. 나는 그가 자기가 하는 일에 대해 낙담하거나, 도중에 그만 두는 것을 본 적이 없다. 부피에의 시련은 종종 신만이 아는 그러한 것이었다. 나는 그의 좌절을 상상해 보진 않았으나, 그가 그의 목적을 달성하기 위해선 수많은 난관을 극복하지 않으면 안 되었으리라 생각한다. 즉 그가 가지고 있는 강렬한 뜻을 성취하기 위해선 절망과 싸워 이겨내야만 했을 것이다. 어느 해인가 그는 일만 그루 이상의 단풍나무를 심었었다. 어느 날 하나도 남김없이 깡그리 죽고 말았다. 그 이듬해 그는 단풍나무는 심지 않고, 대신 너도밤나무를 심었는데, 참나무보다 더 잘 자라났다.

부피에의 예외적인 성품을 올바르게 이해하기 위해선, 그가 고독 속에서 일하며 살아온 사실을 명심하지 않으면 안 된다. 그 고독은 처절해, 그의 인생 말년 쯤엔 말하는 습관마저 잃어버릴 정도의 것이었다. 어쩌면 그에겐 말하는 것이 필요하지 않았는지도 모른다.

1933년 부피에는 어리둥절해진 산림 관리관의 방문을 받았다. 산림 관리관은 천연림(사실은 부피에가 조림한 것)에 산불이 날까 봐 옥외에서 불을 피우는 것을 금지한다는 통지를 하러 온 것이었다. 산림 관리관은 손대지도 않은 산에 저절로 숲이 자라나는 것을 보기는 이번이 처음이라고 순진하게 말했다. 마침 그 당시 부피에는 집에서 십이 킬로미터 떨어진 곳에 너도밤나무를 심고 있던 중이었다. 일흔다섯 살이었던 부피에는 나무 심는 곳까지 왔다 갔다 하는 시간을 절약하기 위해, 묘목장 근처에다 돌로 탄탄하게 오두막을 하나 지을 생각을 했었는데 그 이듬해 그 뜻대로 실행했다.

이 년 후인 1935년 일단의 관리들이 그들이 잘못 알고 있는 이 천연림을 보러 왔다. 산림청의 고위 관리 한 명, 국회의원 한 명, 몇 명의 기술직 전문가가 그들이었다. 무의미한 대화들이 많이 오고 갔다. 결국 무언가 조치가 취해지지 않으면 안 되겠다고 합의가 이루어졌으나 유익한 것은 한 가지 밖에 행해지지 않았다. 그 한 가지는 그 지역의 모든 숲을 정부의 보호구역으로 지정하고 숯가마 작업을 금지 시킨 것이었다. 그곳의 어린 나무들은 왕성하게 잘 자라, 누구도 그 아름다움에 매료당하지 않을 수 없을 정도였다. 심지어 같이 온 국회의원마저 그 아름다움에 넋을 잃었다.

그 시찰단에 함께 따라온 여러 명의 산림관들 중 한 사람은 나의 친구였는데 나는 그에게 천연림으로 알려진 그 숲이 생겨 난 수수께끼를 설명해 주었다. 그 다음 주 우리 두 사람은 함께 엘지에 부피에를 찾아갔다. 부피에는 공식시찰이 행해졌던 곳에서 약 이십 킬로미터 떨어진 곳에서 열심히 일하고 있었다. 산림관 친구는 내게 친구다운 친구였다. 그는 인생의 중요한 것들을 음미할 줄 아는 능력을 항상 지니고 있었다. 남의 말을 진심으로 들어줄 줄도 아는 사람이었다. 나는 선물로 가져간 달걀을 건네주고, 셋이 앉아 함께 점심을 먹고, 말없이 주위 경관을 감상하며 몇 시간 동안 앉아 있었다.

우리가 올라갔었던 더 높은 곳의 산비탈엔 우리 키보다 네 배 정도 큰 나무들로 뒤덮여 있었다. 그러나 나는 그곳이 1913년 당시에는 무척이나 황량했었던 것을 아직도 기억하고 있다. 평화로운 가운데 규칙적으로 일하고, 생명감에 충만한 산의 분위기, 검소한 생활, 무엇보다도 마음의 평화가 이 노인에게 놀라운 건강을 가져나주있으며 원래 건강한 체질의 소유자였다. 그는 또한 신이 내려 보낸 力士였다. 나는 그가 앞으로 몇 헥타르나 더 나무를 심을지 궁금하였다. 우리가 그 곳을 떠나기 앞서 산림관 친구는 부피에에게 그곳 토양에 적합할 것 같은 수종에 대해 작은 제의를 했으나 무리하게 강요하진 않았다. 그 노인이 자기보다 너 많이 알고 있었기 때문이라고 산림관 친구가 나중에 내게 말했다.

그는 그것에 대해 곰곰이 생각했었는지 한 시간 정도 거닌 후 "그는 이세상의 그 어느 누구보다도 그런 것에 대해 더 잘 알고 있네. 그리고 진정한 행복이 무엇인지도 알고 있어."라고 말했다. 결국 이 산림관 친구 덕분에 그 곳의 산림뿐 아니라 부피에의 행복도 보전되었다. 이 산림관은 세 명의 산림 순찰원을 임명하여 그 곳의 산림을 감시케 하였다. 그는 숯가마지기들이 제공하는 어떠한 뇌물 공세도 뿌리칠 수 있도록 그들에게 엄중 경고하였다.

부피에가 심고 가꾼 숲이 한때 중대한 위기에 처하기도 했었는데 그것은 이차 세계 대전 중 발생했다. 당시 사동차는 목탄을 이용한 발전기에 의해 동력을 발생시켰기 때문에 이를 위한 연료목이 항상 부족한 실정이었다. 이런 사정을 개선키 위해 1910년에 심은 참나무 숲부터 벌채를 시작했었는데 운반로에서 너무 멀리 떨어진 관계로 채성상 수지기 맞지 않아 벌목 계획 전체가 백지화되었다. 부피에는 이 모든 것에 대해 진허 모르고 있었다 그는 그 당시 1914년 일차 세계 대전 때와 같이 1939년 이자 내전 때에도 전쟁에 아랑곳없이 삼십 킬로미터나 떨어진 곳에서 묵묵히 그의 할 일을 하고 있었다.

내가 부피에를 마지막으로 본 것은 1945년 유월이었다. 당시 그는 여든일곱 살이었다. 나는 그 때 그 황량한 산지를 다시 찾아가고 있었는데 전쟁으로 인한 혼란에도 불구하고 듀랑스 계곡에서부터 산간 지방 안쪽까지 버스가 다니고 있었다. 예전에 걸어 다닐 때 마주치던 장소들을 통 분간할 수 없었던 것은 빠른 교통수단이었던 버스 때문일거라고 생각했다. 또한 버스가 전혀 새로운 곳으로 우리를 태우고 가는 것 같기도 했다. 마을의 이름을 알고 나서 비로소 그 곳이 한때 방치되어졌었던 지역임을 알게 되었다. 나는 베르공에서 버스를 내렸다.

내가 엘지에 부피에를 처음 만났던 1913년 당시엔 열두 가구가 채 되지 않았던 이 작은 산촌에 주민이라곤 덮꾼 세 명 밖에 없었다. 그들은 서로를 미워하는 야수와도 같았으며 신체적으로나 정신적으로 원시인이나 다를 바 없는 인간들이었다. 그들을 둘러싸고 있는 것은 쐐기풀에 덮여 방치된 집들 뿐이었다. 그들에겐 희망이라곤 없었으며 오직 죽음만을 기다리는 상황이어서 아름다운 행위를 고무할만한 아무 것도 존재하지 않았다.

그러나 이젠 그 곳의 모든 것이 달라져 있었다. 심지어는 숨쉬는 공기조차 달라져 있었다. 내가 기억하던 거칠고 건조한 바람은 사라지고 대신 향기 머금은 감미로운 바람이 불고 있었다. 산꼭대기로부턴 물 흐르는 소리 같은 것이 들려왔다. 그것은 바람이 숲 속에서 살랑거리는 소리였다. 더욱 놀라운 것은 진짜 물소리가 들려왔고 샘물이 솟아 조용히 물거품을 만들고 있는 모습이었다. 그러나 무엇보다도 나를 가장 감동케 한 것은 그 샘가에 누군가가 보리수나무를 심은 것이었다. 이제 한 사 년생 정도 되었으며 나무 잎이 무성하게 나 있었다. 그것은 죽은 생명이 다시 살아나고 있는 것을 보여주는 훌륭한 본보기였다.

베르공 마을엔 희망이 다시 찾아들었다. 또한 희망이 있어 무언가가 탄생되기 전의 산고와도 같은 것도 엿보였다. 폐허는 말끔히 치워졌고 허물어져 가고 있던 담들은 다 뜯겨져 없어지고 다섯 채의 집들이 그 위에 서 있었다. 이제 이 산골 마을엔 모두 스물여덟 명의 주민들이 살고 있으며 그 중 네 가구에는 젊은 부부가 들어와 살고 있었다. 새집들은 이제 막 단장을 끝냈고 집 주위엔 뒤섞여 있긴 해도 질서 있게 자라나고 있는 채소밭과 뜰이 있었다. 장미와 양배추, 금어초와 부추, 아네모네와 셀러리가 심어져 있었다. 이젠 사람들이 살고 싶어 하는 그러한 곳으로 변해 있었다.

그 곳에서 나는 계속 걸었다. 전쟁이 끝난 지 얼마 되지 않아 아직 새 생명이 만개하기엔 일렀지만 죽은 라자로가 부활하듯 새 생명이 소생하고 있었다. 산기슭엔 조그만 보리밭과 호밀밭이 있었으며 좁다란 계곡 바닥엔 파란 초원이 생겨나고 있었다. 그로부터 팔 년 사이에 그 지역 전체에 걸쳐 건강미와 풍요로움이 피어나기 시작했다. 1913년 당시 폐허의 집들이 있었던 곳엔 이제 막 벽 칠을 끝낸 깨끗한 농가들이 서 있었다. 행복하고 안락한 삶이 찾아왔음을 보여 주고 있었다. 오랫동안 말라 있었던 샘들이 이젠 숲에 의해 함양된 눈과 비에 의해 물이 고이고 넘쳐흐르기 시작했다. 단풍나무 숲 속의 농가에는 샘이 있었으며 샘물들이 넘쳐 싱그러운 박하 풀밭 위로 넘쳐흐르고 있었다.

마을들은 서서히 재건되어 나갔다. 땅값이 비싼 산 아래 동네 사람들이 이곳에 정착하러 올라오면서 그들의 젊음, 활기, 모험심 등도 함께 따라 올라왔다. 길에선 생기발랄한 남녀들과 웃음소리 가득한 소년 소녀들을 볼 수 있었으며 모두들 산간 지방의 순박한 생활의 기쁨을 되찾아 가고 있었다. 평화로운 분위기에서 크게 달라진 옛 주민들과 새로 정착한 사람들을 합쳐 모두 만 명 이상의 사람들이 엘지에 부피에에 의해 이룩된 행복에 감사하고 있었다.

사막과 같은 땅을 젖과 꿀이 흐르는 가나안땅으로 탈바꿈시키는 데 난지 힌 인간의 몸과 마음만으로 충분했음을 생각할 때, 나는 모든 것에도 불구하고 인간은 경탄할 만한 존재임을 깨달았다. 엘지에 부피에는 1947년 바농의 한 요양원에서 조용히 눈을 감았다.

작가와 작품에 대해

작가 장 지오노(Jean Giono, 1895~1970)는 프랑스 남부 프로방스 지방의 가난한 집안에서 태어나, 어릴 때 학교를 그만두고, 은행원으로 18년간 일하다 1929년 첫 작품을 발표한 후, 앙드레 지드의 적극적인 후원에 힘입어 크게 성공을 거두었다. 장 지오노는 앙드레 말로 등 당대의 손꼽히는 대표적 작가 중의 한 사람이었으며, 1954년엔 콩쿠르 문학상을 수여하는 아카데미 콩쿠르의 10인 위원 중 한 사람으로 뽑히기도 했다. 전쟁과 복잡한 도시 생활을 거부하고, 자연과의 조화 속에서 행복과 즐거움을 추구하는 것이 그의 작품의 근간을 이루게 되었다. 그는 또 '나무정치학' 의 개척을 주장했으며 식목 권장은 그의 생애의 가장 중심되는 테마가 되었다. '나무를 심은 사람' 은 1953년 미국의 한 출판사가 장 지오노에게 평생 만난 사람 중 잊을 수 없는 인물에 대해 써달라고 하여 쓴 것인데, 출판사의 조사 결과 바농에 '엘지에 부피에' 란 인물이 산 적이 없음이 확인되어 출판이 거부되었다. 일년이 지난 후 1954년 미국의 패션 잡지인 '보그'(Vogue)지에 '희망을 심고 행복을 가꾼 사람' 이란 제목으로 출판되었다. 지오노는 추후 엘지에 부피에 이야기를 만든 이유는 사람들로 하여금 나무 심기를 사랑하도록 하기 위해서였다고 했다. '나무를 심은 사람' 은 최소한 12개 국어로 번역되어, 전 세계적으로 식목 운동을 불러일으키기도 했다.

인용 문헌

강내희 외. 1992. 문화연구 어떻게 할 것인가. 현실문화연구.

강영심. 1996. 러일의 한국삼림이권획득과 통감부영림창의 설립. 39-77. 한국임업근대화 과정의 재조명. 임업연구원.

강옥헌. 1996. 산림 문화의 영역으로서 문학이 갖는 의미. 숲과 문화 29호. 숲과 문화연구회.

권뇌택. 1970. 한국 사찰림의 영림계획과 그 실천방법에 관한 연구. 동국대학교 논문집 불전간행회.

1997. 밀린다왕문경. 민족사.

권영한. 1992. 재미있는 나무 이야기. 전원출판사.

권외순. 1995. 대중가요 속의 나무. 숲과 문화 21호. 숲과 문화연구회.

고영주. 1992. 숲에 대한 독일인의 인식. 숲과 문화: 1, 2, 3, 4, 5, 6호. 숲과 문화연구회.

과학백과사전종합출판사. 1988. 식물원색도감. p.880.

공석하. 1994. 우리 고전시가 감상. 뿌리.

공우석. 1995. 한반도 송백류의 시공간적 분포역 복원. 대한지리학회지 30(1): 1-13.

공우석. 1996. 우리나라 숲의 발달사. 이천용 편. 문화와 숲. 숲과 문화연구회.

공우석. 1996. 한반도 쌍자엽식물의 시공간적 분포역 복원. 제4기 학회지 10(1): 1-18.

구니야 쥰이치로. 1992. 심귀득, 안은수 옮김. 환경과 자연인식의 흐름. 고려원.

구승회. 1995. 에코필로소피. 새길.

국역 대전회통. 1975. 고려대학교 부설 민족문화 연구소.

규장각 도서 한국본 종합목록. 1981. 서울대학교 도서관.

금성판 국어대사전. 1991. 금성출판사.

김갑태, 조성일. 1981. 민요집성.

김광순. 1983. 한국구비전승의 문학. 형설출판사.

김규성. 1971. 국역 만기요람. 민족문화 추진회.

김근태. 1993. 우리 문학에 나타난 소나무의 모습과 그 상징. 전영우 편. 소나무와 우리문화. 숲과 문화연구회.

김기경. 1996. 판소리에 나타난 나무의 종류와 의미. 96 산림 문화 과제

김기원. 1992. 그리스 로마 신화 속의 숲. 숲과 문화 5호. 숲과 문화연구회.

김달진 역해. 1987. 장자. 고려원.

김달진, 1989. 한국한시 1, 2, 3권. 민음사.

김두화. 1997. 장승과 벅수. 대원사.

김명자. 1991. 동서양의 과학전통과 환경운동. 동아출판사.

김문헌. 1991. 한국민요 문학론. 집문당.

김상윤. 1996. 21세기를 향한 한일 산림레크레이션 정책에 관한 델파이조사. 동경대학교 삼림생태사회연구실.

김상일 역. 1983. 황금의 가지(상). 을유문화사. p.469.

김선경. 1993. 조선후기 산송과 산림소유권의 실태. 동방학지.

김선풍, 김금자. 1992. 한국민간문학개설. 국학자료원

김선풍. 1993. 민속과 문학에 나타난 소나무 상징. 전영우 편. 소나무와 우리문화. 숲과 문화연구회.

김성식. 1995. 참나무와 음식문화. 참나무와 우리문화. 숲과 문화연구회.

김영준. 1982. 농림수산 고문헌 비요. 한국농촌경제연구소.

김용묵. 1989. 문예비평 용어사전. 탐구당.
김용옥. 1991. 삼국유사인득. 통나무.
김용준. 1995. 근대과학에 대한 물음. 녹색평론 23호. 녹색평론사.
김우창 외. 1996. 103인의 현대사상. 민음사.
김장수 외. 1994. 숲 사람과 문화. 탐구당.
김장수 외. 1991. 임정학. 탐구당.
김재선. 1995. 시속에 나타난 수목의 이미지. 숲과 문화 22호. 숲과 문화연구회.
김재현. 1993. 시조시선. 한신문화사.
김점덕. 1989. 한국가곡사. 과학사.
김정욱. 1992. 기독교와 환경윤리. 녹색평론 5호. 녹색평론사.
김준호. 1995. 문명 앞에 숲이 있고 문명 뒤에 사막이 남는다. 웅진출판.
김중명, 최민휴. 1995. 지속가능한 산림경영의 추진전망. 산림과학논문집 52호. 임업연구원.
김지하. 1993. 현대문명의 위기와 전환기의 세계관. 녹색평론 11호. 녹색평론사.
김창석. 1996. 한국의 민담 속에 나타난 수목. 96 산림 문화 과제.
김충열. 1994. 21세기와 동양철학. 녹색평론 17호. 녹색평론사.
김학범. 1991. 한국의 마을 원림에 관한 연구. 고려대학교 대학원 박사학위 논문.
남궁 진. 1994. 자연보존, 진화, 그리고 신임업. 숲과 문화 16호. 숲과 문화연구회.
남대극. 1999. 성경 종교와 나무. 숲과 종교. 신원섭 편. 수문출판사.
네이스비트, J. 1994. 글로벌 패러독스. 정성호 옮김. 세계일보사.
데이비드 페퍼. 1989. 이명우, 오구균, 김태경, 최승 옮김. 현대환경론. 한길사.
동국불교미술인회. 2005. 사찰에서 만나는 불교미술. 대한불교진흥원 출판부.
러브로크, 제임스. 1992. 가이아를 위하여. 녹색평론 3호. 녹색평론사.
레오폴드, 알도. 1992. 토지윤리. 탁광일 옮김. 숲과 문화 2. 숲과 문화연구회.
리 멕칼레스커, A. 1987. 생명의 역사. 장기홍, 박순옥 역. 민음사.
리프킨, 제레미. 1996. 존재의 근거를 되찾아서. 녹색평론 31호. 녹색평론사.
마상규. 1996. 산림경영의 현실과 활성화. In: 21세기를 향한 산림의 보전과 이용 정책. 경제정의 실천 시민연합.
맹순영, 1992. 오스트리아의 꿈. 월간음악 3월호: 90–95.
문덕수. 1975. 세계문예대사전. 성문각.
미도문화사, 1977. 음악대사전. p. 1597.
미셸 드베즈. 1978. 삼림의 역사. 임경빈 역. 중앙신서 2. 중앙일보사.
박병선. 2006. 조선후기 원당고. 백련불교논집 5-6집.
박봉우. 1994. 삼국유사에 나오는 나무 이야기. 숲과 문화 17호. 숲과 문화연구회.
박봉우. 1993. 삼국유사에 나오는 나무. 신단수. 숲과 문화 7호. 숲과 문화연구회.
박봉우. 1993. 황장목과 황장금표. 전영우 편. 소나무와 우리문화. 숲과 문화연구회.
박봉우. 1996. 황장목과 금표에 관한 고찰. 한국임학회 85: 426–438.
박봉우. 1996a. 봉산고. 산림경제연구 4(1): 1–20.
박수근 작품집. 1975. 문헌화랑. p. 121.
박완서. 1981. 도둑맞은 가난. 민음사. p. 387.
박원규. 이융조, 강상준. 1995. 선사시대의 우리 참나무. 임주훈 편, 참나무와 우리문화. 숲과 문화연구회.
박원규. 1996. 평택 회곡리 토탄층 출토 목재의 수종 식별과 나이테 분석을 이용한 6,500년 전 산림 식생복원.
박이문. 1996. 문명의 위기와 문화의 전환. 민음사.

박일봉 역저. 1996. 장자(莊子)-내편. 육문사.
박중진. 1994. 한국가곡 대전집 1, 2, 3, 4. 태림출판사.
박태식. 1977. 산림정책학. 향문사.
방건웅. 1995. 과학기술 사고체계의 전환. 환경과 사회. 제7호.
배재수. 1995. 화전민의 보금자리 굴피집. 임주훈 편. 참나무와 우리문화. 숲과 문화연구회.
배재수. 1995. 조선후기 봉산의 위치 및 기능에 관한 연구-만기요람과 동여도를 중심으로-. 산림경제연구 3(1): 29-44.
배재수. 1996. 잊혀진 봉산: 역사 속의 숲을 넘어 현실의 장으로. 이천용 편. 문화와 숲. 숲과 문화연구회.
범재완. 1986. 고시조천수. 형설출판사.
베네딕트, 루스. 1993. 문화의 패턴. 김열규 역. 까치.
베리, 엔델. 1992. 척도로서의 자연. 녹색평론 4호. 녹색평론사.
불전간행회. 1997. 밀린다왕문경. 민족사.
브로노프스키, J. 1985. 인간등정의 발자취. 김은국 역. 범양사.
사이드, 에드워드. 1995. 문화와 제국주의. 김성곤, 정정호 옮김. 도서출판 창.
산림청. 1996. 새로운 산림 문화 창달을 위한 정책방안 모색에 관한 연구. 산림청.
산림청. 1995. 한국의 전통생활환경 보선림. 산림청.
산림청. 1996. 백두대간 관련 문헌집. 산림청.
산림청. 1997. 1997년도 주요임정추진계획. 산림청.
산림청. 2009. 기후변화와 산림. 산림청. p. 244.
산림청 임업연수원. 1988. 산과 나무의 전설. 산림청 임업연수원. p. 257.
삼호출판사 편집부. 1991. 명곡해설.
삼호출판사 편집부. 1992. 클래식명곡해설.
서울 시스템. 1995. 국역 조선왕조실록 CD-Rom.
서정범. 1995. 개인적 의사교환. 경희대학교 국어국문학과 교수.
소로, 헨리 데이비드. 1993. 월든. 강승영 옮김. 도서출판 이레.
송정희 역. 1978. 채근담(菜根譚). 홍자성 저. 명지대학교 출판부.
숲과 문화연구회. 1996. 아름다운 숲 찾아가기. 초당.
스토리, 존. 1994. 문화연구와 문화이론. 현실문화연구.
쓰찌다 다까시. 1996. 공업사회의 붕괴와 공생의 시대. 녹색평론 31호. 녹색평론사.
심성태. 1985. 애창한국가곡 222(상, 하). 현대악보출판사.
안호상. 1947. 문화와 자연. 문화 1호. 서울신문사.
연합뉴스. 2013. 〈더워지는 한반도〉 ① 대기중 CO_2 농도 첫 400 ppm 상회 … 세계 최고. 연합뉴스 2013년 5월 1일자.
역주 경국대전. 1986. 주석편. 한국 정신문화 연구원.
역주 경국대전. 1986. 번역편. 한국 정신문화 연구원.
오광수. 1979. 한국현대미술사. 열화당.
오카노 다께시. 1992. 목재의 음향적 성질. 삼림과학의 연구방향. 강원대 임과대학.
울리히, 오토. 1993. 개발과 기술제국주의. 녹색평론 10호. 녹색평론사.
월드워치연구소, 1992. 지구 환경경과 세계경제 1. 도서출판 따님.
유병일. 1996. 지구환경과 산림 그리고 인간. 도서출판 지구촌.
유병일. 1995. 동북아시아 5개국(한국, 북한, 일본, 중국, 대만)의 산림법과 산림자원. 한국임학회지 84: 10-21.
유홍준. 1995. 박수근 30주기 회고전 관람평. 동아일보 1995년 5월 31일자.

윤영일. 1992. 숲과 환경윤리. 숲과 문화 4호. 숲과 문화연구회.
유재권. 1996. 시조 속에 나타난 수목. 96 산림 문화 과제.
이규태. 1993. 한국인의 의식구조 1. 신원문화사.
이규태. 1994. 한국인의 의식구조 2. 신원문화사.
이규태. 1995. 한국인의 의식구조 3. 신원문화사.
이규태. 1993. 이규태 코너 1-15. 민음사.
이규태. 1993. 한국인의 수목관. 하나은행 사보. 1993년 여름호. pp. 12-13.
이규태. 1994. 쥐라기 소나무. 조선일보 12월 15일자 이규태코너.
이동환. 1976. 삼국유사. 삼중당.
이병도. 1987. 삼국유사. 명문당.
이봉섭. 1993. 한국의 명목. 경향신문사.
이석호. 1991. 조선세시기. 동문선 문예신서 49. 동문선.
이숭녕. 1985. 이조송정고. 한국의 전통적 자연관. 서울대학교 출판부.
이은영. 1996. 민요 속에 나타난 나무. 96 산림 문화 과제.
이정전. 1994. 녹색경제학. 한길사
이정전. 1995. 환경문제와 경제논리. 녹색평론 21호. 녹색평론사.
이정탁. 1984. 한국산림문학연구. 형설출판사.
이종석. 1986. 한국의 목공예. 열화당.
이종은. 1992. 자연과 사회와 정의. 숲과 문화 2호. 숲과 문화연구회.
이천용. 1994. 성서 속의 숲과 나무. 숲과 문화 13호. 숲과 문화연구회.
이춘녕. 1969. 산림경제학해제. (한국의 명저) 현암사.
이필렬. 1994. 과학기술로 환경문제가 해결가능한가. 녹색평론 16호. 녹색평론사.
이필영. 1994. 마을 신앙의 사회사. 한국의 생활과 풍속 4. 웅진출판.
이현주. 1994. 무한경쟁 시대와 노자. 녹색평론 16호. 녹색평론사.
이호보. 1988. 가곡의 고향. 한국일보사.
이화형 외. 1989. 음향, 광, 감각과 목재. 목재물리 및 역학. pp. 136-174.
이창복. 1947. 조선수목. 조선임업회. p. 304.
임경빈. 1998. 나무백과 1, 2, 3. 일지사.
임경빈. 1993. 우리 숲의 문화. 광림공사.
임경빈. 1995. 소나무. 대원사.
임경빈. 1995. 우리나라 숲의 역사적 의의와 미래. 산림 356호. 임업협동조합중앙회.
임동건. 1974. 한국민요집 1, 2. 집문당.
임동건. 1975. 한국민요집 3. 집문당.
임동건. 1979. 한국민요집 4. 집문당.
임석재. 1989. 한국 구전설화 4 (강원도 편). 평민사.
임재해. 1986. 민속문화론. 문학과 지성사.
임승국. 1991. 한단고기. 정신세계사.
임양재. 1982. 생태학과 산림 (김장수 등 공저). 향문사. p. 363.
전경수. 1995. 한국문화론. 일지사.
전영우. 1992. 우리 한시에 나타난 나무와 숲. 숲과 문화 4호. 숲과 문화연구회.
전영우. 1992. 숲에 대한 문화적 접근의 필요성. 숲과 문화 5호. 숲과 문화연구회.
전영우. 1993. 양석을 찾아서. 숲과 문화 12호. 숲과 문화연구회.
전영우. 1993. 안정사의 금송패. 숲과 문화 7호. 숲과 문화연구회.

전영우. 1993. 조선 시대의 소나무 시책(송정 또는 송금). 숲과 문화 7호. 숲과 문화연구회.
전영우 편. 1993. 소나무와 우리문화. 숲과 문화 연구회.
전영우. 1995. 동서문화의 상징 속에 녹아 있는 나무의 의미. 숲과 문화 19호. 숲과 문화연구회.
전영우. 1995. 솔개마을의 당산 소나무. 환경운동 29호. 환경운동연합.
전영우. 1996. 신들이 노닐던 신라의 옛숲. 산 322호. 조선일보사.
전영우. 1996. 정이품 소나무의 벼슬살이. 환경운동 32호. 환경운동연합.
전영우. 1996. 할배나무의 웃음소리. 환경운동 38호. 환경운동연합.
전영우. 1996. 도심에서 볼 수 있는 조선의 옛숲. 환경운동 35호. 환경운동연합.
전영우. 1996. 소나무와 우리문화. 산 321호. 조선일보사.
전영우. 1996. 환경문제의 기술적 해결은 가능한가? 국민대학보 654호.
전영우. 1996. 숲에 대한 문화적 인식. 계간 과학사상 겨울호.
전영우. 1996. 산림의 문화적 기능과 산림 문화의 역할. 임정연구 27호. 한국임정연구회.
전영우. 1996. 산림 문화창달 방안. 산림청 주최 21세기 산림비전 산, 나무, 숲, 산림 문화 심포지움. 산림청.
전영우. 1996. 영속가능한 사회를 위한 제언-산림 문화의 어제, 오늘, 그리고 내일. 산 320호. 조선일보사.
전영우. 1996. 내나무 심어주는 간절한 심정- 나무숭배의 문화적 보편성 1. 산 324호. 조선일보사.
전영우. 1996. 신성한 나무 부상과 세계수- 나무숭배의 문화적 보편성 2. 산 325호. 조선일보사.
전영우. 1996. 한민족의 생명수 소나무-나무숭배의 문화적 보편성 3. 산 326호. 조선일보사.
전영우. 1997. 민속에 녹아 있는 나무와 숲. 산 327호. 조선일보사.
전영우. 1997. 숲없는 문화없고, 문화없는 숲없다. 산 328호. 조선일보사.
전영우. 1997. 신이된 나무와 숲. 산림 372호. 임업협동조합중앙회.
전영우. 2009. 사찰림의 형성 유래와 기능. 산림과학 21: 1-15. 국민대학교 산림과학연구소.
전영우. 2010. 사찰 소나무림의 역사성과 기능. 산림과학 22: 55-70. 국민대학교 산림과학연구소.
전영우. 2011. 비우고 채우는 즐거움, 절집 숲. 운주사.
전영우. 2012. 조선왕실의 의례용 임산물 생산을 위한 사찰의 산림관리. 한국임학회 정기총회 초록.
정두수. 1989. 한국걸작가사전. 세광음악출판사.
정약용. 1981-1988. 목민심서. 창작과 비평사.
정유선. 1996. 숲과 산림: 조선 시대를 중심으로. 이천용 편, 문화와 숲. 숲과 문화연구회.
정진선. 1996. 애창 한국 가곡에 나오는 수목 산림의 의미 파악과 통계. 96 산림 문화과제.
정화열. 1996. 생태철학과 보살핌의 윤리-다시 거주할 만한 지구를 위하여. 녹색평론 제29호.
젠크스, 크리스. 1996. 문화란 무엇인가. 김윤용 옮김. 현대사상선 4. 현대미학사.
진대하. 1995. 개인적 의사교환. 명지대학교 국어국문학과 교수.
주강현. 1996. 우리 문화의 수수께끼. 한겨레신문사.
주린원. 1995. 사막으로 변하는 지구. 그린스카우트 6월호. 그린훼밀리운동연합.
지용하. 1964. 한국임정사. 명수사.
차재경. 2006. 목재와 문명. 국민대학교 출판부. p. 298.
최덕수. 1996. 조선 시대의 산림제도. 한국 임업 근대화 과정의 재조명, 임업연구원 개원 74주년 기념 학술발표집 11-36. 임업연구원.
최민휴. 1996. 자연, 숲, 그리고 녹색환경. 이천용 편, 문화와 숲. 숲과 문화연구회.
최민휴. 1993. 자연조화사상. 산림경영 94호. 한국독림가협회.
최순우. 1994. 무량수전 배흘림기둥에 기대서서. 학고재.
최운식. 1980. 충청북도 민담. 형설출판사.

최정호 편. 1993. 산과 한국인의 삶. 나남출판사.
최종욱. 1992. 근대과학의 자연관에 대한 비판적 시론. 숲과 문화 5호. 숲과 문화연구회.
최창조. 1984. 한국의 풍수사상. 민음사.
카프라. 1985. 새로운 과학과 문명의 전환. 이성범, 구윤서 역. 범양사출판부.
탁광일. 1996. 산림 문화 개념에 대한 개인적 의견 교환.
탁광일. 1992. 고대 지중해 연안국의 삼림황폐와 서양문명 발달과의 관계. 숲과 문화 2호. 숲과 문화 연구회.
탁효정. 2004. 조선후기 왕실원당의 사회적 기능. 청계사학 19: 149-213.
토다 키요시. 1996. 환경정의를 위하여, 환경파괴의 구조와 엘리뜨주의. 창작과 비평사.
파투리, 펠릭스. 1994. 숲. 하연 옮김. 두솔기획.
한국갤럽조사연구소. 1991. 산림에 관한 국민의식 조사연구 보고서. 산림청.
한국문화상징사전편찬위원회. 1992. 한국문화상징사전. 동아출판사.
한국불교환경교육원. 1995. 동양사상과 환경문제. 도서출판 모색
한국정신문화 연구원. 1995. 17세기 국어사전. 한국정신문화연구원.
한국정신문화연구원. 1991. 한국민족문화대백과사전. 한국정신문화연구원.
한동환 외. 1993. 풍수, 그 삶의 지리, 생명의 지리. 우리 식의 그린벨트를 찾아서. 푸른나무.
한상태. 1982. 충남민담. 형설출판사.
황석영. 1983. 장길산 1-10권. 현암사.
황수영. 1992. 반가사유상. 대원사.
한주성. 1990. 인간과 환경. 과학연구사.
환경연구회. 1994. 환경논의의 쟁점들. 나라사랑.
현신규. 1977. 한국 임업기술사 (한국 현대문화사 대계 III 고려대 민족문화연구소).
홍정수, 조성우 편, 1991. dtv, dtv-Atlas zur Musik(Bd. 1, 2)
후루사와 코유. 1993. 탈성장사회로 가는 시나리오. 녹색평론 12호. 녹색평론사.

Altman, N. 1994. Sacred trees. Sierra Club Books, San Francisco.
Appelbaum, D. 1988. The riddle of the tree in man. Parabola 14(3): 11 - 15.
Campbell, J. 1968. The hero with a thousand faces. Princeton Univ. Press.
Bailey, R. 1993. Eco-Scam. St. Martin Press.
Bird, Bud. 1992. Culture and communications: The ties that bind. Report of the standing committee on communications and cultrue. House of Commons, Ottawa, Canada.
Boorstin, D. J. 1983. The discovers. Random House. New York.
Brown, L. R. 2007. Plan B 3.0. W. W. Norton & Company.
D' alviella, C. G. 1894. The migration of symbols. Burt Franklin, New York.
Daly, H. E. & K. N. Townsend. 1993. Valuing the earth: economics, ecology, ethics. The MIT Press, Cambridge.
Devall, B. 1985. Deep ecology. Gibbs M. Smith, Inc.
Diagram Group. 1976. Musikinstrumente der Welt.
Dietrich, W. 1992. The final forest. Simon & Schuster.
Durning, A. T. 1992. How much is enough? W. W. Norton & Company.
Erickson, J. 1991. Dying plantet. The extinction of species. Tab Books.
Evans, Sir Arthur. 1901. Mycenaean tree and pillar cult. Journal of Hellenistics Studies 21: 1-103.
FAO. 1984. The State of FAO.

FAO. 2010. Global Forest Resources Assessment 2010. Key Findings. FAO. p. 12.

Fernow, B. E. 1913. A brief history of forestry. University Press. Tronto.

Frazer, J. G. 1935. The golden bough; a study in magic and religion. Balder the beautiful. The fire festivals of Europe and the doctrine of the external soul. Vol I and Vol II. The MacMillan Company, New York.

Frazer, J. G. 1935. The golden bough; a study in magic and religion. The magic art and the evolution of kings. Vol I and Vol II. The MacMillan Company, New York.

Frazer, J. G. 1935. The golden bough; a study in magic and religion. The taboo and the perils of the soul. The MacMillan Company, New York.

Frazer, J. G. 1935. The golden bough; a study in magic and religion. Adonis, attis, osiris. 3rd ed. Vol I and Vol II. The MacMillan Company, New York.

Frazer, J. G. 1994. The golden bough; A new abridgement. Oxford Univ. Press. London.

Fergusson, J. 1868. Tree and serpent worship. London India museum. W. H. Allen and Co.

Ferre, F. and P. Hartel. 1994. Ethics and environmental policy. The University of Georgia Press.

Gaster, T. H. 1969. Myth, legend, and custom in the Old Testament: a comparative study with chapters from Sir James G. Frazer's Folklore in the Old Testament. Harper and Row. New York.

Gray, L. H. and Moore, G. F. 1964. The mythology of all races. Vol 1-12. Cooper Square Publishers, New York.

Grimal, P. 1963. Larousse world mythology. Prometheus Press, New York.

Gupts, S. S. 1965. Tree symbol worship in India. Indian Publications, Calcutta.

Halpern, D. 1986. On Nature. North Point Press.

Harrison, R. P. 1992. Forest: the shadow of civilization. The University of Chicago Press.

IPCC. 2007. A Report of Working Group I of the Intergovernmental Panel on Climate Change. UNIPCC.

James, E. O. 1966. The Tree of life. Liden E. J. Brill. Netherlands.

Jardins, J. R. 1993. Environmental ethics. Wadsworth Publishing Co.

Jordan-Smith, P. 1989. The serpent and the eagle. Parabola 14(3): 64 - 71.

Kaza, S. 1993. The attentive heart. Fawcett Columbine.

Kraus, G. 1989. Musik in Öesterreich. Brandstätter.

Kimmins, J. P. 1987. Forest Ecology. MacMillan Publishing Co., New York. p. 531.

Kimmins, H. 1994. Balancing Act: Environmental issue in forestry. UBC Press.

Kong, W. S. 1994. The vegetational history of Korea during the Holocene period. The Korean J. of Quaternary Research. 8(1): 9-22.

Kong, W. S. 1992. The vegetational Environmental history of the pre Holocene period in the Korean peninsula. The Korean J. of Quaternary Research. 6(1): 1-12.

Laszlo, E. 1994. The choice: evolution or extinction? Putnam Book. New York.

Lehner, E. and Lehner, J. 1960. Folklore and Symbolism of flowers, plants and trees. Todor Publishing Co. New York.

Leopold, A. 1991. The river of the mother of god. (Edited by S. L. Flader & J. B. Callicott). The University of Wisconsin Press.

Mackenzie, D. A. 1926. The migration of symbols. Ams Press Inc. New York.

Marshall, P. 1994. Nature web. Paragon House.

Mason, Herbert. 1972. Gilgamesh. A Mentor Book. New York.

Maser, C. 1988. The redesigned forest. R. & E. Miles, San Pedro.

Maser, C. 1994, Forest primeval. Sierra Club Paperbook Library.

Maser, C. 1992. Global imprative: Harmonizing culture and nature. Stillpoint Publishing.

Maslow, A. H. 1970. Motivation and personality (2nd ed). Haper & Row.

McKibben, B. 1990. The end of nature. Anchor Books.

McLaughlin, A. 1992. Regarding Nature: industrialism and deep ecology. State University of New York Press.

Muir, J. 1988. Wildness Essays. Gibbs Smith Publisher.

Odum, E. P. 1989. Ecology and our endangered life-support systems. Sinauer Asoc. Inc.

OECD. 1994. OECE Economic Survey: Korea. DECD. Paris.

Perlin, J. 1989. A forest journey. Harvard University Press, Massachusetts.

Perlin, J. 1989. A forest journey: the role of wood in the development of civilization. W. W. Norton & Company. New York.

Philpot, J. H. 1897. The sacred tree: the tree in religion and myth. MacMillan and Co., New York.

Ponting, Clive. 1991. The green history of the world. Penguin Pub.

Randhawa, M. S. 1964. The cult of trees and tree-worship in Buddhist-Hindu sculpture. All India Fine Art & Crafts Society, New Delhi.

Richardson, S. D. 1990. Forests and forestry in China. Island Press, Washington DC.

Schmidt - Vogt, H. 1955. das Waldthema in der Musik: Forstw. Cbl.

Shore, E. 1989. The tree at the heart of the garden. Parabola 14 (3): 38-43.

Singh, K. D. and K. Janz. 1995. Assessing the world forest resources. Nature & Resources 31(2): 32-40.

Somerset Fry, P. 2001. Dorling Kindersley history of the world. Dorling Kindersley Pub.

Tak, K., Y. Chun, P. M. Paul. 2007. International Forestry Review 9(1): 548-557.

The Task Force on Canadian Unity. 1979. Coming to Terms: The words of the debate. The Task Force on Canadian Unity.

Thurgood, J. V. 1981. Man and Mediterranean forest. Academic Press. London.

Thirgood, J. V. and Hughes, J. D. 1982. Deforestation, errosion, and forest management in ancient Greece and Rome. Journal of Forestry. 26(2): 60-75.

Toffler, Alvin. 1991. Power Shift: Knowledge, Wealth, and Violence of the Edge of the 21st Century. Bantam Books, New York.

Tylor, E. B. 1970. Religion in primitive culture. Vol. I and II. Peter Smith, Gloucester, Mass.

UNEP. 2009. Vital Forest Graphics. UNEP GRID Arendal.

UNESCO. 1980. International Environmental Education Programme. Environmental Education: A process for pre-service teacher training curriculum development, Environmental Education Series 26, A Discussion Document for UNESCO Training Seminar on Teacher Training in Environmental Education. Paris. UNESCO.

Westoby, J. 1988. Introduction to world forestry/ people and their trees. Blackwell, Oxford.

White, L. Jr. 1967. The historical roots of our ecological crisis. Science 155(3767): 1203-1207.

Wilson, E. O. 1992. The diversity of life. W. W. Norton & Company Inc. New Nork.

Wilson, E. O. 1988. Biodiversity. In E. O. Wilson. National Academy Press.

Wolkstein, D. 1983. Inanna, queen of heaven and earth, her stories and hymns. Harper & Row. New York.

World commission on environment and development. 1987. Our common future. Oxford University Press.

Wu, Gordon. 1994. In: John Naisbitt. Global Paradox. Avon Books, New York.

Yasuda, Y., Kim, J. M., Lee, S. T. and Yim, Y. J. 1980. Environmental changes and agricultural origin in Korea. Jap. Min. Educ. Overseas Res. Rep. 1-19.

Young, R. A. 1984. Introduction to forest science. John Wiley and Sons.

Zimmerman, M. E. 1993. Environmental philosophy. Prentice Hall.

三宅正久. 1976. 朝鮮半島の林野荒廢の原因. 農林出版株式會社.

筒井迪夫. 1995. 森林文化の道. 朝日選書. 東京.

筒井迪夫. 1996. 일본의 산림 문화정책. 숲과 문화연구회 초청 국제 세미나. 산림청.

佐藤信一. 1928. 李朝の林制と森林の荒廢. 日本林學會誌. 10(7).

德光宜之. 1938. 朝鮮の林藪. 朝鮮總督府林業試驗場.

찾아보기

ㅇ